Karl-Heinz Müller

Zuverlässigkeit und Funktionseffektivität komplizierter technischer Systeme

2., erweiterte Auflage

Mit 25 Abbildungen
und 5 Tabellen

AKADEMIE-VERLAG BERLIN 1988

Anschrift des Autors:
Professor Dr. sc. techn. Karl-Heinz Müller
Militärtechnisches Institut der NVA
DDR-1600 Königs-Wusterhausen

Manuskriptabschluß: Oktober 1984 / für Kapitel 7: Januar 1988

ISBN 3-05-500557-0
ISSN 0323-5130

Erschienen im Akademie-Verlag Berlin, DDR-1086 Berlin, Leipziger Str. 3—4

Lizenznummer: 202 · 100/519/88
Printed in the German Democratic Republic
Gesamtherstellung: VEB Druckerei „Thomas Müntzer", 5820 Bad Langensalza
Einbandgestaltung: Karl Salzbrunn
LSV 1075
Bestellnummer: 763 874 9 (2167/12)

02400

Vorwort der Herausgeber

Forschungstechnologie ist auf die Technik, auf technische Mittel angewiesen, heute mehr denn je. Eine Unterscheidung ist in diesem Zusammenhang allerdings nötig: Die meist unikale Experimentierapparatur, der Meßplatz und dergleichen, worin durchaus industriell gefertigte Bestandteile vertreten sein können (Maschinenelemente, elektrische Versorgung, Elektronik, Hydraulik, Vakuumtechnik usw.) ist origineller „Eigenbau", noch immer, geradezu klassisch, eine Gemeinschaftsleistung von Wissenschaftlern, Ingenieuren und Facharbeitern eines Institutes.

Diese Kategorie wird zunehmend durch das in großen Stückzahlen, meist industriell produzierte wissenschaftlich-technische Gerät ergänzt oder ersetzt. (Die Erinnerung an die Bestrebungen von Carl Zeiss und Ernst Abbe möge diese Entwicklung beleuchten: Spätestens seit beide ihre jeweiligen Potenzen vereinigten, hat sich der wissenschaftliche Gerätebau mehr und mehr industrialisiert und kommerzialisiert.)

Die Elektronik, der Computer und die damit potenzierten Fähigkeiten und Möglichkeiten der elektronischen Datenverarbeitung, der künstlichen Intelligenz, der Meß-, Steuerungs- und Regelungstechnik, der umfangreiche Komplex der Informatik, dies alles sind umfassendere neue Qualitäten, Produkte der wissenschaftlich-technischen Revolution und daher in Forschung und Praxis unverzichtbare Erfordernisse.

Was kann und muß getan werden, damit diese höchst komplizierten Anlagen und Geräte über längere Zeiten — unter Umständen unmittelbarem Zugriff entzogen — funktionsfähig bleiben? Selbstverständlich ist eine auf Solidität bedachte Konstruktion und Fertigung vorauszusetzen.

Während des Betriebes hat dann jedoch eine konsequente Kontroll- und Überwachungstätigkeit die Arbeitsfähigkeit und Funktionsfähigkeit der betreffenden Apparatur zu analysieren und zu bewerten, im Endeffekt also den störungsfreien Betrieb hinreichend zu sichern.

Hier setzen die Bestrebungen des Autors ein: Er behandelt neue Aspekte der Zuverlässigkeitsbewertung, die sich in Theorie und Praxis als notwendig und nützlich erwiesen haben. Zentrales Anliegen ist die Zuverlässigkeitsanalyse und -bewertung komplizierter Systeme, d. h. von Systemen, die eine komplizierte Struktur mit einer großen Anzahl von Systemelementen aufweisen und bei Ausfall der Systemelemente verschiedene Niveaus der Funktionsfähigkeit einnehmen. Für dieses Unterfangen erweist sich die Funktionseffektivität eines Systems und der zugeordnete mathematische Formalismus — dessen praxisbezogene Handhabung vorgeführt wird — als probates Mittel.

Die Zuverlässigkeitsbewertung und -beurteilung von Baugruppen, Aggregaten, Anlagen beliebiger Art und Komplexität wird im Produktionsbereich, in der Industrie, bereits seit Jahren praktiziert, ist sogar eine qualitätssichernde Pflicht. Demgegenüber sind solche Bestrebungen in der Forschung, wenn überhaupt, bislang doch weniger wirksam geworden. Jedoch ist die Zustandsbewertung von Prozessen und Anlagen angesichts der auch hier gegebenen Kompliziertheit ebenfalls unabdingbar. Begriffe wie Prozeßdiagnostik, Anlagendiagnostik, Werkstoffdiagnostik, Schwachstellenanalyse, Störungsanalyse charakterisieren das enorm breite Feld. Sie sind gleichermaßen Forschungsgegenstand und anzuwendende Methodik.

Diese Erfordernisse berücksichtigt die Schriftenreihe mit Titeln wie *Rauschdiagnostik* (Bd. 10), mit diesem Band, der der Zuverlässigkeit komplizierter technischer Systeme gewidmet ist (Bd. 12) und *Rechnergestützte Störungsanalyse* (in Vorbereitung). Damit wird den Belangen sowohl des Forschers als auch des Betreibers von Anlagen Rechnung getragen.

Die P r o d u k t i o n s t e c h n o l o g i e kommt also zwangsläufig nicht umhin, die Betriebsfähigkeit der technischen Ausrüstung permanent zu sichern. Analoges trifft für die Einsatzfähigkeit der Forschungsinstrumentierung zu, ein Erfordernis, das offensichtlich unter die Belange der F o r s c h u n g s t e c h n o l o g i e zu subsumieren ist. Die Herausgeber meinen, daß der vorliegende Band beiden Aspekten dieser „Dualität" gerecht wird und daher sowohl in die Forschung als auch in die Technik ausstrahlt.

Das Herausgeber- und
Redaktionskollegium

Vorwort

Objektive Erfordernisse und die hohen Zielstellungen zur effektiven Nutzung des wissenschaftlich-technischen Fortschritts bei der weiteren Gestaltung der entwickelten sozialistischen Gesellschaft verlangen eine beträchtliche Verbesserung der Qualität und Zuverlässigkeit technischer Erzeugnisse. Dafür sind die Erweiterung der bewährten Mittel und Methoden der „klassischen" Zuverlässigkeitstheorie, aber auch neue Betrachtungsweisen und moderne Methoden erforderlich geworden.

Ausgehend davon entstand der Vorschlag, einige Grundlagen und Methoden zur Beurteilung der Zuverlässigkeit und Funktionseffektivität komplizierter technischer Systeme in dieser der Forschungstechnologie gewidmeten Schriftenreihe zu publizieren. Diskussionen mit Spezialisten aus verschiedenen Bereichen der Wissenschaft und Industrie haben entscheidend dazu beigetragen, die Schwerpunkte dieser Arbeit auf wesentliche und praktikable Grundlagen für die Zuverlässigkeitsanalyse und -bewertung komplizierter Systeme zu konzentrieren. Dabei wurde auf Details sowie aufwendige mathematische Ableitungen verzichtet, die in der zitierten Spezial- und Standardliteratur nachgelesen werden können.

Dankbar bin ich dem Akademiemitglied Herrn Prof. Dr. rer. nat. habil. K.-H. SCHMELOVSKY und Herrn Dr.-Ing. habil. Dr. rer. nat. K. REINSCHKE für die Durchsicht des Manuskriptes und ihre Hinweise.

Dem Herausgeber- und Redaktionskollegium der „Beiträge zur Forschungstechnologie", insbesondere seinem Vorsitzenden, Herrn Prof. Dr. rer. nat. habil. D. SCHULZE, danke ich für die wertvolle Hilfe bei der Gestaltung des Manuskriptes. Gleichfalls bedanke ich mich für die gute Zusammenarbeit beim Akademie-Verlag.

K.-H. Müller

Inhalt

Contents

1. Einleitung und Problemstellung

Die außerordentlich schnelle Entwicklung von Wissenschaft und Technik brachte eine enorme Anzahl neuer technischer Mittel und Verfahren hervor, die auf allen Gebieten des gesellschaftlichen Lebens zunehmend breitere Anwendung finden. Allein die revolutionierenden Fortschritte verschiedener Wissenschaftszweige, die beispielsweise die Mikroelektronik begründeten, eröffneten der Menschheit prinzipiell neue Möglichkeiten. So konnten technische Systeme entwickelt und eingesetzt werden, die bei der Nutzung der Kernenergie, bei der Intensivierung und Rationalisierung ganzer Produktionsprozesse, im Transport- und Nachrichtenwesen, in der Medizin, der Forschung und auf vielen weiteren Gebieten völlig neue Maßstäbe der Produktivität und Effektivität setzten.

Charakteristisch für diesen Trend ist die Tatsache, daß zunehmend automatisierte, selbstregelnde und kontrollierende Systeme entstehen, denen in steigendem Maße die formal-logische geistige Tätigkeit des Menschen übertragen wird.

Die Gewährleistung einer hohen Zuverlässigkeit technischer Systeme wurde folglich eine objektiv erforderliche Notwendigkeit und erstrangige gesellschaftliche Aufgabe. Optimale Zuverlässigkeitskennwerte haben auch aus ökonomischer Sicht außerordentliche Bedeutung erlangt. Das ergibt sich bereits aus dem Umstand, daß alle finanziellen, materiellen, zeitlichen und personellen Aufwendungen für die Entwicklung und Produktion technischer Systeme sowie für ihre Lagerung, Nutzung und Instandhaltung unmittelbar von den festgelegten quantitativen Zuverlässigkeitsforderungen abhängig sind.

Die Konstruktion zuverlässig funktionierender Ausrüstungen ist in der Geschichte der Technik stets eine entscheidende Aufgabe gewesen. Diese Feststellung folgt zwangsläufig aus dem ständigen Bemühen der Menschheit um die Vervollkommnung ihrer Produktionsinstrumente und ist durch umfangreiche Überlieferungen belegt.

Doch erst im Verlaufe unseres Jahrhunderts wurde infolge des erreichten Entwicklungsstandes der Produktivkräfte die Herausbildung einer speziellen wissenschaftlichen Disziplin – der Zuverlässigkeitstheorie – objektiv erforderlich. Ihre grundsätzliche Ziel- und Aufgabenstellung besteht darin, realisierbare, effektive Methoden zur Konzipierung, Realisierung und Erhaltung der erforderlichen Zuverlässigkeit technischer Systeme zur Verfügung zu stellen.

Insbesondere in den letzten zehn bis zwanzig Jahren wurde die Zuverlässigkeitstheorie beachtlich weiterentwickelt und in breitem Maße angewendet. Beispielsweise konnten solche Methoden und Verfahren bereitgestellt werden, die in der Praxis weitgehend ermöglichen:

1. die Berechnung der Zuverlässigkeit wiederherstellbarer und nichtwiederherstellbarer Systeme sowohl mit als auch ohne Reservierung;

2. die Ermittlung optimaler Reservierungsmethoden technischer Systeme und ihrer Elemente;
3. die Optimierung der Fehlersuche und Instandhaltung technischer Systeme, einschließlich der Bestimmung des erforderlichen Ersatzteilbedarfs;
4. die mathematisch-statistische Auswertung von Zuverlässigkeitsangaben aus Zuverlässigkeitsprüfungen und Nutzungsergebnissen der Technik;
5. die Simulation (Modellierung) des Funktionsverhaltens technischer Systeme für verschiedene Verteilungsfunktionen der Systemelemente und Zuverlässigkeitsstrukturen.

Insgesamt gestatten die in Theorie und Praxis erreichten Ergebnisse die Einschätzung, daß die erforderlichen physikalisch-mathematischen Grundlagen für Zuverlässigkeitsberechnungen und -prüfungen einer großen Anzahl technischer Systeme im wesentlichen vorhanden sind.

Trotzdem erweist es sich als notwendig, die theoretischen und praktischen Erkenntnisse zu erweitern und zu vertiefen. Dabei erfordern folgende Problemkreise besonderes Augenmerk:

1. physikalische Grundlagen der Entstehung von Ausfällen der Systemelemente;
2. Abhängigkeit der Zuverlässigkeit technischer Systeme von den Einsatzbedingungen sowie der Einsatz- und Instandhaltungsstrategie;
3. moderne Methoden zur Reservierung von Systemen und Systemelementen;
4. Methoden zur beschleunigten Zuverlässigkeitsprüfung;
5. Optimierung der Einsatz- und Instandhaltungsstrategien sowie der Sicherstellung mit Ersatzteilen.

Außerordentliche Bedeutung hat vor allem die Erforschung der Zuverlässigkeit technischer Systeme erlangt, bei denen der Ausfall von Systemelementen nicht zwangsweise den Ausfall (Verlust der Arbeitsfähigkeit) des Systems verursacht, sondern nur eine Verringerung des Niveaus seiner Funktionsfähigkeit. Diese Systeme können sich in verschiedenen Systemzuständen befinden, denen jeweils ein bestimmtes Niveau der Funktionsfähigkeit und Leistungsfähigkeit entspricht (Kapitel 2). Derartige Systeme sind in allen Bereichen der Gesellschaft weit verbreitet – im Nachrichten- und Transportwesen, in der Energieversorgung, in der Datenverarbeitung, im militärischen Bereich, zur Prozeßsteuerung und -kontrolle in Produktionsanlagen u. v. a. m. Aus dem Bereich der Forschung sind zahlreiche Ausrüstungen zu nennen, die der Steuerung, Überwachung oder Automatisierung bedürfen und für die Datenerfassung und -verarbeitung der betreffenden Forschungsaufgaben speziell ausgerüstet sind, beispielsweise in der:

1. **Festkörperphysik** – Elektronenmikroskope, Röntgenfeinstrukturgeräte, Massenspektrometer und andere Analysengeräte;

2. **Kernphysik und -technik** – Forschungsreaktoren, Teilchenbeschleuniger, Neutronendiffraktometer;
3. **Hochenergiephysik** – Teilchenbeschleuniger, Blasenkammern, Auswertemeßplätze;
4. **Kosmosforschung** – Satelliten, Steuerungs- und Kontrollsysteme, Spektralkameras, Spektrometer, Datenverarbeitungsanlagen usw.;
5. **Astrophysik** – Radioteleskope;
6. **Biologie und Medizin** – Computer-Tomographen, Sonographische Diagnostiksysteme, Reanimations- und Überwachungssysteme.

In der theoretischen und praktischen Arbeit hat sich eindeutig gezeigt, daß das Funktionsverhalten und damit die Zuverlässigkeit technischer Systeme, die mehrere Systemzustände mit verschiedenen Niveaus der Funktionsfähigkeit haben, nicht mehr mit Hilfe der „klassischen" Zuverlässigkeitstheorie beschreibbar ist, die bekanntlich nur zwei Systemzustände kennt (arbeitsfähig oder ausgefallen). Dazu sind neue bzw. erweiterte Begriffe, Kenngrößen und Methoden der Zuverlässigkeitstheorie erforderlich.

Bereits seit mehr als einem Jahrzehnt zeigt sich immer deutlicher, daß zur komplexen Bewertung der Leistungsfähigkeit und Zuverlässigkeit technischer Systeme mit mehreren Systemzuständen deren *Funktionseffektivität* geeignet ist. Unter Funktionseffektivität wird die Wirksamkeit verstanden, mit der das betrachtete System unter bestimmten Bedingungen seine Funktionen (Aufgaben) erfüllt (Kapitel 3).

Ein einfacher Vergleich dieser Definition mit dem klassischen Begriff *Zuverlässigkeit* als „. . . Eigenschaft einer Betrachtungseinheit, vorgegebene Funktionen unter Einhaltung der Werte festgelegter Parameter in vorgegebenen Grenzen, die den vorgegebenen Betriebsarten und Bedingungen der Nutzung, der Instandhaltung, der Lagerung und des Transportes entsprechen, über ein bestimmtes Zeitintervall zu erfüllen" [14], macht die Gemeinsamkeiten und Unterschiede beider Begriffe deutlich. Die Gegenüberstellung zeigt zudem, daß die Funktionseffektivität eine wesentlich komplexere Beurteilung eines Systems ermöglicht, und läßt auch erkennen, daß die Zuverlässigkeit mittels der Funktionseffektivität beurteilt werden kann.

Zunehmend wird daher die Ansicht vertreten, daß zur Einschätzung der Zuverlässigkeit technischer Systeme mit mehreren Systemzuständen die Funktionseffektivität das bestimmende Kriterium darstellt. Dabei wird davon ausgegangen, daß ein Nominalwert der Funktionseffektivität existiert, der bei völlig intakten Systemelementen und nominalen Systemparametern erreicht wird. Das Verhältnis des Wertes der Funktionseffektivität eines realen Systems zu diesem Nominalwert der Funktionseffektivität kann dann als Maß der Zuverlässigkeit des Systems dienen (Kapitel 3).

Zur grundsätzlichen Unterscheidung der verschiedenen Systeme hat es sich deshalb auch in der Zuverlässigkeitsarbeit als zweckmäßig und notwendig erwiesen, die Begriffe „einfaches" und „kompliziertes" technisches System einzuführen. Obwohl gegenwärtig noch keine allgemein verbindlichen, hinreichenden Definitionen dieser Termini existieren, können diese Systeme in Anlehnung an [10, 11] wie folgt charakterisiert werden:

Einfache Systeme bestehen aus einer begrenzten Anzahl von Systemelementen ($N \leqslant 10^3$) und haben eine einfache, nur gering vermaschte Struktur. Diese Systeme werden durch zwei Systemzustände charakterisiert: Sie sind entweder arbeitsfähig oder nicht arbeitsfähig (ausgefallen).

Die Zuverlässigkeitsersatzschaltung eines einfachen Systems stellt ein Seriensystem dar. Bei Ausfall eines Systemelementes fällt das System aus.

Beispiele für einfache Systeme sind: elektronische und mechanische Bauelemente, elektromechanische Geräte, Anlagen und Systeme usw.

Komplizierte Systeme haben eine vermaschte und verzweigte, oft hierarchische Struktur mit einer meist bedeutenden Anzahl von Systemelementen ($10^3 < N \leqslant 10^7$). Die Systemelemente sind untereinander unterschiedlich verknüpft und weisen in vielen Fällen einen hohen Kopplungsgrad auf.

Komplizierte Systeme werden durch drei oder mehr Systemzustände charakterisiert; sie befinden sich jeweils in einem der möglichen Systemzustände, die ihrerseits durch bestimmte Niveaus der Funktionsfähigkeit und damit Leistungsfähigkeit (Funktionseffektivität) des Systems gekennzeichnet sind.

Die Zuverlässigkeitsersatzschaltungen komplizierter Systeme sind als Parallelsysteme, Reihenparallelsysteme, vermaschte und hierarchische Schaltungen sowie deren Kombinationen darstellbar. Ausfälle von Systemelementen haben entweder keinen meßbaren Einfluß auf die Funktionsfähigkeit des Systems oder bewirken eine Verringerung der Funktionsfähigkeit (Übergang in einen Systemzustand mit geringerer Funktionseffektivität) oder aber den Ausfall des Systems. Dabei wird der Ausfall eines komplizierten Systems als ein solches Ereignis definiert, das eintritt, wenn das Niveau der Funktionsfähigkeit (Funktionseffektivität) des Systems ein festgelegtes Minimum unterschreitet und das System seine Aufgaben (Funktionen) nicht mehr oder nur mit unzulässiger Effektivität erfüllt.

Beispiele für komplizierte Systeme sind: mehrkanalige Nachrichtensysteme, Flugzeuge, Energieversorgungssysteme, automatisierte Produktionsausrüstungen, EDV-Anlagen usw.

Offensichtlich stellen einfache Systeme Sonderfälle komplizierter Systeme dar. Deshalb können die Methoden zur Analyse und Berechnung komplizierter Systeme prinzipiell auch für einfache Systeme Anwendung finden.

Systeme mit Redundanz (Reservierung des gesamten Systems oder einzelner Systemelemente) sind Grenzfälle. Wird vorausgesetzt, daß bei Ausfall des Systems oder einzelner Elemente die Veränderung des Niveaus der Funktionsfähigkeit, die beim Übergang auf die Reserveelemente eintritt, vernachlässigbar ist, dann sind diese Systeme als einfache zu behandeln. Im gegenteiligen Fall müssen sie als komplizierte Systeme betrachtet werden.

Natürlich kann diese Klassifizierung keinerlei Anspruch auf Vollständigkeit erheben und bedarf weiterer wissenschaftlicher Durchdringung, Begriffsbildung und entsprechender Definitionen. Sie ermöglicht jedoch eine relativ einfache Unterscheidung technischer Systeme und damit die effektive Anwendung entsprechender Begriffe, Kenngrößen und Methoden der Zuverlässigkeitstheorie.

Leider sind bisher, mit Ausnahme einzelner Darlegungen in Übersetzungen [1, 2], keine Veröffentlichungen in der DDR erschienen, die speziell der Zuverlässigkeit komplizierter Systeme gewidmet sind. International wird dieser Problematik bereits seit längerer Zeit erhebliche Bedeutung beigemessen, wie insbesondere aus einer Reihe sowjetischer [3, 4, 5, 6, 16, 32, 38, 83, 87–91] und US-amerikanischer Arbeiten [7, 8, 9, 72, 74, 78–80] ersichtlich ist. Dabei sind einige wichtige Grundlagen und Methoden zur Analyse und Synthese komplizierter technischer Systeme erarbeitet und beschrieben worden, vor allem in [3–10].

Die physikalisch-technischen Zusammenhänge in komplizierten technischen Systemen sind also zu erforschen, neue Begriffe und Kenngrößen einzuführen sowie Methoden zur qualitativen und quantitativen Bewertung der Zuverlässigkeit dieser Systeme abzuleiten.

Mit dieser Arbeit wird – unter Nutzung der bekanntgewordenen Veröffentlichungen und der Ergebnisse eigenständiger Untersuchungen – der Versuch unternommen, einige Grundlagen und Methoden zur Charakterisierung und Berechnung der Zuverlässigkeit komplizierter technischer Systeme zu vermitteln.

In Kapitel 2 wird das *Funktionsverhalten* komplizierter technischer Systeme beschrieben. Es werden Methoden zur Ableitung von *Zustandsmodellen (Zustandsdiagrammen)* dargelegt, die eine Voraussetzung für die Analyse und Synthese komplizierter Systeme sind und auch eine rechnergestützte Bearbeitung gestatten. Insbesondere werden die Möglichkeiten zur Ermittlung der Wahrscheinlichkeiten, mit der sich diese Systeme in den verschiedenen Systemzuständen befinden, untersucht. Zur Ermittlung der *Zustandswahrscheinlichkeit,* die eine entscheidende Voraussetzung zur Bewertung der Funktionseffektivität und damit der Zuverlässigkeit komplizierter technischer Systeme ist, werden mathematische Verfahren vorgestellt, die für die Praxis geeignet und auch leicht erlernbar sind. Die vorgeschlagenen Methoden sind prinzipiell auf beliebige, d. h. auch nichttechnische komplizierte Systeme anwendbar, wie beispielsweise biologische Strukturen.

Spezielle Begriffe und Kenngrößen zur Beschreibung der Zuverlässigkeit komplizierter Systeme werden in Kapitel 3 definiert. Die Möglichkeiten und Grenzen der „klassischen" Zuverlässigkeitstheorie werden aufgezeigt und der Zusammenhang zwischen Funktionseffektivität und Zuverlässigkeit wird ausführlich behandelt. Es wird nachgewiesen, daß die Zuverlässigkeit komplizierter Systeme mit Hilfe der Kenngröße *Funktionsgüte* sowie alpha-prozentualer Kenngrößen bewertbar ist und damit neue Möglichkeiten in der Zuverlässigkeitsarbeit erschlossen werden.

Kapitel 4 vermittelt die Möglichkeiten zur Berechnung der Zuverlässigkeit komplizierter Systeme mittels „klassischer" Zuverlässigkeitskenngrößen. Die Methoden zur Berechnung und Prüfung der Funktionsgüte verschiedener Klassen von Systemen werden besonders untersucht.

Zur praktischen Anwendung der dargelegten Berechnungsmethoden werden in Kapitel 5 Vorschläge zur Qualifizierung der Zuverlässigkeitsarbeit während Entwicklung und Produktion unterbreitet. Dazu wird eine Methodik zur Grobeinschätzung (Grobanalyse) technischer Systeme vorgeschlagen, die der Auswahl geeigneter Zuverlässigkeitskenngrößen und speziell der Begründung quantitativer Zuverlässigkeitsforderungen dient. Entsprechende Möglichkeiten werden aufgezeigt sowie Kriterien und methodische Hinweise gegeben, speziell zur Begründung quantitativer Zuverlässigkeitsforderungen, die für Aufgabenstellungen zur Entwicklung technischer Systeme und als Pflichtenheftforderungen benötigt werden.

Die einzelnen Kapitel enthalten jeweils praktische Beispiele zur Verdeutlichung der Anwendungsmöglichkeiten der vorgeschlagenen Methoden und Verfahren.

2. Funktionsbeschreibung komplizierter Systeme

2.1. Grundsätzliches

Das charakteristische Merkmal komplizierter Systeme besteht darin, daß Ausfälle von Systemelementen nicht zwangsweise den Verlust der Arbeitsfähigkeit des Systems, sondern meistens nur eine Veränderung des Niveaus seiner Funktionsfähigkeit verursachen.

Bei diesen Systemen wird also davon ausgegangen, daß ihre Funktionsfähigkeit nicht nur danach bewertet wird, ob sie alle Haupt- und Nebenparameter erfüllen, wie das in der TGL 26096/1[1] [14] definiert ist. Der Begriff der Funktionsfähigkeit wird hier im erweiterten Sinne verwendet: Ein System kann seine Haupt- und Nebenparameter mit unterschiedlicher Leistungsfähigkeit und Effektivität erfüllen, d. h. mit unterschiedlichem Niveau. Demzufolge können sich solche Systeme in verschiedenen Systemzuständen befinden, die jeweils durch bestimmte Niveaus der Funktionsfähigkeit charakterisiert werden. Normalerweise entspricht jedem dieser Niveaus eine bestimmte Leistungsfähigkeit und damit Funktionseffektivität des Systems.

Beispielsweise behält ein mehrkanaliges Datenübertragungssystem seine Arbeitsfähigkeit auch bei Ausfall einer bestimmten Anzahl von Kanälen bei; es befindet sich jedoch in einem Zustand mit verringertem Niveau der Funktionsfähigkeit und Leistungsfähigkeit. Weitere Beispiele können mühelos in der Volkswirtschaft (Roboter, CNC-Werkzeugmaschinen, automatisierte Produktionsanlagen), im Verkehrs- und Nachrichtenwesen (Flugzeuge, Schiffe, Signal- und Sicherungsanlagen, Ortungs- und Navigationsanlagen) sowie in allen Bereichen des gesellschaftlichen Lebens gefunden werden.

Das Funktionsverhalten und damit die Zuverlässigkeit komplizierter technischer Systeme hängt von einer Vielzahl objektiver und subjektiver Faktoren ab, die auf die unterschiedlichste Art und Weise auf die Technik einwirken.

Bereits während der Vorbereitung und Durchführung von Entwicklungs- und Konstruktionsarbeiten wird die Funktionsfähigkeit eines Systems in entscheidendem Maße vorgegeben. Optimale Systemstruktur sowie Auswahl der Werkstoffe und Systemelemente, hohes Niveau der Konstruktion, begründete Zuverlässigkeitsforderungen, hoher Grad der Unifizierung und Standardisierung und weitere Faktoren sind Voraussetzungen für eine hohe Zuverlässigkeit des zu entwickelnden Systems. Während der Produktion wird schließlich die Zuverlässigkeit technischer Systeme erheblich durch das Niveau und die Einhaltung der Technologien sowie den Stand der Zuverlässigkeitsprüfungen und Qualitätskontrollen bestimmt.

1 TGL-„Technische Güte- und Lieferbedingungen" (Normenwerk der DDR).

Während der Lagerung und Nutzung wirken vor allem klimatische, chemische, mechanische, biologische und radiologische Faktoren auf die Systeme ein. Deren Zuverlässigkeit hängt aber auch von der Einsatzstrategie, Instandhaltungsstrategie und der Belastungsintensität des Systems bzw. seiner Elemente ab. Schließlich ist die Zuverlässigkeit komplizierter Systeme entscheidend durch das persönliche Engagement sowie die Qualifikation und Fähigkeit der Spezialisten bedingt, die für die Entwicklung und Produktion, Lagerung, Nutzung und Instandhaltung technischer Systeme verantwortlich sind. Eine schematisierte Darstellung dieser Einflüsse enthält Abbildung 1. Darin sind die verschiedenartigsten Wechselwirkungen zwischen den einzelnen Faktoren jedoch nicht enthalten.

Die genannten Faktoren wirken mit unterschiedlicher Intensität und Dauer sowie in verschiedenen Kombinationen auf ein beliebiges System ein. Die Einwirkungen haben offensichtlich zufälligen Charakter. Sie verursachen eine zufällige Beeinflussung der physikalischen und chemischen Prozesse, die sich in den Systemelementen vollziehen und die ihrer Natur nach ebenfalls Zufallsprozesse sind. Folglich sind die Veränderungen des Systemzustandes technischer Systeme stets zufällig.

Deshalb ist der Systemzustand und damit das Niveau der Funktionsfähigkeit eines Systems zu einem bestimmten Zeitpunkt (während eines bestimmten Zeitintervalls) nur mit Hilfe eines stochastischen Prozesses beschreibbar. In allgemeiner Form kann dieser Zusammenhang wie folgt dargestellt werden:

Gegeben sei ein kompliziertes System mit einer endlichen Anzahl von Systemzuständen $z_i (i = 0, 1, 2, \ldots, m)$. Der Zustand des Systems zum Zeitpunkt $t \geqslant 0$ werde durch die Zustandsvariable $Z(t)$ beschrieben. Dabei kann sich das System in einem der möglichen Zustände $z_o, z_1, \ldots z_m$ befinden. Die zeitlichen Veränderungen des Systemzustandes in einem bestimmten Zeitabschnitt T können dann als zeitliche Folge der Variablen $Z(t)$ betrachtet und mit Hilfe des stochastischen Prozesses $\{Z(t), t \epsilon T\}$ beschrieben werden. Dieser Prozeß stellt folglich eine Familie von Zufallsvariablen $Z(t)$ mit dem Parameterraum T und der Zustandsmenge $M = \{z_o, z_1, \ldots z_m\}$ dar.

Davon ausgehend ist es möglich, ein allgemeines mathematisches Modell eines komplizierten Systems abzuleiten, das folgende Faktoren berücksichtigt:

1. den Zustand jedes Systemelementes;
2. den Einsatz des Systems zur Erfüllung einer oder mehrerer Funktionen (Aufgaben), die das System entsprechend seiner Zweckbestimmung ausführen kann;
3. den Einsatzzustand des Systems (Einsatz- und Instandhaltungsmaßnahmen).

Dann kann der Zustand des betrachteten Systems zu einem beliebigen Zeitpunkt t mit Hilfe des Zufallsvektors $\bar{Z}(t)$, im weiteren Zustandsvektor genannt, beschrieben werden:

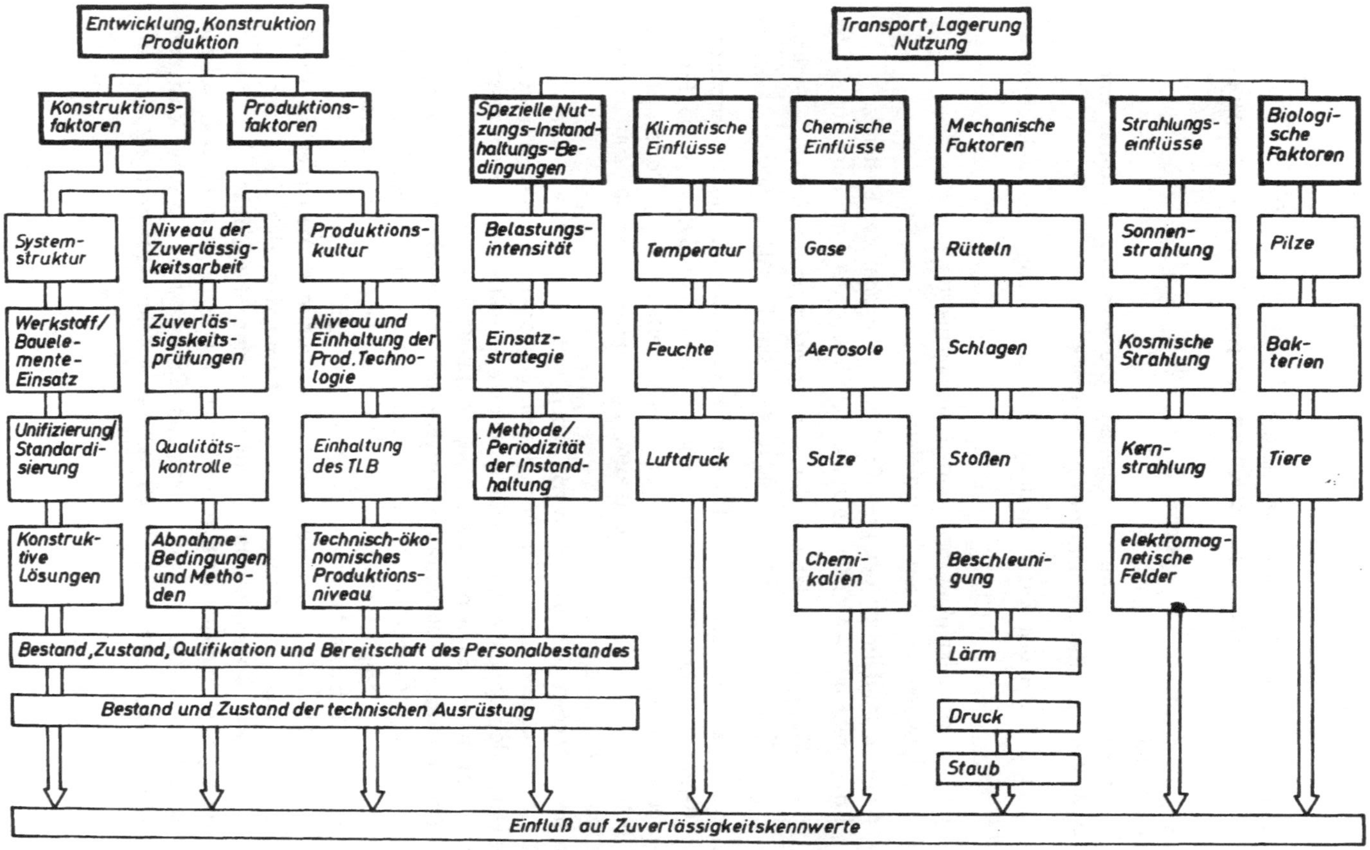

Abb. 1. Einflußfaktoren auf die Zuverlässigkeit technischer Systeme
(TLB – Technische Lieferbedingungen)

$$\bar{Z}(t) = \| X_1(t), \ldots, X_N(t); Y_1(t), \ldots, Y_u(t); Z_1(t), \ldots, Z_v(t) \|. \quad (1)$$

Dabei bedeuten:

$X_i(t)$ – Zustand des i-ten Systemelementes ($i = 1, 2, \ldots, N$);
$Y_j(t)$ – Einsatz des Systems zur Erfüllung der j-ten Funktion (Aufgabe) ($j = 1, 2, \ldots, u$);
$Z_k(t)$ – Einsatzzustand des Systems ($k = 1, 2, \ldots, v$);
N – Anzahl der Systemelemente;
u – Anzahl der Funktionen (Aufgaben), die vom System lösbar sind;
v – Anzahl der Einsatzzustände des Systems.

Die Komponenten des Zustandsvektors $\bar{Z}(t)$ haben zum Zeitpunkt t folgende Werte:

$$X(t) = \begin{cases} 1 & \text{– Arbeitsfähigkeit des i-ten Systemelementes;} \\ 0 & \text{– Ausfall des i-ten Systemelementes.} \end{cases}$$

$$Y(t) = \begin{cases} 1 & \text{– Durchführung der j-ten Funktion (Aufgabe) des Systems;} \\ 0 & \text{– fehlende Anforderung zur Durchführung der j-ten Funktion (Aufgabe).} \end{cases}$$

$$Z(t) = \begin{cases} 1 & \text{– System befindet sich im k-ten Einsatzzustand;} \\ 0 & \text{– System befindet sich nicht im k-ten Einsatzzustand.} \end{cases}$$

Der Zustandsvektor $\bar{Z}(t)$ kann also der Charakterisierung des Systemzustandes und damit auch der Effektivität dienen, mit der das System seine Funktionen (Aufgaben) erfüllt. Offensichtlich ist dieses mathematische Modell für das jeweils betrachtete System und die Bedingungen, unter denen es zum Einsatz gelangt, zu konkretisieren.

Wie im Abschnitt 2.3. gezeigt wird, haben dabei MARKOVsche und SEMI-MARKOVsche Prozesse außerordentliche Bedeutung erlangt, deren Anwendung umfangreiche Möglichkeiten zur mathematischen Modellierung der Prozesse, die sich in komplizierten Systemen vollziehen, erschließt.

Zur Beschreibung des Funktionsverhaltens technischer Systeme erweist es sich deshalb stets als erforderlich, ein mathematisches Modell des betrachteten Systems abzuleiten. Dazu sind in jedem Fall die möglichen Systemzustände und damit die Zustandsmenge M sowie der Parameterraum T zu definieren und zu charakterisieren. Danach ist ein geeignetes mathematisches Verfahren zu finden, das zur Beschreibung des Prozesses geeignet ist, mit dem sich die Systemzustände verändern. Diese Aufgabe ist im allgemeinen kompliziert. Für ihre Lösung steht jedoch eine größere Anzahl mathematischer Modelle und entsprechender Berechnungsmethoden zur Verfügung. Zustandsmodelle bzw. Zustandsdiagramme sind dafür eine wichtige Grundlage, wie im Abschnitt 2.2. gezeigt wird.

2.2. Systemzustand und Zustandsmodell

Zur Bewertung des Funktionsverhaltens komplizierter Systeme haben sich Zustandsmodelle (Zustandsdiagramme) sehr bewährt. Sie gestatten nicht nur eine übersichtliche Darstellung der Systemzustände und ihrer Übergänge, sie sind auch eine wichtige Grundlage für die Durchführung systemanalytischer Aufgaben, speziell zur Ableitung von Berechnungsformeln.

Als Zustandsmodelle bzw. Zustandsdiagramme werden orientierte Graphen verwendet, deren Knoten die Systemzustände und deren Zweige die Übergänge des Systems von einem Zustand in die anderen darstellen. Die Richtung eines Zweiges gibt den Übergang vom sogenannten Anfangsknoten zum Zielknoten an. Üblicherweise werden die Bezeichnungen der Systemzustände in die oder neben den Knoten, die Übergangsraten (Übergangswahrscheinlichkeiten) an die Zweige eingetragen. Die Übergangsrate (Übergangswahrscheinlichkeit) des Systems aus dem i-ten Zustand in den j-ten Zustand wird allgemein mit $q_{ij}(p_{ij})$ bezeichnet, in der Praxis meistens mit der Ausfallrate λ_{ij} bzw. der Erneuerungsrate μ_{ij} (Erneuerungsprozeß; Übergang vom j-ten in den i-ten Zustand).

Beispiele einfacher Zustandsdiagramme sind aus Abbildung 2 ersichtlich

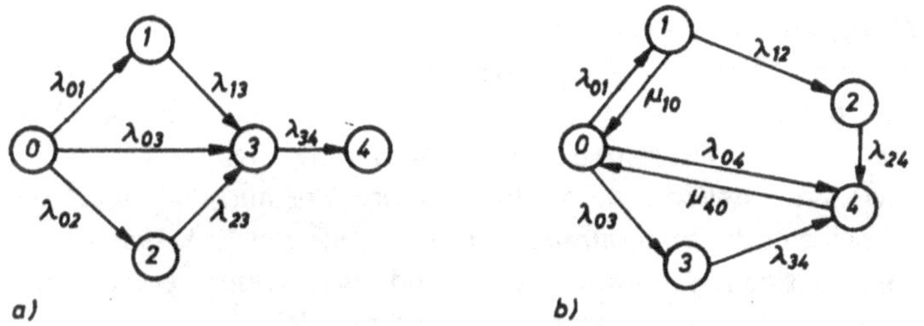

Abb. 2. Zustandsdiagramme komplizierter technischer Systeme
a) nichtwiederherstellbares System
b) wiederherstellbares System

Beide Zustandsdiagramme stellen jeweils ein System mit m = 5 Systemzuständen dar. Das Zustandsdiagramm nach Abbildung 2a) entspricht einem nichtwiederherstellbaren System, das aus dem Anfangszustand z_0 entweder in den Zustand z_1 oder z_2 und schließlich in die Zustände z_3 und z_4 übergeht. Der Zustand z_4 ist ein sogenannter absorbierender Zustand, aus dem keine Zweige herausführen. Absorbierende Zustände charakterisieren gewöhnlich den letzten der möglichen Systemzustände, z. B. den Ausfall des gesamten Systems.

In Abbildung 2b) ist das Zustandsdiagramm eines wiederherstellbaren Systems dargestellt, in dem Übergänge in beide Richtungen möglich sind.

Offensichtlich unterscheiden sich die Systemzustände in den Abbildungen dadurch, daß ein bestimmter Systemzustand entweder nur einmal oder mehrere

Male erreicht werden kann. Bilden alle Systemzustände eine geschlossen Menge und ist jeder Systemzustand von einem beliebigen anderen aus erreichbar, spricht man von rekurrenten Zuständen. Zustände, die nur ein einziges Mal eingenommen werden können, heißen transiente Zustände. Detailliertere Ausführungen dazu sind in der Fachliteratur zu finden [55, 59, 60].

Die Aufstellung von Zustandsdiagrammen kann auf der Grundlage folgender Ausgangsangaben erfolgen:

1. verbale Beschreibung des Systems und seiner Zustände;
2. Anzahl der Elemente des Systems, wobei die Systemelemente nur zwei Zustände haben: arbeitsfähig oder ausgefallen;
3. Anzahl der Elemente des Systems, wobei die Systemelemente jeweils drei oder mehr Zustände haben;
4. Zuverlässigkeitsersatzschaltungen des Systems.

In vielen praktischen Fällen können Zustandsdiagramme auf der Grundlage einer verbalen Beschreibung des Systems und seiner Funktionszustände sowie unter Berücksichtigung der Einsatz- und Instandhaltungsstrategie aufgestellt werden. Dazu werden die möglichen Systemzustände durch systemanalytische Einschätzungen und Untersuchungen ermittelt, charakterisiert und bezeichnet. Außerdem sind die Übergänge des Systems in die verschiedenen Systemzustände und die dazu gehörigen Übergangsraten festzustellen.

Im einfachsten Fall ergibt sich das Zustandsdiagramm für ein nichtwiederherstellbares System mit belasteter Reserve (z. B. Signalanlage) bei gleicher Ausfallrate von Grundeinheit und Reserveeinheit[2] nach Abbildung 3a).

Ist dieses System wiederherstellbar, so ergibt sich das Zustandsdiagramm bei Instandsetzung mit einer Instandsetzungseinheit[3] nach Abbildung 3b). Sofern die Möglichkeit zur gleichzeitigen Reparatur der Grund- und Reserveeinheit besteht (2 Instandsetzungseinheiten), entspricht es Abbildung 3c).

Bei Systemen mit mehreren Systemzuständen erfordert die Ableitung der Zustandsdiagramme außerordentlich sorgfältige Arbeit. Dabei kann die Bezeichnung der Systemzustände (Knoten) beliebig erfolgen oder entsprechend der Methodik, die im folgenden Beispiel dargelegt ist.

Beispiel 1

Gegeben:

Reanimationssystem in einer medizinischen Einrichtung, das aus einer Grundeinheit und einer Reserveeinheit (unbelastete Reserve) besteht. Zum System gehört außerdem eine Kontroll- und Steuereinrichtung, die das normale Arbeitsregime der Grundeinheit (Ausfallrate λ_1) und der Reserveeinheit (Ausfallrate λ_2) aufrecht erhält. Bei Ausfall der Steuereinrichtung (Ausfallrate

2 *Reserveeinheit* – Funktionseinheit, die bei Ausfall der zugehörenden Grundeinheit an deren Stelle tritt, um die Arbeitsfähigkeit des Systems weiterhin zu gewährleisten [14].

3 *Instandsetzungseinheit* – Spezialist oder Gruppe von Spezialisten mit der erforderlichen Ausrüstung zur Durchführung der betrachteten Instandsetzung mit der Erneuerungsrate μ.

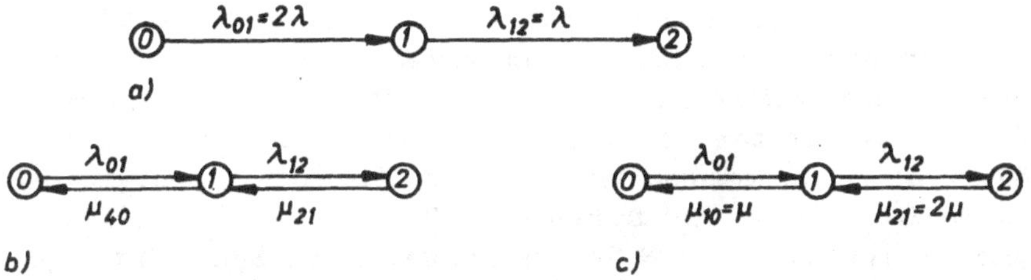

Abb. 3. Zustandsdiagramme komplizierter Systeme
a) nichtwiederherstellbares System
b) und c) wiederherstellbare Systeme

λ_3) verringert sich die Zuverlässigkeit der Grundeinheit (neue Ausfallrate λ_4) und der Reserveeinheit (neue Ausfallrate λ_5).

Das System ist ausgefallen, wenn sowohl die Grundeinheit als auch die Reserveeinheit ausgefallen sind. Die Reparatur des Systems erfolgt erst nach Ausfall beider Anlagen mit den Erneuerungsraten μ_1 bzw. μ_2. Die Kontroll- und Steuereinrichtung wird mit der Erneuerungsrate μ_3 instandgesetzt. Die Reparatur soll in der Reihenfolge: Grundeinheit – Reserveeinheit ausgeführt werden. Bei Ausfall der Kontroll- und Steuereinheit wird zuerst deren Instandsetzung durchgeführt; danach wird die Grundeinheit und schließlich die Reserveeinheit instandgesetzt. Der erneute Einsatz des Systems erfolgt erst nach Wiederherstellung der Kontroll- und Steuereinrichtung und der beiden Einheiten.

Gesucht:

Zustandsdiagramm des Systems.

Lösung:

Aus der Aufgabenstellung ergeben sich folgende Ausfallkombinationen und damit Systemzustände:

Systemzustand 0 – alle drei Systemelemente intakt;
Systemzustand 1 – Reserveeinheit und Steuereinrichtung intakt, Grundeinheit ausgefallen;
Systemzustand 2 – Grundeinheit und Steuereinrichtung intakt, Reserveeinheit ausgefallen;
Systemzustand 3 – Grundeinheit und Reserveeinheit intakt, Steuereinrichtung ausgefallen;
Systemzustand 4 – Reserveeinheit intakt, Grundeinheit und Steuereinrichtung ausgefallen;
Systemzustand 5 – Grundeinheit intakt, Reserveeinheit und Steuereinrichtung ausgefallen;
Systemzustand 6 – Steuereinrichtung intakt, Grundeinheit und Reserveeinheit ausgefallen (System ausgefallen);
Systemzustand 7 – alle drei Systemelemente ausgefallen (System ausgefallen).

Daraus folgt schließlich das Zustandsdiagramm:

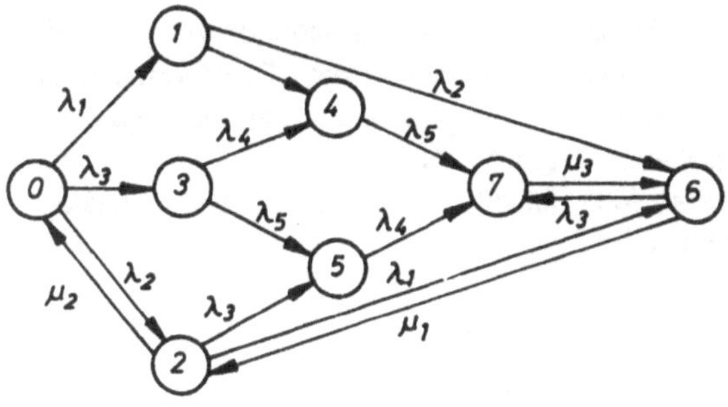

Die Ableitung von Zustandsdiagrammen bei bekannter Anzahl der Elemente des Systems ist formalisierbar, was sich insbesondere bei großer Anzahl von Elementen und damit Systemzuständen als vorteilhaft erweist. Für Systeme, deren Elemente lediglich zwei Zustände (arbeitsfähig bzw. ausgefallen) einnehmen können, ist die Numerierung der Knoten des Zustandsdiagramms mit Hilfe eines binären Zahlensystems sehr zweckmäßig [62].

Gegeben sei ein System mit N Systemelementen. Dieses System hat insgesamt $m = 2^N$ Systemzustände.

Die Systemzustände werden mit z_j bezeichnet, wobei die Indizes j nach einem binären Code, und zwar gemäß $j = 2^{i-1}$ $(i = 1, 2, \ldots, N)$, ermittelt werden. Daraus ergibt sich die Möglichkeit, eine Standardstruktur solcher Zustandsdiagramme abzuleiten, die alle real möglichen Systemzustände enthält und deren allgemeine Form schematisiert in Abbildung 4 dargestellt ist.

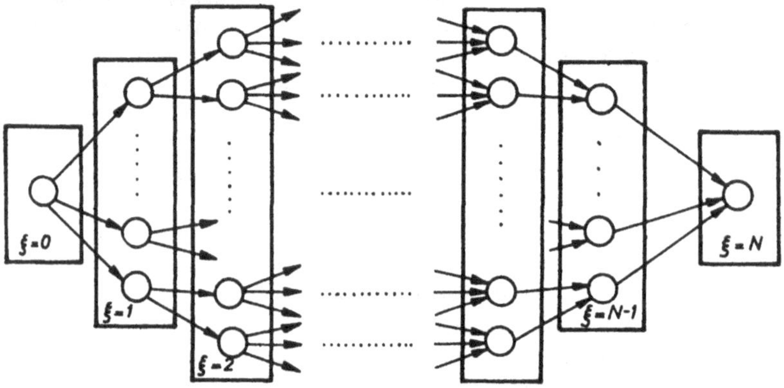

Abb. 4. Standardisiertes Zustandsdiagramm komplizierter technischer Systeme

Eine derartige Anordnung zeichnet sich durch folgende Eigenschaften aus:

1. Sie beginnt mit dem Anfangszustand (z_o), in dem alle N Systemelemente arbeitsfähig sind, und endet mit einem Knoten, ($Z_j = 2^{i-N}$), in dem alle N Elemente ausgefallen sind;
2. Die Systemzustände mit gleicher Anzahl von arbeitsfähigen bzw. ausgefallenen Systemelementen sind in Zustandsebenen angeordnet. Dazu werden alle einander entsprechenden Knoten in einer Reihe (Ebene) graphisch dargestellt. Die Anzahl der Zustandsebenen ist stets N + 1.
   In jeder Zustandsebene ξ befinden sich jeweils K_ξ Knoten, deren Anzahl als Binominalkoeffizient ermittelt wird, und zwar

$$K_\xi = \binom{N}{\xi}. \qquad (2)$$

Dabei bedeuten:

N – Anzahl der Systemelemente;

ξ – Nummer der Zustandsebene (ξ = 0, 1, 2, ..., N).

3. Die Anzahl der Zweige, die in jeden Knoten einer Zustandsebene hineinführen, ist stets ξ, d. h. gleich der Nummer der Zustandsebene. Die Anzahl der Zweige, die aus jedem Knoten einer Zustandsebene wegführen, ist stets (N – ξ), d. h. gleich der Anzahl der intakten Elemente der betrachteten Zustandsebene.
4. Die Bezeichnung der Systemzustände erfolgt nach der Formel $Z_j = 2^{i-1}$ mit (i = 1, 2, ..., N). Daraus folgen die Bezeichnungen der Knoten der ersten Zustandsebene (ξ = 1), die zugleich Kennzahlen der Systemelemente sind.

Nummer des Systemelementes	1	2	3	4	...	N
Kennzahl des Systemelementes	1	2	4	8	...	2^{i-N}

Diese Kennzahlen dienen:

a) zur Bezeichnung (Numerierung) der Systemzustände (Knoten) der ersten Zustandsebene (ξ = 1);

b) zur Ermittlung der Bezeichnung der Systemzustände (Knoten) der zweiten und nachfolgenden Zustandsebenen (ξ = 2, 3, ..., N). Dazu wird die Kennzahl des i-ten Systemelementes, das ausfällt und den Übergang in die zweite Zustandsebene bewirkt, zur Bezeichnung (Numerierung) desjenigen Knotens addiert, aus dem der Zweig herausführt. Analog wird für die nachfolgenden Zustandsebenen verfahren.

Beispiel 2

Gegeben:

Datendarstellungssystem mit drei Sichtgeräten. Das System wird erst bei Ausfall aller Sichtgeräte als ausgefallen angesehen. Die Zuverlässigkeitsersatzschaltung des Systems stellt eine Parallelschaltung mit den Ausfallraten λ_i(i = 1, 2, 3) dar, und zwar

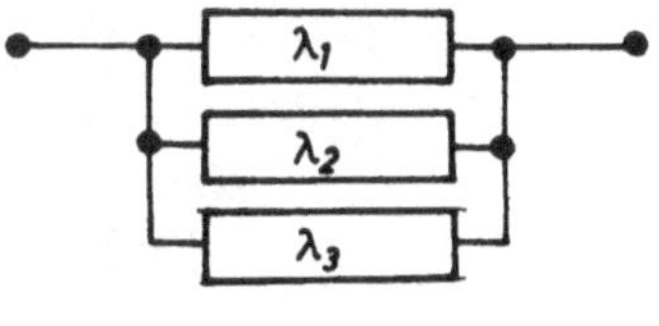

Gesucht:

Zustandsdiagramm und Bezeichnung (Numerierung) der Systemzustände.

Lösung:

Entsprechend der dargelegten Methodik ergibt sich die Anzahl der Zustandsebenen mit N + 1 = 4. Die Charakterisierung der Zustandsebenen und die dazugehörige Anzahl der Systenzustände wird

Charakterisierung der Zustandsebene	Nummer der Zustandsebene	Anzahl der Systemzustände
alle Elemente intakt	0	1
ein Element ausgefallen	1	3
zwei Elemente ausgefallen	2	3
alle Elemente ausgefallen	3	1

Die Kennzahlen der Systemelemente werden entsprechend $z_j = 2^{i-1}$

Nummer des Systemelementes	1	2	3
Kennzahl des Systemelementes	1	2	4

Daraus ergibt sich die Bezeichnung der Systemzustände (Knoten), nach Zustandsebenen geordnet, durch Addition der entsprechenden Kennzahl zur Bezeichnung des Systemzustandes.

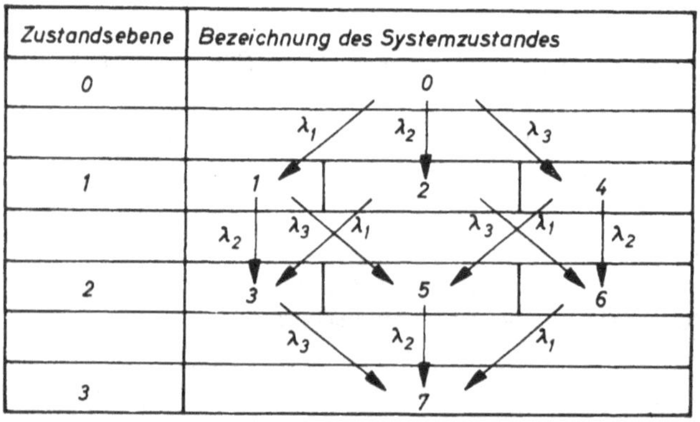

Die möglichen Übergänge des Systems, bedingt durch Ausfall der Elemente, sind durch Pfeile mit den dazu gehörigen Ausfallraten λ_i zur Verdeutlichung der Zusammenhänge dargestellt.

Das standardisierte Zustandsdiagramm für das betrachtete System wird schließlich in folgender Form erhalten:

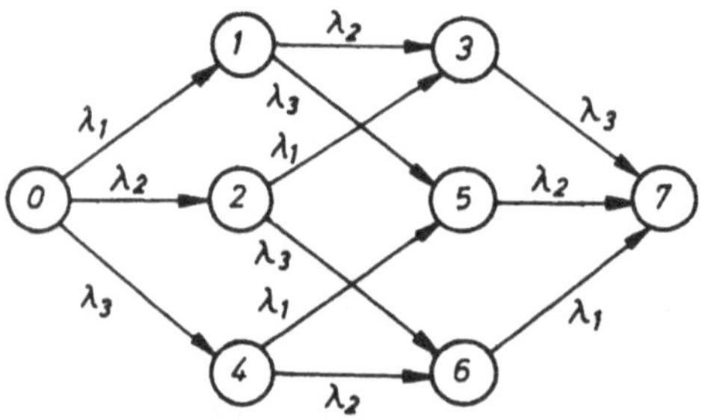

Die dargelegte Methode ist auch auf wiederherstellbare Systeme anwendbar, d. h., sie ermöglicht die Berücksichtigung von Erneuerungsprozessen: Die Bezeichnung des Systemzustandes, in den ein Zweig bei Instandsetzung eines bestimmten Systemelementes hineinführt, wird durch Subtraktion der Kennzahl des instandgesetzten Elementes von der Numerierung des betrachteten Systemzustandes (Knoten) ermittelt. Beispielsweise wird ein wiederherstellbares System, dessen Zustandsdiagramm in Abb. 5 dargestellt ist, durch Erneuerung des Systemelementes Nr. 3 (Kennzahl: 4) aus dem Zustand z_7 in den Zustand z_3 überführt.

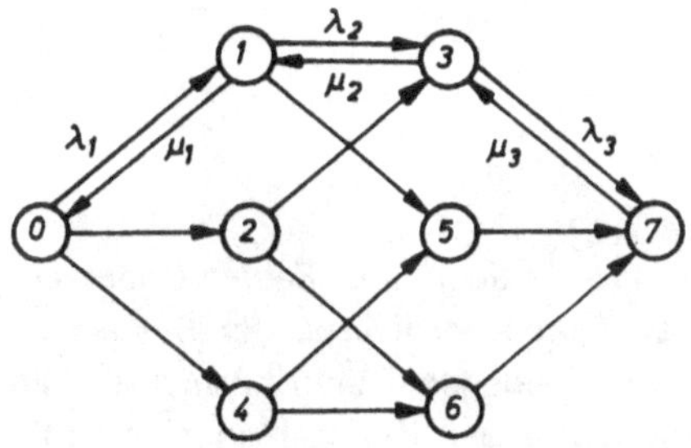

Abb. 5. Standardisiertes Zustandsdiagramm eines wiederherstellbaren komplizierten Systems mit N = 3 Systemelementen

Unschwer ist zu erkennen, daß die festgelegte Numerierung der Systemzustände gleichzeitig Auskunft über die Evolution der betrachteten Systemelemente gibt, und zwar vom Anfangszustand bis zum betrachteten Systemzustand.

Beispielsweise kann rechnerisch ermittelt werden:

a) die Anzahl und Art der bisher ausgefallenen Systemelemente, bei bekanntem (vorgegebenem) Systemzustand;
b) die Bezeichnung (Numerierung) der Systemzustände bei bekannter Anzahl und Art der ausgefallenen Systemelemente;
c) die Anzahl und Art der Übergänge des Systems in weitere Systemzustände bis zum Endknoten, beginnend von einem beliebigen Knoten.

Offensichtlich ist die dargelegte Methodik zur Ableitung des Zustandsdiagramms und der Bezeichnung (Numerierung) der Systemzustände bei geringer Anzahl von Systemelementen N ohne Schwierigkeiten anwendbar. Für Systeme mit einer großen Anzahl von Elementen ist die Aufstellung eines Zustandsdiagramms oft nur mit großem Aufwand oder überhaupt nicht möglich. Hier zeigt sich ein entscheidender Vorteil der Methode: Sie ist leicht programmierbar und deshalb zur Anwendung von elektronischen Datenverarbeitungsanlagen gut geeignet. Damit sind reale Möglichkeiten gegeben, die Wahrscheinlichkeiten, mit denen sich die verschiedenen Systemzustände einstellen, auch ohne Aufstellung von Zustandsdiagrammen zu berechnen.

In diesem Zusammenhang sei festgestellt, daß die beschriebene Methodik auch auf Systeme anwendbar ist, deren Elemente mehr als zwei Niveaus der Funktionsfähigkeit aufweisen. In diesem Fall wird den möglichen Niveaus der Funktionsfähigkeit des betrachteten i-ten Systemelementes eine entsprechende Anzahl zusammenhängender Kennzahlen der Reihe 2^{i-1} zugeordnet. Beispielsweise kann bei N = 2 Systemelementen, von denen jedes drei Niveaus der Funktionsfähigkeit hat, die Zuordnung der Kennzahlen wie folgt durchgeführt werden:

Nummer des Systemelementes	Funktionsniveaus 1	2	3
1	1	2	4
2	8	16	32

Die Bezeichnung der Systemzustände kann natürlich auch mit Zahlen-Codes erfolgen, die als Basis die Anzahl der möglichen Funktionsniveaus der Systemelemente verwenden. Folglich kann bei drei verschiedenen Funktionsniveaus die Bezeichnung der Systemzustände (Knoten) mit Hilfe der Kennzahlen $z^{(1)} = 3^{i-1}$ (Funktionsniveau Nr. 1) und $z^{(2)} = 2 \times 3^{i-1}$ (Funktionsniveau Nr. 2) erfolgen usw.

Das ermöglicht die Ableitung von Zustandsmodellen für viele Systeme. Beispielsweise wird ein System mit logischen Funktionen, in dem zwei Typen von Fehlern (fehlerhafte 0 bzw. fehlerhafte 1) mit den Übergangsraten λ_{0i} bzw. λ_{1i} möglich sind, mit folgenden Kennzahlen charakterisiert werden:

Nummer des Systemelementes		1	2	3	4	5	...	N
Kennzahl des System–elementes	fehlerhafte 0	1	3	9	27	81	...	3^{N-1}
	fehlerhafte 1	2	6	18	54	162	...	$2 \times 3^{N-1}$

Die Ermittlung der Bezeichnungen der Knoten für die nachfolgenden Zustandsebenen kann dann nach der oben dargelegten Methode erfolgen.

Schließlich sei festgestellt, daß es spezielle Zustandsdiagramme gibt, die sich bei der Analyse komplizierter Systeme als sehr zweckmäßig erwiesen haben, beispielsweise für adaptive Systeme mit Redundanz. Dazu werden sogenannte M-Diagramme verwendet (Abb. 6), die ein wichtiges Hilfsmittel zur Analyse derartiger Systeme geworden sind [62].

In der Praxis ergibt sich oft die Notwendigkeit, Zustandsdiagramme auch auf der Grundlage von Zuverlässigkeitsersatzschaltungen abzuleiten. Anhand der Zuverlässigkeitsersatzschaltung des betrachteten Systems werden diejenigen Sy-

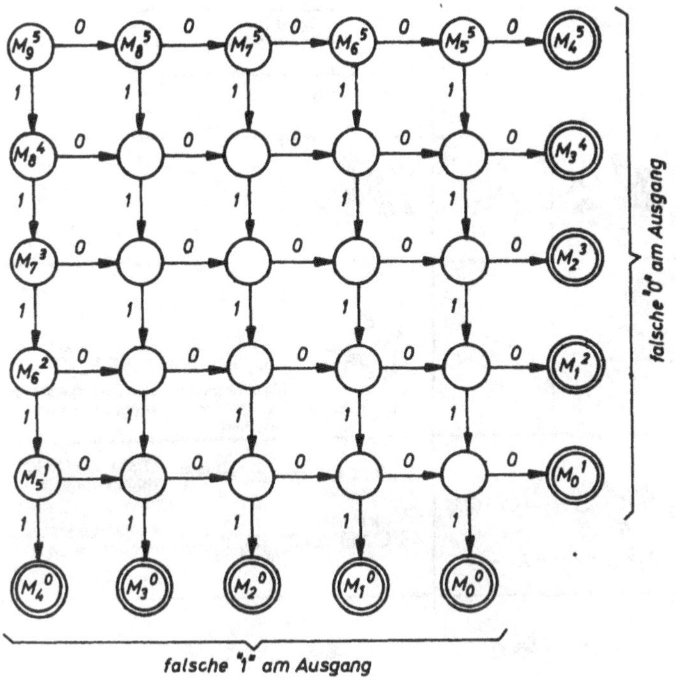

Abb. 6. M-Diagramm eines adaptiven Systems mit Redundanz nach [62]

stemzustände bestimmt, die sich bei Ausfall der Elemente dieser Ersatzschaltung ergeben. Beginnend vom Anfangszustand des Systems (alle Systemelemente intakt) werden die Auswirkungen des Ausfalls der Elemente analysiert und alle Systemzustände ermittelt. Diese Systemzustände werden in ihren logischen Verknüpfungen und in ihrer Reihenfolge miteinander verbunden und als Zustandsdiagramm dargestellt.

Zur Ableitung von Zustandsdiagrammen aus Zuverlässigkeitsersatzschaltungen haben sich Standardübergänge als Hilfsmittel bewährt (Abb. 7). Diese zeigen eindeutig den Zusammenhang zwischen typischen Zuverlässigkeitsersatzschaltungen und den entsprechenden Zustandsdiagrammen. Beispielsweise kann eine Zuverlässigkeitsreihenschaltung, bestehend aus N-Elementen mit unterschiedlicher Ausfallrate $\lambda_i (i = 1, 2, \ldots, N)$, durch ein Zustandsdiagramm mit N absorbierenden Zuständen dargestellt weruen, wobei jeder dieser Zustände bei Ausfall des betreffenden Elementes eintritt. Sofern übereinstimmende Ausfallraten $\lambda_1 = \lambda_2 = \ldots = \lambda$ gegeben sind, wird der Endzustand mit der Übergangsrate $N\lambda$ erreicht. Eine Zuverlässigkeitsersatzschaltung mit belasteter Reserve wird demnach durch ein vermaschtes Zustandsdiagramm beschrieben, in dem die Elemente in einer beliebigen Reihenfolge ausfallen können. Bei unbelasteter Reserve wird erst bei

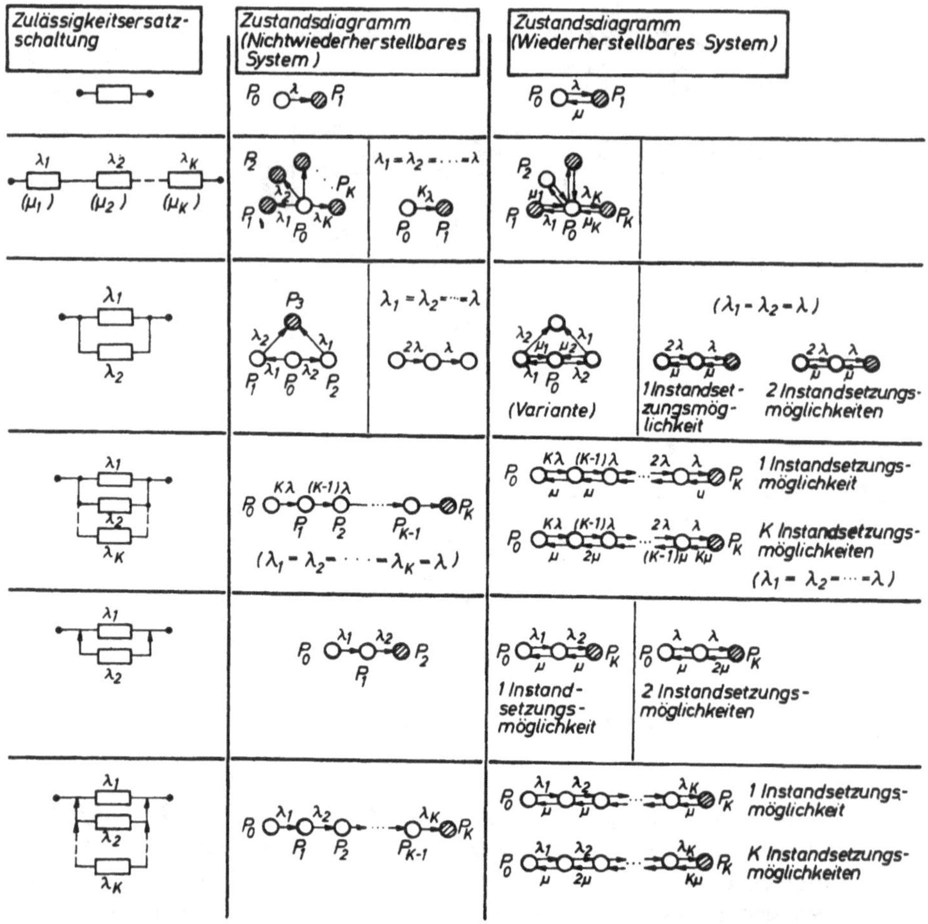

Abb. 7. Standardübergänge Zuverlässigkeitsersatzschaltung – Zustandsdiagramm

Ausfall des Elementes, das sich in Betrieb befindet, das Reserveelement zugeschaltet. Das führt zu einem Zustandsdiagramm mit aufeinanderfolgenden Knoten usw.

Offensichtlich sind auf dieser Grundlage Zustandsdiagramme sowohl für nichtwiederherstellbare als auch wiederherstellbare Systeme ableitbar. Diese vereinfachen sich bei übereinstimmenden Ausfallraten λ und Erneuerungsraten μ ganz wesentlich.

Für die Ableitung von Zustandsdiagrammen können in Anlehnung an [6] folgende Empfehlungen gegeben werden:

1. Die Zuverlässigkeitsersatzschaltung des Systems wird in solche Schaltungs-

kombinationen (Zuverlässigkeitsstandardschaltungen) zerlegt, für die Standardübergänge entsprechend Abbildung 7 existieren.

2. Für jede Zuverlässigkeitsstandardschaltung wird das dazugehörige Zustandsdiagramm ermittelt. Dabei wird mit den Zuverlässigkeitsersatzschaltungen, die eine belastete Reserve aufweisen, begonnen. Danach werden die Zustandsdiagramme für Ersatzschaltungen mit unbelasteter Reserve abgeleitet. Alle Zustände eines solchen Teilsystems, die einen Ausfall charakterisieren, werden als absorbierende Zustände dargestellt.
3. Die Endzustände der Zustandsdiagramme, die aus Zuverlässigkeitsreihenschaltungen mit belasteter Reserve erhalten werden, sind bei zusätzlich vorhandener unbelasteter Reserve nicht absorbierend. Sie stellen vielmehr die Anfangsknoten für den Graphen dar, der zur Beschreibung der möglichen Systemübergänge dient.

Beispiel 3

Gegeben:
Empfang-Sende-Anlage eines Nachrichtensatelliten.
Da eine Reparatur des Systems während des Einsatzes nicht möglich ist, wurde die Zuverlässigkeit verschiedener Elemente durch belastete und unbelastete Reserveelemente erhöht.
Die Zuverlässigkeitsersatzschaltung mit den dazugehörigen Ausfallraten der Elemente λ_i $(i = 1, 2, \ldots, 8)$ ist wie folgt darstellbar:

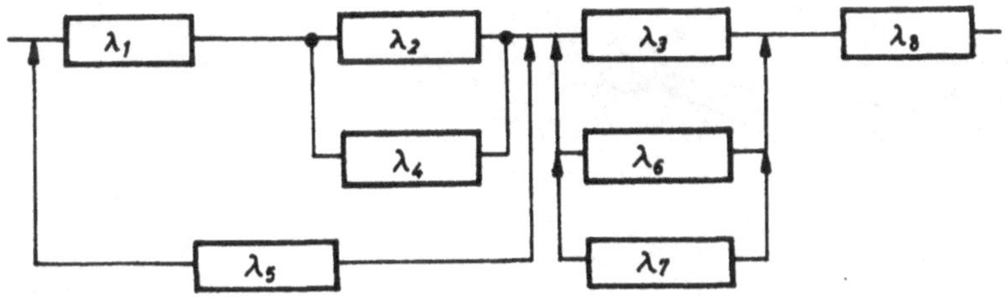

Gesucht:
Zustandsdiagramm des Systems.

Lösung:
Der Teil der Zuverlässigkeitsersatzschaltungen mit belasteter Reserve ergibt das Zustandsdiagramm:

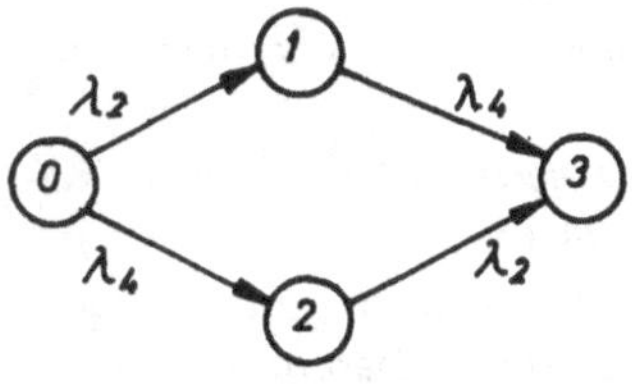

Daraus wird unter Beachtung des Elementes mit der Ausfallrate λ_1 und der unbelasteten Reserve durch das Element mit der Ausfallrate λ_5:

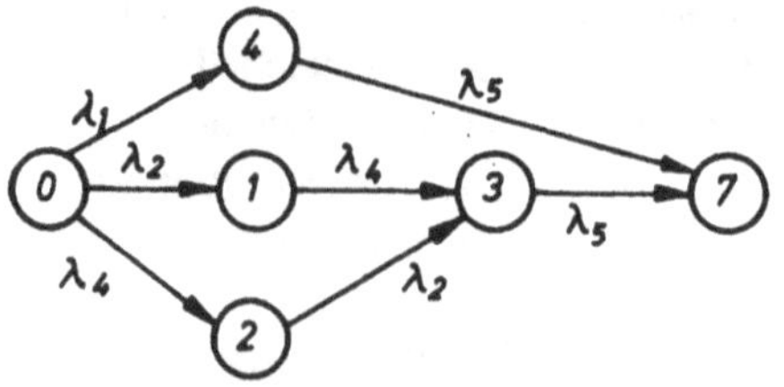

Der Teil der Zuverlässigkeitsersatzschaltung mit unbelasteter Reserve (Elemente mit den Ausfallraten λ_3, λ_6, λ_7) wird durch folgendes Diagramm dargestellt:

Die Zusammenfassung der Teildiagramme ergibt das gesuchte Zustandsdiagramm des Systems:

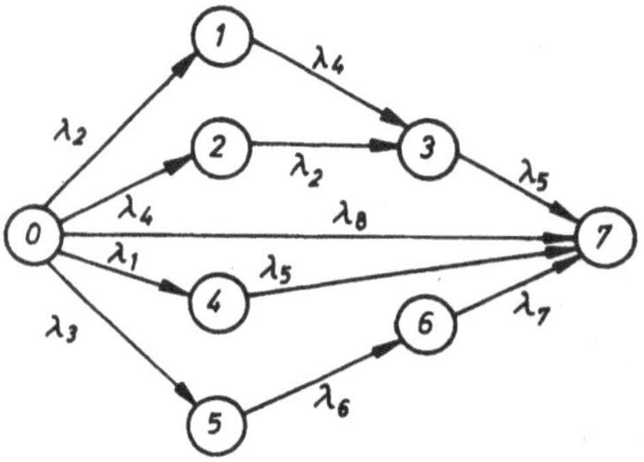

Bei Zustandsdiagrammen mit einer großen Anzahl von Knoten ist es oft notwendig und auch möglich, verschiedene Systemzustände zu einem Zustand zusammenzufassen. Grundsätzlich können alle Systemzustände Z_j, die zu einer bestimmten Zustandsmenge gehören ($j \epsilon M$), zusammengefaßt werden. Voraussetzung dafür ist jedoch, daß die Übergangsraten dieser Zustände Z_j zu einem Systemzustand außerhalb der Zustandsmenge M bzw. zu irgendeiner Gruppe $\neq$ M die gleichen sind wie für alle $j \epsilon M$ [53]. Weitere Ausführungen dazu sind der speziellen Literatur, z. B. [3, 55, 60], zu entnehmen.

Zusammenfassend kann festgestellt werden, daß es verschiedene Möglichkeiten zur Ableitung von Zustandsdiagrammen gibt, die nicht nur eine systematisierte und übersichtliche Darstellung der Systemzustände, sondern auch deren Programmierung und Bearbeitung mit Hilfe von elektronischen Datenverarbeitungsanlagen gestatten.

2.3. Systemzustand und Zustandswahrscheinlichkeit

Analyse und Synthese komplizierter Systeme setzen stets voraus, daß die Evolution des Funktionsverhaltens dieser Systeme bekannt ist. Das erfordert unter anderem die mathematische Modellierung des betrachteten Systems, die Ableitung eines Zustandsmodells (Zustandsdiagramms) und die Ermittlung der Wahrscheinlichkeiten, mit denen sich das System in den verschiedenen Systemzuständen befinden wird. Dabei interessiert insbesondere die Kenntnis:

1. der Wahrscheinlichkeit, mit der sich das System zum Zeitpunkt t in einem interessierenden Systemzustand befindet;
2. der Wahrscheinlichkeit, mit der sich das System auf einen bestimmten Systemzustand im sogenannten stationären Zustand einstellt;
3. der wahrscheinlichen Zeitdauer, in deren Verlauf sich das System in einem bestimmten Systemzustand befinden wird;
4. der Wahrscheinlichkeit, mit der das System von einem Systemzustand in die anderen Systemzustände übergehen wird sowie weiterer Angaben, die das Funktionsverhalten des Systems charakterisieren.

Offensichtlich können diese Wahrscheinlichkeiten nur im Ergebnis von Untersuchungen desjenigen Zufallsprozesses bestimmt werden, der zur Funktionsbeschreibung des betrachteten Systems geeignet ist.

Grundsätzlich ist festzustellen, daß zur Ermittlung der Zustandswahrscheinlichkeiten einer größeren Anzahl technischer Systeme analytische und numerische Verfahren zur Verfügung stehen. Andererseits gibt es noch eine Reihe von Aufgaben zur Ermittlung der Zustandswahrscheinlichkeiten, für die gegenwärtig kein praktikables Instrumentarium vorliegt und auch Simulationsmethoden nicht oder nur bedingt anwendbar sind. Das betrifft beispielsweise komplizierte Systeme mit einer großen Anzahl von Systemelementen mit beliebigen Verteilungsfunktionen ihres Funktionsverhaltens.

Die Auswahl einer geeigneten Methode zur Ermittlung der Zustandswahrscheinlichkeiten ist im allgemeinen eine komplizierte Aufgabe. Je nach dem Typ des Systems und seiner Struktur, der Einsatz- und Instandsetzungsstrategie, den Einsatzbedingungen und weiteren Faktoren, die sich auf das Funktionsverhalten des Systems und seiner Elemente auswirken, erfordert die Auswahl der am besten geeigneten Methode eine sorgfältige systemanalytische Arbeit. Voraussetzungen dafür sind:

a) die Definition der Systemzustände, einschließlich des Ausfallzustandes des betrachteten Systems;
b) die Beschreibung der Bedingungen, unter denen die verschiedenen Systemzustände eintreten können (Einsatzbedingungen, Einsatz- und Instandhaltungsstrategie des Systems);
c) die Kenntnis der Verteilungsfunktionen, die zur Beschreibung des Funktionsverhaltens der Systemelemente dienen.

Eine empfehlenswerte Darstellung der gegenwärtig bekannten Methoden zur Ermittlung der Kenngrößen von Bedienungs- und Zuverlässigkeitssystemen ist in [17] zu finden. Auf der Grundlage dieser und weiterer Arbeiten [18–21] sind die wichtigsten Methoden zur Ermittlung der Zustandswahrscheinlichkeiten im Schema der Abbildung 8 aufgeführt. Darin sind die Berechnungsmethoden jeweils den Verteilungsfunktionen zugeordnet, die zur Beschreibung des Funktionsverhaltens der Systemelemente dienen.

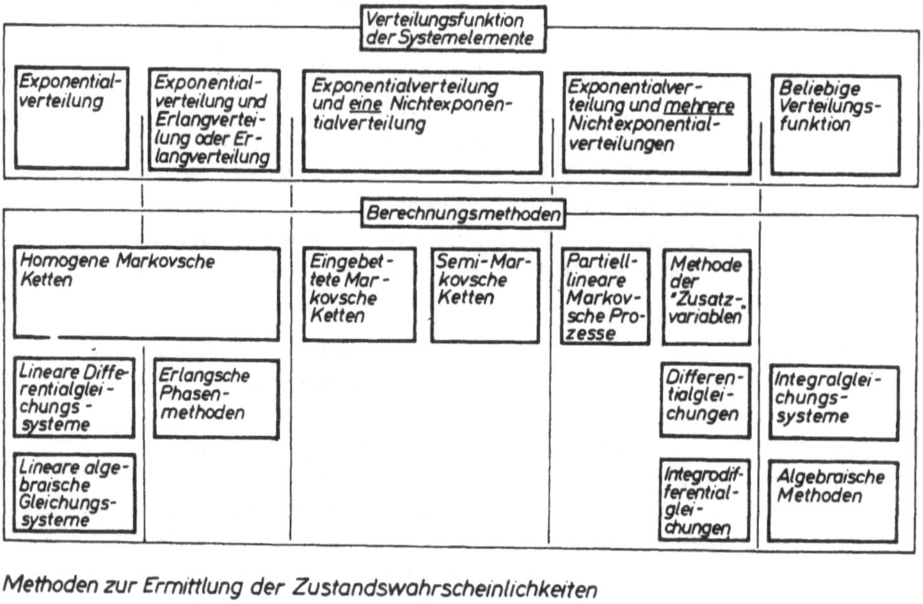

Abb. 8. Methoden zur Ermittlung der Zustandswahrscheinlichkeiten

Unschwer ist zu erkennen, daß zur Beschreibung der Zustandswahrscheinlichkeiten MARKOVsche und SEMI-MARKOVsche Prozesse außerordentliche Bedeutung erlangt haben. Durch ihre Anwendung werden weitreichende Möglichkeiten zur mathematischen Modellierung der Zufallsprozesse, die sich in komplizierten Systemen vollziehen, erschlossen. Vier Typen MARKOVscher Prozesse verdienen besonderes Interesse:

a) MARKOVsche Kette,
b) stetiger MARKOV-Prozeß mit diskreter Zeit,
c) diskreter MARKOV-Prozeß,
d) stetiger MARKOV-Prozeß.

Deren Verlauf ist nach [24] in Abbildung 9 dargestellt. Jeweils eine mög-

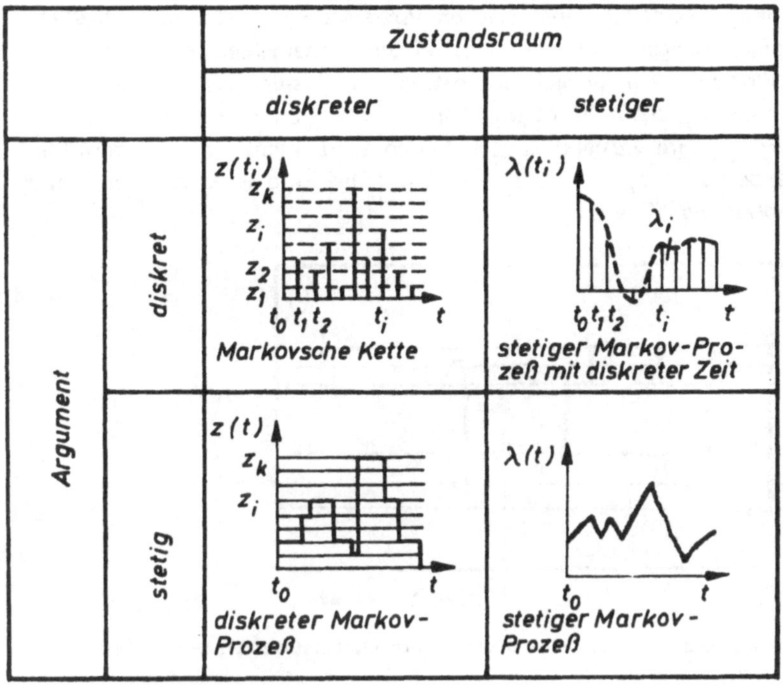

Abb. 9. Wichtigste Typen MARKOVscher Prozesse nach [24]

liche Trajektorie[4] verdeutlicht die typische Abhängigkeit dieser Zufallsprozesse vom Charakter der Zufallsvariablen und des Parameters t (stetige oder diskrete Verteilungsfunktion).

Aus Abbildung 9 ist bereits ohne mathematische Begründung und physikalische Interpretation zu erkennen, daß diese Prozesse der Charakterisierung der zeitlichen Veränderungen des Systemzustandes verschiedener komplizierter Systeme dienen können. Deshalb seien einige MARKOVsche Prozesse kurz erläutert:

Ein stochastischer Prozeß $\{Z(t),\ t \geqslant 0\}$ mit endlich vielen Zuständen m und der Zustandsmenge $M = \{z_0, z_1, \ldots, z_m\}$ wird dann als MARKOVscher Prozeß bezeichnet, wenn für alle Systemzustände $z_i \epsilon M$ und alle Zeitpunkte $t \geqslant t_{n+1} > t_n > t_{n-1} > \ldots > t_o \geqslant 0$ mit dem Anfangszeitpunkt t_o die Bezeichnung gilt

$$P\ \{Z(t_{n+1}) = z_{n+1} \mid Z(t_n) = z_n,\ Z(t_{n-1}) = z_{n-1}, \ldots, Z(t_o) = z_o\}$$

$$= P\{Z(t_{n+1}) = z_{n+1} \mid Z(t_n) = z_n\}\,. \qquad (3)$$

4 Unter Trajektorie oder Realisierung des stochastischen Prozesses wird der konkrete Verlauf verstanden, den dieser Prozeß als Ergebnis eines Versuches (eines Systemeinsatzes) hat.

Das zukünftige Verhalten eines solchen Prozesses hängt also ausschließlich von seinem gegenwärtigen und nicht von seinem vorhergehenden Verlauf ab. Mit anderen Worten: befindet sich das betrachtete System zum Zeitpunkt t_n im Systemzustand z_n, dann hängt die Wahrscheinlichkeit dafür, daß es sich zum Zeitpunkt t_{n+1} im Zustand z_{n+1} befinden wird, nicht von den zurückliegenden Zuständen $z_{n-1}, z_{n-2}, \ldots, z_o$ ab. Die Trajektorie eines solchen Prozesses ist aus Abbildung 10 ersichtlich.

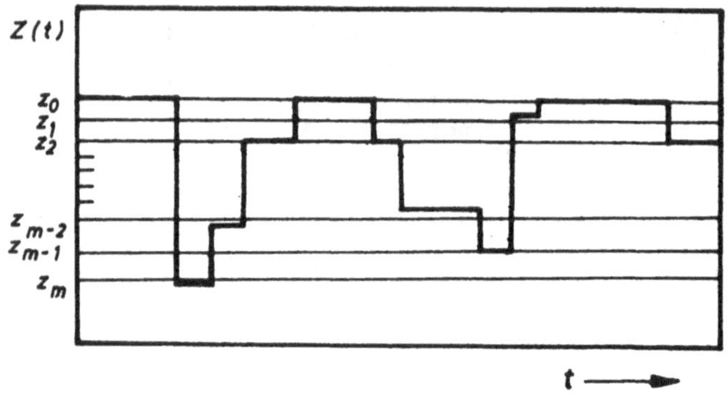

Abb. 10. Trajektorie eines diskreten MARKOVschen Prozesses mit der Zustandsmenge $M = \{z_o, z_1, \ldots, z_m\}$

Ein MARKOVscher Prozeß ist folglich ein stochastischer Prozeß „ohne Nachwirkung" oder „ohne Gedächtnis" [64]. Besondere Bedeutung für einen MARKOVschen Prozeß hat die bedingte Wahrscheinlichkeit aus Formel (3). Diese gestattet die Ermittlung der Wahrscheinlichkeit, mit der sich das betrachtete System zum Zeitpunkt t_{n+1} im Zustand z_{n+1} befindet, wenn es sich zum Zeitpunkt t_n im Zustand z_n befand. Diese Übergangswahrscheinlichkeit lautet

$$P_{(z_n, z_{n+1})} = P\{Z(t_{n+1}) = z_{n+1} \mid Z(t_n) = z_n\} \quad (4)$$

oder in anderer Schreibweise

$$P_{ij} = P\{Z_{\tau+1} = z_j \mid Z_\tau = z_i\}.$$

Dabei bedeuten:

P_{ij} – Übergangswahrscheinlichkeit des Systems vom Zustand i in den Zustand j;

Z_τ – Zustand des Systems zum Zeitpunkt τ.

Ein MARKOVscher Prozeß wird als homogen bezeichnet, wenn gilt

$$P\{Z(t_{n+1} = t_n + \Delta t) = z_j \mid Z(t_n) = Z_i\}$$

$$= P\{Z(\Delta t) = z_j \mid Z(0) = z_i\}. \quad (5)$$

Folglich hängen homogene MARKOVsche Prozesse nicht von t_n, sondern nur von der Intervalldauer Δt ab.

Die Übergangswahrscheinlichkeit $P_{ij}(t)$ ist durch folgende Eigenschaften charakterisiert:

$$0 \leqslant P_{ij}(t) \leqslant 1, \quad i,j \in M, \tag{6}$$

$$\sum_{j \in M} P_{ij}(t) = 1, \qquad i \in M.$$

Offensichtlich ist der Übergang des Systems aus dem i-ten Zustand in einen anderen Zustand der Zustandsmenge M ein sicheres Ereignis, d. h., es tritt mit der Wahrscheinlichkeit 1 ein.

Weiterhin gilt die CHAPMAN-KOLMOGOROVsche Gleichung

$$P_{ij}(t+\tau) = \sum_{k \in M} P_{ik}(t)\, P_{kj}(\tau), \quad i,j \in M, \ t,\tau \geqslant 0, \tag{7}$$

wobei $\tau \geqslant 0$ ein beliebig wählbarer Zeitpunkt ist. Daraus ergibt sich folgendes Differentialgleichungssystem:

$$\frac{\partial}{\partial t} P_{ij}(\tau, t) = -\sum_{\substack{l=1 \\ l \neq j}}^{m_j} q_{jl}(t)\, P_{ij}(\tau, t) + \sum_{\substack{k=1 \\ k \neq j}}^{n_k} P_{ik}(\tau, t)\, q_{kj}(t) \tag{8}$$

mit den Anfangsbedingungen

$$P_{ij}(t=0) = \delta_{ij}; \quad i,j \in M.$$

Dabei bedeuten:

$P_{ij}(\tau, t)$ – bedingte Wahrscheinlichkeit, daß sich das System zum Zeitpunkt t im j-ten Zustand befindet, unter der Voraussetzung, daß es sich zum Zeitpunkt τ im i-ten Systemzustand befand;

$q_{jl}(t)$ – Übergangsraten aus dem j-ten Systemzustand in andere Systemzustände ($l = 1, 2, 3, \ldots, m_j$);

$q_{kj}(t)$ – Übergangsraten aus k verschiedenen Systemzuständen ($k = 1, 2, \ldots, n_k$) in den j-ten Systemzustand;

m_j – Anzahl der möglichen Übergänge aus dem j-ten Systemzustand;

n_k – Anzahl der möglichen Übergänge in den j-ten Systemzustand;

δ_{ij} – KRONECKER-Symbol (0 für $i \neq j$; 1 für $i = j$).

Daraus folgt für homogene MARKOVsche Prozesse, d. h. für $q_{ij}(t) = q_{ij}$ = const und in vereinfachter Schreibweise (unter Weglassen des Argumentes τ):

$$\frac{d}{dt} P_{ij}(t) = -\sum_{\substack{l=1 \\ l \neq j}}^{m_j} q_{jl}\, P_{ij}(t) + \sum_{\substack{k=1 \\ k \neq j}}^{n_k} P_{ik}(t)\, q_{kj}. \tag{9}$$

Folglich werden komplizierte Systeme, deren Funktionsverhalten durch einen homogenen MARKOVschen Prozeß beschreibbar ist, vollständig charakterisiert durch:

a) die Anfangsverteilung (Anfangsbedingungen) des Prozesses zum Zeitpunkt $t = 0$;

b) die Übergangsraten q_{jl} und q_{kj}.

Bei der Bestimmung der Anfangsbedingungen wird im allgemeinen davon ausgegangen, daß zum Zeitpunkt $t = 0$ gilt $P_{ij}(0) = \delta_{ij}$.

Nicht immer muß jedoch $P_{ij}(0) = \delta_{ij}$ sein, sondern es kann auch $P_{ij}(0) = \alpha \neq 1$ für $i = j$ sein, mit $0 < \alpha \leqslant 1$.

In diesem Zusammenhang sei darauf hingewiesen, daß bei vorgegebener Anfangsverteilung eines MARKOVschen Prozesses gilt

$$P_i(0) = P\{Z(0) = z_i\},$$

d. h., daß die Wahrscheinlichkeit erhalten wird, mit der sich das System im betrachteten Zustand j befinden wird.

Ausgehend von

$$P_j(t) = P\{Z(t) = z_j\} \tag{10}$$

wird die Wahrscheinlichkeit, mit der sich das System im Zustand j befindet,

$$P_j(t) = \sum_{i \in M} P_i(0)\, P_{ij}(t), \quad j \in M;\ t \geqslant 0. \tag{11}$$

Schließlich kann gezeigt werden, daß bei großen t der Grenzwert $\lim_{t \to \infty} P_{ij}(t) = P_j$ wird. Demzufolge befindet sich ein technisches System nach einer genügend großen Betriebsdauer mit der Wahrscheinlichkeit P_j im Zustand j, und zwar unabhängig vom Anfangszustand $Z(0) = z_o$. Der MARKOVsche Prozeß pendelt sich gewissermaßen in seinem Verlauf auf ein stationäres Regime ein. Selbstverständlich bleibt der Prozeß stochastisch, und es ändern sich die Zustände in der Zustandsmenge M entsprechend den Übergangswahrscheinlichkeiten. Der Einfluß des Anfangszustandes geht jedoch mit $t \to \infty$ verloren.

Betrachtet man also mehrere identische Systeme, die unter völlig gleichen Bedingungen und zum gleichen Zeitpunkt in Betrieb genommen werden und deren Systemverhalten mit Hilfe des gleichen MARKOVschen Prozesses beschreibbar ist, dann wird sich nach einer genügend großen Betriebsdauer eine bestimmte Anzahl von Systemen im j-ten Systemzustand befinden ($j \in M$), unabhängig davon, in welchem Zustand z_o sie in Betrieb gesetzt wurden.

Obwohl der stationäre Zustand des Systems theoretisch erst nach einer unendlich langen Zeit ($t \to \infty$) erreicht sein wird, kann nach einer genügend großen Betriebsdauer, die natürlich für jedes System anders definiert werden muß, von einem „praktisch" stationären Zustand gesprochen werden. Für den stationären Zustand werden die Differentialquotienten $\dot{P}(t) = 0$, und aus Formel (9) folgt ein System mit linearen algebraischen Gleichungen:

$$0 = -\sum_{\substack{l=1 \\ l \neq j}}^{m_j} q_{jl} \, P_{ij}(t) + \sum_{\substack{k=1 \\ k \neq j}}^{n_k} P_{ik}(t) \, q_{kj} . \qquad (12)$$

Damit ergeben sich wesentliche Vorteile bei der Berechnung der Zustandswahrscheinlichkeiten wiederherstellbarer Systeme (Erneuerungs- und Todesprozesse), wie unter Abschnitt 2.4. gezeigt wird.

Zur Ermittlung der Zustandswahrscheinlichkeiten komplizierter Systeme, deren Funktionsverhalten durch MARKOVsche Prozesse beschrieben werden kann, stehen also die erforderlichen Berechnungsgrundlagen prinzipiell zur Verfügung. Ihre Anwendung erfordert einige Vorbereitungsarbeiten, die stets beinhalten:

a) die Prüfung, ob das System durch einen MARKOVschen Prozeß beschreibbar ist;
b) die Definition der möglichen Systemzustände und Zustandsübergänge sowie ihre Darstellung als Zustandsdiagramm;
c) die Ableitung von Differentialgleichungen bzw. algebraischen Gleichungen oder die direkte Ableitung von Formeln zur Berechnung der Zustandswahrscheinlichkeiten (ohne Ableitung von Differentialgleichungen bzw. algebraischen Gleichungen);
d) die Ermittlung der Anfangsbedingungen (Systemzustände bei $t = 0$) und der Normierungsbedingungen $\sum_{(j)} P_j(t) = 1$.

Die Anwendung MARKOVscher Prozesse zur Lösung von Aufgaben der Zuverlässigkeits- und Bedienungstheorie ist in der Literatur ausführlich beschrieben [17, 19, 21, 26]. Für Theorie und Praxis sind aus der Sicht des Autors insbesondere folgende Arbeiten zu empfehlen: [17, 34, 50, 55, 61, 65]. Zweifellos haben die Untersuchungen von KOVALENKO [61] zur Ableitung genauer Formeln für die Zuverlässigkeit komplizierter Systeme, über partiell lineare MARKOVsche Prozesse, die Zuverlässigkeit wiederherstellbarer komplizierter Systeme unter der Einwirkung äußerer Faktoren mit Zufallscharakter sowie die Berechnung der Zuverlässigkeit von Systemen mit zeitlicher Redundanz u. a. speziell für die Analyse komplizierter Systeme besonderen Wert. Die genannten Arbeiten sind deshalb eine wichtige Grundlage für die Ableitung von Zustandsmodellen und zur Berechnung der Zustandswahrscheinlichkeit.

In der praktischen Zuverlässigkeitsarbeit haben auch SEMI-MARKOVsche Prozesse besondere Bedeutung erlangt. Das ergibt sich prinzipiell daraus, daß sie die Theorie der MARKOVschen Ketten mit ununterbrochenen MARKOVschen Prozessen und der Erneuerungstheorie vereinen [24]. Charakteristisch für SEMI-MARKOVsche Prozesse ist, daß die Übergänge des Prozesses aus einem Zustand in andere nicht im Verlaufe einer konstanten Zeitdifferenz erfolgen, wie das bei MARKOVschen Ketten der Fall ist, sondern nach zufälligen Zeitdauern. In vereinfachter Form kann ein SEMI-MARKOVscher Prozeß durch folgendes Modell beschrieben werden:

Gegeben sei ein System mit endlich vielen Zuständen m und der Zustandsmenge $M = \{1, 2, \ldots, m\}$. Das System geht aus dem Zustand i mit der Wahrscheinlichkeit P_{ij} in den Zustand j über, wobei natürlich $i,j \in M$. Dieser Übergang erfolgt nach einer zufälligen Verweildauer T_{ij}.

Die Größen T_{ij} seien stetige Zufallsvariable mit der Verteilungfunktion $F_{ij}(\tau) = P(T_{ij} < \tau)$ und endlichem Erwartungswert $E(T_{ij})$ mit $(i,j \in M)$.

Das Funktionsverhalten des betrachteten Systems, d. h., der Zufallsprozeß $\{Z(t), t \geqslant 0\}$ kann dann durch die Übergangswahrscheinlichkeiten $P_{ij}(t)$ $(i,j \in M)$ und die Verteilungsfunktionen der Verweildauer $F_{ij}(\tau)$ $(i,j \in M)$ beschrieben werden, wenn $\bar{Z}(t)$ der Zustand des Systems zum Zeitpunkt $t \geqslant 0$ ist.

Man kann zeigen [1], daß für die Übergangswahrscheinlichkeiten eines SEMI-MARKOVschen Prozesses gilt:

$$P_{ij}(t) = P\{Z(t) = Z_j \mid Z(0) = z_i\}. \tag{13}$$

Die Verweildauer des Prozesses im Zustand i ist unabhängig vom weiteren Verhalten des Systems, d. h. unabhängig davon, in welchen Zustand das System aus dem i-ten Zustand übergeht. Für die unbedingte Verweildauer ζ_i gilt:

$$\zeta_i = \sum_{(i)} P_{ij}(t)\, \zeta_{ij}. \tag{14}$$

Dabei bedeuten:

ζ_i – mittlere Verweildauer im i-ten Zustand;

ζ_{ij} – mittlere bedingte Verweildauer im i-ten Zustand, d. h. mittlere Zeit, während der sich der SEMI-MARKOVsche Prozeß im Zustand i befindet, bevor er in den Zustand j übergeht. Voraussetzung ist jedoch, daß der Übergang auch von i in j erfolgt.

Bezeichnet man die mittlere Zeitdauer, die für einen erneuten Übergang des SEMI-MARKOVschen Prozesses in den j-ten Zustand erforderlich ist mit l_{jj} $(j \in M)$, so gilt für den betrachteten Prozeß

$$\lim P_{ij}(t) = \zeta_j / l_{jj} = P_j, \quad (j \in M). \tag{15}$$

Folglich charakterisiert $P_j = \zeta_j / l_{jj}$ denjenigen Zeitanteil, den der Prozeß durchschnittlich im j-ten Zustand zwischen zwei Übergänge nach j verbringt [50].

Weiteres über SEMI-MARKOVsche Prozesse kann der einschlägigen Literatur entnommen werden [18, 50, 55]. Von den Arbeiten jüngeren Datums seien besonders SILVESTROV [66] sowie DEMJANČUK und BRODI [67] empfohlen. In [66] werden verschiedene Methoden der Vorgabe SEMI-MARKOVscher Prozesse untersucht, regenerative Prozesse mit SEMI-MARKOVscher Umschaltung betrachtet, Grenzwert- und Ergodensätze dieser Prozesse abgeleitet, die Anwendbarkeit SEMI-MARKOVscher Prozesse auf Bedienungssysteme analysiert und weitere relevante Aufgaben gelöst. Die Darlegungen von [67] haben ihren besonderen Wert in der Vielzahl praktischer Aufgaben der Anwendung SEMI-MARKOVscher Prozesse auf die Berechnung der Zuverlässigkeit doublierter komplizierter Systeme.

In Auswertung der vorliegenden Forschungsarbeiten und wissenschaftlich-technischen Untersuchungen ergibt sich die Schlußfolgerung, daß die Zustandswahrscheinlichkeiten einer großen Anzahl nichtwiederherstellbarer und wiederherstellbarer komplizierter Systeme ermittelt werden können, vorausgesetzt, daß ihr Funktionsverhalten mittels MARKOVscher Prozesse bzw. SEMI-MARKOVscher Prozesse beschreibbar ist. Zur Berechnung der Zustandswahrscheinlichkeiten dienen Systeme von Differentialgleichungen und Integro-Differentialgleichungen, Systeme algebraischer Gleichungen sowie Näherungsrechnungen, wie das in Abschnitt 2.4. eingehender behandelt wird.

Eine äußerst komplizierte Aufgabe ist gegeben, wenn das Funktionsverhalten der Elemente eines komplizierten Systems durch beliebige Verteilungsfunktionen beschrieben wird, also die Anwendung MARKOVscher Prozesse bzw. SEMI-MARKOVscher Prozesse nicht möglich ist. Der Berechnung der entsprechenden Zustandswahrscheinlichkeiten dienen dann spezielle Integralgleichungen, die für beliebige Verteilungsfunktionen der ausfallfreien Arbeit und Reparaturdauer ableitbar sind. Derartige Integralgleichungen können oft relativ einfach abgeleitet werden, sind jedoch meistens recht kompliziert und schwer lösbar. Sie haben deshalb nur für Systeme mit einer geringen Anzahl von Systemelementen und wenigen Systemzuständen breitere Anwendung gefunden.

2.4. Berechnung der Zustandswahrscheinlichkeiten

Die Ermittlung der Zustandswahrscheinlichkeiten komplizierter Systeme mit MARKOVschem bzw. SEMI-MARKOVschem Funktionsverhalten erfolgt gemäß den in Abschnitt 2.3. dargelegten Berechnungsgrundlagen. Deren Anwendung erfordert stets, wie hier nochmals betont sei, die sorgfältige Ausführung der auf S. 29 angegebenen Vorbereitungsarbeiten.

Die Ableitung von Berechnungsformeln kann auf der Grundlage verschiedener mathematischer Verfahren erfolgen. In Abbildung 11 sind die diversen Möglichkeiten schematisiert aufgeführt, die für den nichtstationären und stationären Zustand des Systems verfügbar sind.

Für den *nichtstationären Zustand* des Systems wird normalerweise ein System von Differentialgleichungen abgeleitet, dessen Lösung mit Hilfe bekannter Methoden erhalten wird und damit die Berechnung der Zustandswahrscheinlichkeiten gestattet.

Bei der Ableitung der Differentialgleichungen auf der Grundlage eines Zustandsdiagrammes können erhebliche Erleichterungen durch Anwendung der Methode von VASILEV [32] erreicht werden. Danach werden die Differentialgleichungen für einen beliebigen Knoten des Zustandsdiagrammes wie folgt abgeleitet:

Es sind alle jene Übergangsraten zu ermitteln, die in den j-ten Systemzustand hineinführen (q_{kj}) und die aus dem j-ten Systemzustand herausführen

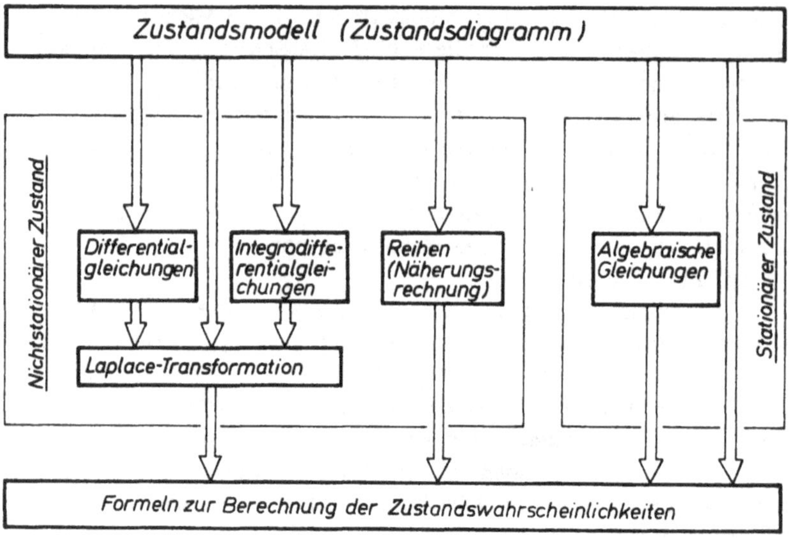

Abb. 11. Methoden zur Ableitung von Formeln zur Berechnung der Zustandswahrscheinlichkeiten

(q_{jl}). Diese Übergangsraten werden mit der Zustandswahrscheinlichkeit desjenigen Systemzustandes multipliziert, aus dem der betreffende Zweig (Übergangsrate) austritt. Die Übergänge in den j-ten Systemzustand erhalten ein positives, die Übergänge aus dem j-ten Systemzustand ein negatives Vorzeichen. Die Summe dieser Produkte ist gleich der 1. Ableitung der Wahrscheinlichkeit, mit der sich das System zum Zeitpunkt t im Zustand j befindet, d. h. $\dot{P}_j(t)$.

Beispiel 4

Gegeben:
Zustandsdiagramm eines Systems

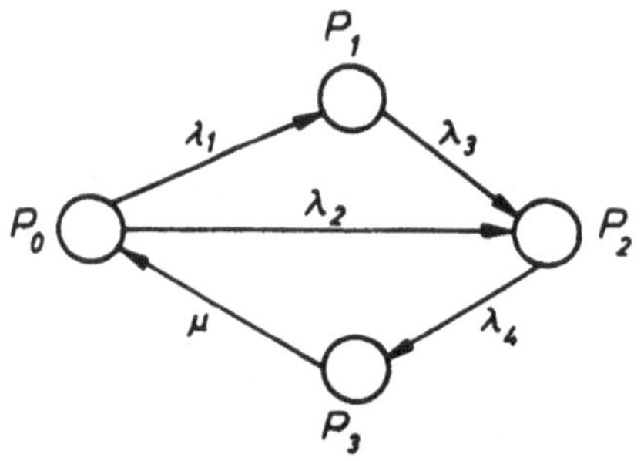

Gesucht:
Differentialgleichungen zur Ermittlung der Zustandswahrscheinlichkeiten. Die Lösung läßt sich nach der angegebenen Vorschrift aus dem Zustandsdiagramm unmittelbar ablesen.

Lösung:

$$\frac{dP_0(t)}{dt} = -(\lambda_1 + \lambda_2)\,P_0(t) + \mu P_3(t); \qquad \frac{dP_1(t)}{dt} = \lambda_1 P_0(t) - \lambda_3 P_1(t);$$

$$\frac{dP_2(t)}{dt} = \lambda_2 P_0(t) + \lambda_3 P_1(t) - \lambda_4 P_2(t); \qquad \frac{dP_3(t)}{dt} = \lambda_4 P_2(t) - \mu P_3(t).$$

Zur Lösung der abgeleiteten linearen Differentialgleichungen mit konstanten Koeffizienten kann die LAPLACE-Transformation häufig Anwendung finden. Dabei wird bekanntlich der Prozeß der Differentiation durch einen einfachen algebraischen Prozeß ersetzt, und zwar nach folgendem Schema [29]:

Originalraum	Lineare Differentialgleichungen und Anfangswerte		Lösung
	↓		↑
	LAPLACE-Transformation		Umkehrung der LAPLACE-Transformation
	↓		↑
Bildraum	Lineare algebraische Gleichungen	→	Lösung

Die aus dem Zustandsdiagramm hergeleiteten Differentialgleichungen werden nach diesem Verfahren in algebraische Gleichungen (Bildfunktionen) überführt, diese Gleichungen gelöst und die dazugehörigen Originalfunktionen durch Rücktransformationen bestimmt.

Die mathematischen Grundlagen zur Anwendung der LAPLACE-Transformation sind in der einschlägigen Fachliteratur zu finden, beispielsweise in [29, 69]. Deshalb werden im weiteren nur die unbedingt erforderlichen Zusammenhänge da.gelegt, die für das Verständnis der folgenden Ausführungen erforderlich sind.

Nach [30] heißt eine komplexe Funktion f(t) der rellen Variablen t transformierbar, wenn sie für $t \geqslant 0$ definiert und über $(0, \infty)$ integrierbar ist sowie einer exponentiellen Wachstumsbeschränkung unterliegt, d. h. $f(t) \leqslant k \cdot e^{ct}$.
Die Funktion

$$F(s) = L\{f(t)\} = \int_0^\infty e^{-st} f(t)\,dt \tag{16}$$

wird als LAPLACE-Transformierte von f(t) mit der komplexen Veränderlichen s (Transformationsvariable) bezeichnet.

Für die Anwendung der LAPLACE-Transformation auf die Lösung von Aufgaben im Rahmen dieser Arbeit sind besonders wichtig:

1. der Additionssatz:

$$L\{\sum_{i=1}^{n} a_i P_i(t)\} = \sum_{i=1}^{n} a_i L\{P_i(t)\},$$

2. der Differentiationssatz:

$$L\{\frac{dP(t)}{dt}\} = -P(0) + sL\{P(t)\}.$$

Weitere Grundlagen zur LAPLACE-Transformation sowie die erforderlichen Originalbildfunktionen sind aus der Fachliteratur zu entnehmen, beispielsweise aus [29–31].

In diesem Zusammenhang sei mit dem nachfolgenden Beispiel eine Methode vorgestellt, die es gestattet, auch die LAPLACE-Transformierten der Systemzustände unmittelbar aus dem Zustandsdiagramm, und zwar ohne die Aufstellung von Differentialgleichungen, abzuleiten bzw. „abzulesen".

Beispiel 5

Gegeben:
Stromversorgungssystem, das aus zwei Aggregaten besteht (Grundeinheit und Reserveeinheit, die als belastete Reserve eingesetzt ist). Die Ausfallraten der Grundeinheit und der Reserveeinheit sind identisch, das heißt $\lambda_1 = \lambda_2 = \lambda$. Der Ausfall einer Einheit hat keinen Einfluß auf die Ausfallrate der anderen Einheit. Das System wird durch eine Instandsetzungseinheit (Gruppe) mit der Erneuerungsrate μ wiederhergestellt. Die Instandsetzung beginnt sofort nach Ausfall der Grund- oder Reserveeinheit. Bei Ausfall von zwei Einheiten entsteht eine „Warteschlange".

Gesucht:
Ermittlung der Zustandswahrscheinlichkeit für den nichtstationären und den stationären Fall.

Lösung:
Das System befindet sich in einem der folgenden Zustände:
Systemzustand 0 – beide Aggregate intakt;
Systemzustand 1 – ein Aggregat intakt; ein Aggregat ausgefallen und in Reparatur;
Systemzustand 2 – beide Aggregate ausgefallen, ein Aggregat in Reparatur.

Demzufolge nimmt das Zustandsdiagramm des Systems die folgende Gestalt an:

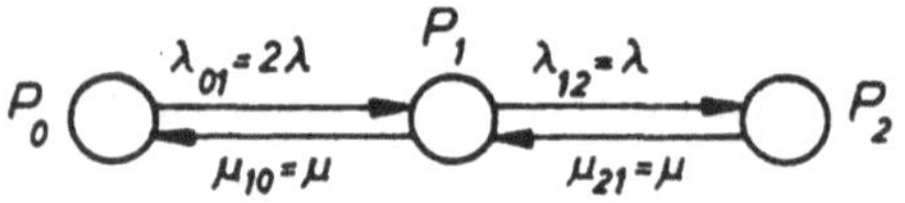

Daraus folgt, wiederum unter Anwendung der VASILEVschen Regel, das Differentialgleichungssystem:

$$\dot{P}_0(t) = -\lambda_{01} P_0(t) + \mu_{10} P_1(t),$$

$$\dot{P}_1(t) = \lambda_{01} P_0(t) - (\lambda_{12} + \mu_{10}) P_1(t) + \mu_{21} P_2(t),$$

$$\dot{P}_2(t) = \lambda_{12} P_1(t) - \mu_{21} P_2(t),$$

oder in Matrizenschreibweise:

$$\begin{pmatrix} \dot{P}_0(t) \\ \dot{P}_1(t) \\ \dot{P}_2(t) \end{pmatrix} = \begin{pmatrix} -\lambda_{01} & \mu_{10} & 0 \\ \lambda_{01} & -(\lambda_{12}+\mu_{10}) & \mu_{21} \\ 0 & \lambda_{12} & -\mu_{21} \end{pmatrix} \begin{pmatrix} P_0(t) \\ P_1(t) \\ P_2(t) \end{pmatrix} \qquad (I)$$

Bei Anwendung der LAPLACE-Transformation ergibt sich aus (I) das Gleichungssystem:

$$-P_0(0) + sL\{P_0(t)\} = -\lambda_{01} L\{P_0(t)\} + \mu_{10} L\{P_1(t)\},$$

$$-P_1(0) + sL\{P_1(t)\} = \lambda_{01} L\{P_0(t)\} - (\lambda_{12}+\mu_{10}) L\{P_1(t)\} + \mu_{21} L\{P_2(t)\},$$

$$-P_2(0) + sL\{P_2(t)\} = \lambda_{12} L\{P_1(t)\} - \mu_{21} L\{P_2(t)\}.$$

Nach einfacher Umstellung dieser Beziehungen wird in Matrizenschreibweise

$$\begin{pmatrix} P_0(0) \\ P_1(0) \\ P_2(0) \end{pmatrix} = \begin{pmatrix} s+\lambda_{01} & -\mu_{10} & 0 \\ -\lambda_{01} & s+\lambda_{12}+\mu_{10} & -\mu_{21} \\ 0 & -\lambda_{12} & s+\mu_{21} \end{pmatrix} \begin{pmatrix} L\{P_0(t)\} \\ L\{P_1(t)\} \\ L\{P_2(t)\} \end{pmatrix} \qquad (II)$$

Die LAPLACE-Transformierten der Zustandswahrscheinlichkeiten $P_i(s)$ können für derartige Gleichungssysteme nach der KRAMERschen Regel ermittelt werden. Danach wird die Transformierte der Wahrscheinlichkeit, mit der sich das System im i-ten Zustand befindet:

$$L\,\{P_i(t)\} = \frac{\Delta_i(s)}{\Delta(s)}\,, \qquad (17)$$

wobei bedeuten:

$\Delta(s)$ – Systemdeterminante;

$\Delta_i(s)$ – Zählerdeterminante, die aus der Systemdeterminanten durch Austausch der i-ten Matrixspalte mit den Anfangsbedingungen $P_0(0) = 1$ und $P_1(0) = P_2(0) = 0$ erhalten wird.

Folglich wird

$$\Delta(s) = (s+\lambda_{01})(s+\lambda_{12}+\mu_{10})(s+\mu_{21}) - \lambda_{12}\mu_{21}(s+\lambda_{01}) - \lambda_{01}\mu_{10}(s+\mu_{21}),$$

$$= s^3 + s^2(\lambda_{01}+\lambda_{12}+\mu_{21}+\mu_{10}) + s(\lambda_{01}\lambda_{12}+\lambda_{01}\mu_{21}+\mu_{10}\mu_{21}),$$

$$= s(s-c_1)(s-c_2),$$

$$c_{1/2} = -\frac{1}{2}\left[(\lambda_{01}+\lambda_{12}+\mu_{21}+\mu_{10}) \pm \sqrt{(\lambda_{01}+\lambda_{12}+\mu_{21}+\mu_{10})^2 - 4(\lambda_{01}\lambda_{12}+\lambda_{01}\mu_{21}+\mu_{10}\mu_{21})}\right],$$

$$\Delta_0(s) = (s+\lambda_{12}+\mu_{10})(s+\mu_{21}) - \lambda_{12}\mu_{21} = s^2 + s(\lambda_{12}+\mu_{21}+\mu_{10}) + \mu_{10}\mu_{21},$$

$$\Delta_1(s) = \lambda_{01}(s+\mu_{21}),$$

$$\Delta_2(s) = \lambda_{01}\lambda_{12}\,.$$

$$L\,\{P_i(t)\} = \frac{\Delta_i(s)}{\Delta(s)}\,.$$

$$P_0(t) = \frac{\mu_{21}\mu_{10}}{c_1c_2} + \frac{(c_1+\lambda_{12}+\mu_{10})(c_1+\mu_{21}) - \lambda_{12}\mu_{21}}{c_1(c_1-c_2)}\,e^{c_1t} - \frac{(c_2+\lambda_{12}+\mu_{10})(c_2+\mu_{21}) - \lambda_{12}\mu_{21}}{c_2(c_1-c_2)}\,e^{c_2t},$$

$$P_1(t) = \frac{\lambda_{01}\mu_{21}}{c_1c_2} + \frac{\lambda_{01}(c_1+\mu_{21})}{c_1(c_1-c_2)}\,e^{c_1t} - \frac{\lambda_{01}(c_2+\mu_{21})}{c_2(c_1-c_2)}\,e^{c_2t}$$

$$P_2(t) = \frac{\lambda_{01}\lambda_{12}}{c_1 c_2} + \frac{\lambda_{01}\lambda_{12}}{c_1(c_1 - c_2)} e^{c_1 t} - \frac{\lambda_{01}\lambda_{12}}{c_2(c_1 - c_2)} e^{c_2 t} .$$

Ein Vergleich der Matrizen (I) und (II) zeigt, daß die Koeffizientenmatrix der LAPLACE-Transformierten aus der Koeffizientenmatrix des Differentialgleichungssystems erhalten wird unter

a) Vorzeichenänderung aller Koeffizienten der Matrix sowie
b) Addition der Transformationsvariablen s zu den Koeffizienten der Hauptdiagonale.

Daraus folgt, daß die Matrix $\Delta(s)$ unmittelbar nach dem Zustandsdiagramm eines technischen Systems aufgestellt werden kann, also ohne Ableitung von Differentialgleichungen. Dazu wird die Matrix wie folgt gebildet:

a) In der ersten Zeile der Matrix werden die Übergangsraten eingetragen, die vom ersten Systemzustand aus wegführen bzw. in diesen hineinführen. Die wegführenden Übergangsraten kommen in die Hauptdiagonale, die in den ersten Systemzustand hineinführenden Übergangsraten werden so eingetragen, daß sie unter dem entsprechenden Ausgangszustand (Spalte) stehen. In die zweite Zeile der Matrix werden dann nach der gleichen Methode die heraus- bzw. hineinführenden Übergangsraten des zweiten Systemzustandes geschrieben usw.
b) Die Vorzeichen der Übergangsraten werden geändert; den Koeffizienten der Hauptdiagonale wird die Transformationsvariable s hinzugefügt.

Die Aufstellung der Matrizen nach dieser Methodik ist schnell erlernbar und vereinfacht die Arbeit wesentlich. Die LAPLACE-Transformierten der gesuchten Zustandswahrscheinlichkeiten $L\{P_i(t)\}$ ergeben sich dann nach Formel (17).

Natürlich können sich auch hier, besonders bei großer Anzahl der Systemzustände und komplizierten Zustandsdiagrammen, zum Teil erhebliche Schwierigkeiten ergeben. Die Rücktransformation der LAPLACE-Transformierten in die Originalfunktionen ist oft nicht unkompliziert. Das betrifft speziell die Zerlegung der anzutreffenden Partialbrüche. Für diese Berechnungen müssen also geeignete Methoden zur Partialbruchzerlegung angewendet werden, wie sie z. B. aus [30] zu entnehmen sind. Auch hinreichend genaue Tabellenwerte der LAPLACE-Transformation (beispielsweise aus [29–31, 65]) erleichtern die Arbeit wesentlich.[5]

In manchen Fällen ist die Lösung der Differentialgleichungen nur durch Anwendung numerischer Verfahren zu erhalten, wozu in der Regel geeignete Rechnerprogramme zur Verfügung stehen.

Für den nichtstationären Zustand wiederherstellbarer Systeme hat POLOVKO

5 Mitunter kann die Rücktransformation auch mittels einer Residuenformel erfolgen. Dazu sei auf die Literatur [29, 66] verwiesen.

[57] eine Methode zur weiteren Vereinfachung der Ableitung von Berechnungsformeln angegeben. Danach ist für Systeme, deren Zustandsdiagramm Abbildung 13a entspricht, die LAPLACE-Transformierte der Systemdeterminante $\Delta(s)$ als Polynom darstellbar, und zwar:

$$\Delta(s) = a_1 s^N + a_2 s^{N-1} + \ldots + a_N s. \tag{18}$$

Dabei bedeuten:

a_i – Koeffizienten des Polynoms ($i = 1, 2, \ldots, N$);
N – Anzahl der Systemzustände;
s – Transformationsvariable.

$$a_1 = 1; \quad a_2 = \sum_{j=0}^{N-2} (\lambda_{j,j+1} + \mu_{j+1,j}).$$

Die Koeffizienten a_i mit ($i = 3, 4, \ldots, N$) werden als Summe der Produkte aller Übergangsraten des Systems erhalten, mit Ausnahme der Tupel $\lambda_{j,j+1}\mu_{j+1,j}$ und $\lambda_{j,j+1}\mu_{j,j-1}$ ($j = 0, 1, 2, \ldots, N-2$). Dabei enthält jedes Produkt jeweils ($i - 1$) Übergangsraten. Komplizierter gestaltet sich die Ermittlung der Zählerdeterminante für beliebige Systemzustände, d. h. die Ermittlung der LAPLACE-Transformierten der Determinanten $\Delta_i(s)$ mit ($i = 0, 1, \ldots, N$). Dazu wird in Anlehnung an [57] folgende Methodik vorgeschlagen:

1. Schritt: Ermittlung der Übergangsraten (Koeffizienten a_i) für $j = 0, 1, \ldots, i$, wenn i der Index der Zählerdeterminante $\Delta_i(s)$ ist, danach Streichen dieser Übergangsraten sowie aller Summanden, die diese Übergangsraten als Faktor enthalten, aus dem Ausdruck der Systemdeterminante $\Delta(s)$. Dieser Ausdruck wird als „reduzierte Systemdeterminante" $\Delta^*(s)$ bezeichnet.
2. Schritt: Multiplikation der nach dem 1. Schritt erhaltenen reduzierten Systemdeterminante $\Delta^*(s)$ mit dem Faktor

$$s^{-(i+1)} \prod_{j=0}^{i} \lambda_{j-1,j}$$

$$\text{d. h. } \Delta_i(s) = \Delta^*(s)\, s^{-(i+1)} \prod_{j=0}^{i} \lambda_{j-1,j} \tag{19}$$

Offensichtlich ist auch hier

$$L\{P_i(t)\} = \frac{\Delta_i(s)}{\Delta(s)}.$$

Beispiel 6

Gegeben:

Steuer- und Kontrollsystem eines automatisierten Produktionsprozesses mit doppelter Reservierung. Die Reserveeinheiten sind als belastete Reserve eingesetzt. Die Ausfallraten der Grund- und Reserveeinheiten sind identisch, d. h. $\lambda_1 = \lambda_2 = \lambda_3 = \lambda$. Bei Ausfall einer Einheit wird sofort mit deren Instandsetzung begonnen. Es stehen drei Reparatureinheiten zur Verfügung, so daß gleichzeitig jeweils mit der Erneuerungsrate μ instandgesetzt wird.

Gesucht:
LAPLACE-Transformierte der Systemzustände bei Ausfall von 2 und 3 Systemelementen.

Lösung:
Das System kann sich in folgendem (N = 4) Zustand befinden:
Systemzustand 0 – alle Systemelemente (Grund- und Reserveeinheit) intakt;
Systemzustand 1 – ein Systemelement ausgefallen, Reparatur wird durchgeführt, zwei Systemelemente intakt;
Systemzustand 2 – zwei Systemelemente ausgefallen, Reparatur wird an beiden Systemelementen durchgeführt, ein Systemelement intakt;
Systemzustand 3 – alle Systemelemente ausgefallen und in Reparatur.

Das zugeordnete Zustandsdiagramm hat folgende Gestalt:

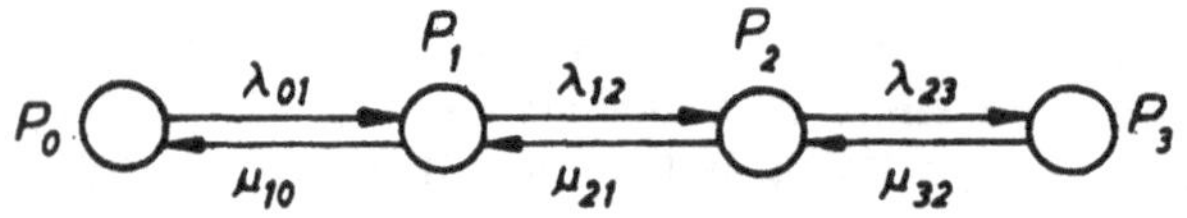

$\lambda_{01} = 3\lambda;\ \lambda_{12} = 2\lambda;\ \lambda_{23} = \lambda$

$\mu_{10} = \mu;\ \mu_{21} = 2\mu;\ \mu_{32} = 3\mu$

Entsprechend der o. g. Regeln wird:

$$a_1 = 1; \quad a_2 = \sum_{j=0}^{2} (\lambda_{j,j+1} + \mu_{j+1,j}) = \lambda_{01} + \lambda_{12} + \lambda_{23} + \mu_{10} + \mu_{21} + \mu_{32},$$

$$a_3 = \lambda_{01}\lambda_{12} + \lambda_{01}\lambda_{23} + \lambda_{12}\lambda_{23} + \lambda_{01}\mu_{32} + \lambda_{12}\mu_{32} + \lambda_{23}\mu_{10} + \mu_{32}\mu_{21} + \mu_{32}\mu_{10} + \mu_{21}\mu_{10},$$

$$a_4 = \lambda_{01}\lambda_{12}\lambda_{13} + \lambda_{01}\mu_{21}\mu_{32} + \lambda_{01}\lambda_{12}\mu_{32} + \mu_{10}\mu_{21}\mu_{32}$$

$$\Delta(s) = s^4 + a_2 s_3 + a_3 s^2 + a_4 s$$

Die Zählerdeterminanten $\Delta_i(s)$ werden für die Systemzustände i = 2 und i = 3 nach den dargelegten Schritten:

i = 2 $\quad \Delta_2^*(s) = s^4 + \mu_{32} s^3$

$$\Delta_2(s) = \Delta_2^*(s)\, s^{-3} \lambda_{01}\lambda_{12} = \lambda_{01}\lambda_{12} s + \lambda_{01}\lambda_{12}\mu_{32} = \lambda_{01}\lambda_{12}(s + \mu_{32})$$

i = 3 $\quad \Delta_3^*(s) = s^4$

$$\Delta_3(s) = \Delta_3^*(s)\, s^{-4} \lambda_{01}\lambda_{12}\lambda_{23} = \lambda_{01}\lambda_{12}\lambda_{23}.$$

Die LAPLACE-Transformierten der gesuchten Zustandswahrscheinlichkeiten werden nach der Regel von KRAMER bestimmt, d. h.

$$L\{P_2(t)\} = \frac{\lambda_{01}\lambda_{12}(s + \mu_{32})}{\Delta(s)}, \qquad L\{P_3(t)\} = \frac{\lambda_{01}\lambda_{12}\lambda_{23}}{\Delta(s)}.$$

Schließlich sei festgestellt, daß die Zustandswahrscheinlichkeiten komplizierter Systeme auch mittels Näherungsrechnungen ermittelbar sind, wie in [32] gezeigt wird.

Für den stationären Zustand des Systems ($t \to \infty$) wird – wegen $\dot{P}_j(t) = 0$ – ein System linearer algebraischer Gleichungen erhalten. Bei Anwendung der Regel von VASILEV werden die Gleichungen auf der Grundlage eines Zustandsdiagrammes für jeden Systemzustand (Knoten) abgeleitet und mit den üblichen Verfahren gelöst. Dabei erweist es sich oft als vorteilhaft, die in den betrachteten Systemzustand hineinführenden Übergänge auf die eine, die herausführenden Übergänge auf die andere Seite der Gleichung zu schreiben, beide mit positivem Vorzeichen, wie das im folgenden Beispiel vorgeführt wird:

Beispiel 7

Gegeben:
Zustandsdiagramm eines Systems

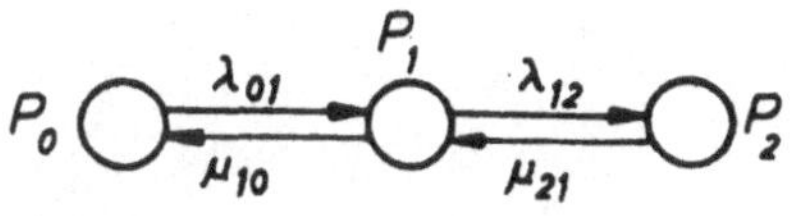

Gesucht:
Zustandswahrscheinlichkeiten für den stationären Zustand.

Lösung:

$$\lambda_{01} P_0 = \mu_{10} P_1,$$

$$\lambda_{01} P_0 + \mu_{21} P_2 = (\lambda_{12} + \mu_{10}) P_1,$$

$$\lambda_{12} P_1 = \mu_{21} P_2; \qquad P_0 + P_1 + P_2 = 1.$$

Daraus ergibt sich

$$P_0 = \frac{1}{1 + \frac{\lambda_{01}}{\mu_{10}} + \frac{\lambda_{01}\lambda_{12}}{\mu_{10}\mu_{21}}}; \; P_1 = \frac{\lambda_{01}}{\mu_{10}} P_0; \; P_2 = \frac{\lambda_{01}\lambda_{12}}{\mu_{10}\mu_{21}} P_0.$$

Die Berechnung der Zustandswahrscheinlichkeiten für den stationären Zustand bereitet im allgemeinen keine Schwierigkeiten. Bei großer Anzahl von Systemzuständen ist jedoch die Ableitung analytischer Ausdrücke der Zustandswahrscheinlichkeiten nicht möglich. In diesem Fall müssen numerische Verfahren angewendet und auf elektronischen Rechenmaschinen gelöst werden.

Die Ermittlung der Zustandswahrscheinlichkeiten kann für den stationären Zustand durch weitere methodische Möglichkeiten vereinfacht werden. Aus Zustandsdiagrammen ohne geschlossene Konturen lassen sich Berechnungsformeln auch unmittelbar ableiten, d. h. ohne daß ein System algebraischer Gleichungen aufgestellt werden muß. Dabei wird für jede Zustandswahrscheinlichkeit ein analytischer Ausdruck in Form eines Quotienten erhalten, der wie folgt zu ermitteln ist:

1. Der Zähler des Bruches ist das Produkt aller Übergangsraten, die aus den äußeren Knoten des Graphen in den betrachteten Systemzustand hineinführen.

2. Der Nenner des Bruches wird als die Summe der Produkte aller Übergangsraten erhalten, die von den Endknoten des Graphen in die jeweils betrachteten Systemzustände führen, d. h. als die Summe aller Zähler, die nach der beschriebenen Methode ermittelt worden ist.

Beispiel 8

Gegeben:
Zustandsdiagramm eines Systems

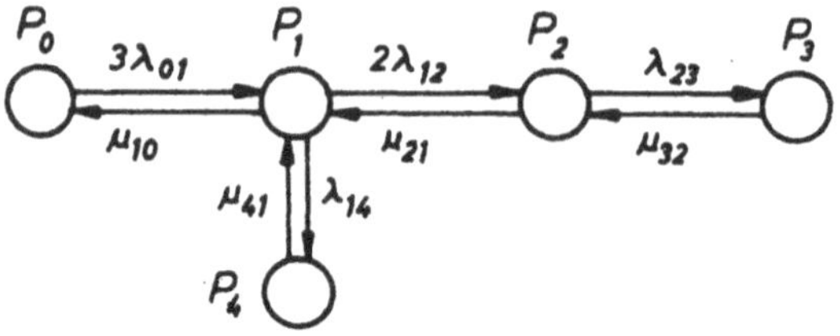

Gesucht:
Analytischer Ausdruck zur Berechnung der Zustandswahrscheinlichkeit der Systemzustände.

Lösung:

$$P_0 = \frac{\mu_{10}\mu_{21}\mu_{32}\mu_{41}}{N}, \quad P_1 = \frac{1}{N}(3\lambda_{01}\mu_{21}\mu_{32}\mu_{41}),$$

$$P_2 = \frac{1}{N}(6\lambda_{01}\lambda_{12}\mu_{32}\mu_{41}), \quad P_3 = \frac{1}{N}(6\lambda_{01}\lambda_{12}\lambda_{23}\mu_{41}), \quad P_4 = \frac{1}{N}(3\lambda_{01}\mu_{21}\mu_{32}\mu_{41}),$$

$$N = \mu_{10}\mu_{21}\mu_{32}\mu_{41} + 3\lambda_{01}\mu_{21}\mu_{32}\mu_{41} + 6\lambda_{01}\lambda_{12}\mu_{32}\mu_{41} + 6\lambda_{01}\lambda_{12}\lambda_{23}\mu_{41} + 3\lambda_{01}\mu_{21}\mu_{32}\mu_{41}.$$

Diese Regel basiert auf der bereits im Beispiel 6 dargelegten Methodik nach [57]. Sie ist stets dann anwendbar, wenn in derartigen Zustandsdiagrammen

a) die benachbarten Knoten jeweils mit einem hineinführenden und einem hinausführenden Übergang (Zweig) verbunden sind, d. h., wenn der i-te Knoten direkt vom j-ten Knoten und der j-te Knoten direkt vom i-ten Knoten erreichbar ist;
b) zwei oder mehrere Endknoten vorhanden sind, die jeweils nur mit einem Knoten verbunden sein dürfen, also keine geschlossenen Konturen bilden.

Zur Ermittlung der Zustandswahrscheinlichkeiten zahlreicher komplizierter Systeme stehen also für den nichtstationären Zustand mehrere Möglichkeiten zur Verfügung, die ebenfalls leicht erlernbar und handhabbar sind.

2.4.1. Nichtwiederherstellbare komplizierte Systeme

Nichtwiederherstellbare komplizierte Systeme sind dadurch charakterisiert, daß die Erneuerung ausgefallener Systemelemente nicht möglich ist. Diese Systeme verringern also im Verlaufe der Zeit ihre Leistungsfähigkeit und fallen schließlich aus.

Dieser Typ der Systemübergänge wird oft als *Todesprozeß* bezeichnet, vorausgesetzt, daß er durch einen homogenen MARKOVschen Prozeß beschreibbar und mit Hilfe eines Zustandsdiagrammes nach Abbildung 12 darstellbar ist.

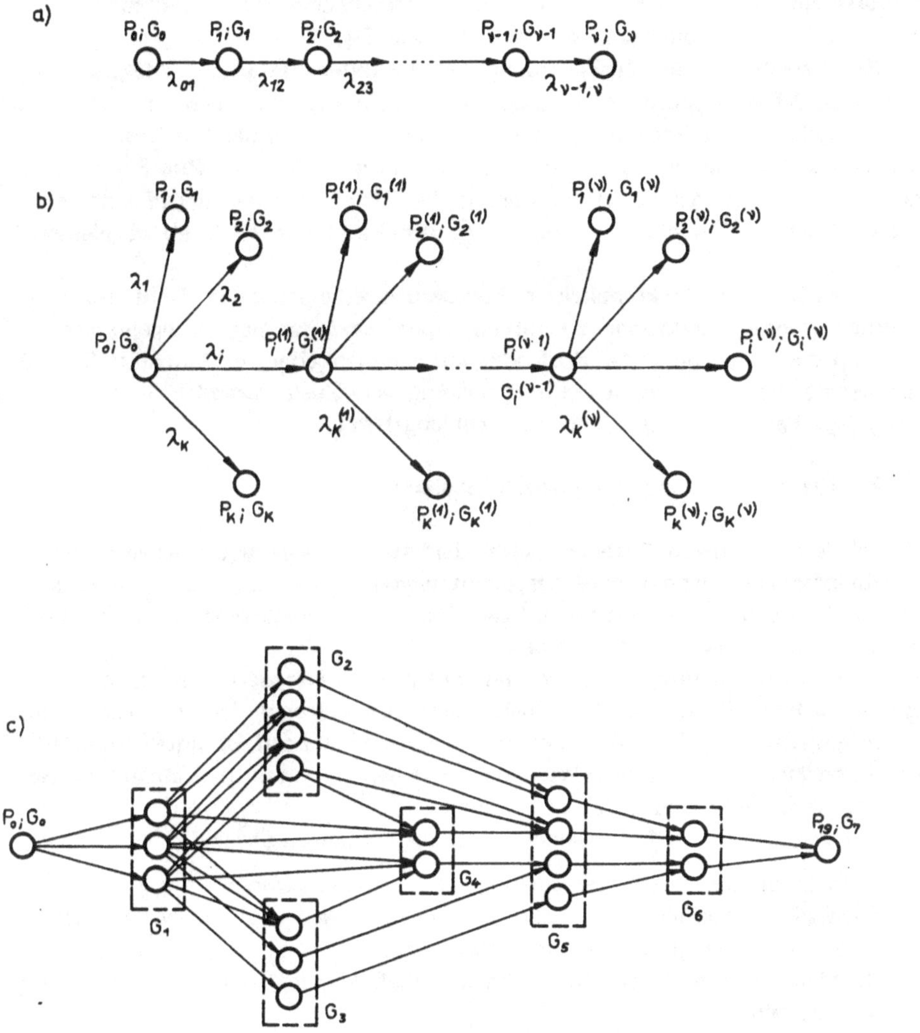

Abb. 12. Zustandsdiagramme von „Todesprozessen"
a) einfache Todesprozesse
b) und c) komplizierte Todesprozesse

G_i = Funktionsgüte des i-ten Systemzustandes

Die Art und Weise sowie die Geschwindigkeiten, mit der sich die Übergänge vollziehen, sind offensichtlich für verschiedene Systeme sehr unterschiedlich. Das hängt in erster Linie von der Systemstruktur, den Zuverlässigkeitskennwerten der Systemelemente, den Einsatzbedingungen sowie der Einsatz- und Instandhaltungsstrategie ab. Daher wird üblicherweise zwischen einfachen und komplizierten Todesprozessen unterschieden (Abb. 12). Einfache Todesprozesse sind insbesondere für homogene MARKOVsche Prozesse, d. h. für $\lambda(t) = \lambda = \text{const}$ weitgehend erforscht [3, 26, 32].

Zur Berechnung der Zustandswahrscheinlichkeiten einfacher Todesprozesse sind auch Näherungsformeln verfügbar, wie sie in [3] angegeben sind.

Komplizierte Todesprozesse haben verzweigte und vermaschte Zustandsdiagramme, wie das aus Abbildung 12b und c ersichtlich ist. Zur Berechnung der Zustandswahrscheinlichkeiten werden die Differentialgleichungen entsprechend Formel (9) und unter Anwendung der Regel von VASILEV abgeleitet und gelöst.

Einige ausgewählte komplizierte Todesprozesse, die aus der Sicht des Autors besondere praktische Bedeutung haben, sind mit den dazugehörigen Formeln zur Berechnung der Zustandswahrscheinlichkeiten im Abschnitt 6.1. zusammengestellt. Diese wurden mit Ausnahme von Zustandsmodell 1 auf der Grundlage der o. g. Regeln und Formeln abgeleitet.

2.4.2. Wiederherstellbare komplizierte Systeme

Bei wiederherstellbaren Systemen kann der Ausgangswert (Nominalwert) der Leistungsfähigkeit dann wieder hergestellt werden, wenn sich das Funktionsniveau des Systems verringert hat bzw. das System ausgefallen ist. Dazu dienen geeignete Instandhaltungsmaßnahmen.

Unter Instandhaltung wird die Gesamtheit aller erforderlichen Maßnahmen zur Aufrechterhaltung und Wiederherstellung (Erneuerung) der nominalen Funktionseffektivität des Systems verstanden. Dementsprechend ist unter Instandhaltungsstrategie die Art und Weise zu verstehen, mit der Instandhaltungsmaßnahmen vorbereitet und ausgeführt werden.

Die wichtigsten Merkmale einer Instandhaltungsstrategie sind

1. Periodizität und Dauer der vorbeugenden Instandhaltung;
2. personelle, materielle, finanzielle und zeitliche Sicherstellung der Vorbereitung und Durchführung der Instandhaltung;
3. Rangfolge (Priorität) der Instandhaltungsmaßnahmen bei begrenzten Kräften und Mitteln.

Offensichtlich hängt das Niveau der Funktionseffektivität eines wiederherstellbaren Systems direkt von der Instandhaltungsstrategie ab. Die Erfordernisse der Praxis haben deshalb insbesondere in den letzten Jahren zu zahlreichen theoretischen und praktischen Arbeiten auf dem Gebiet der Instandhaltung technischer Systeme geführt [95–102].

Die bei wiederherstellbaren komplizierten Systemen möglichen Übergangsprozesse werden häufig als *Geburts- und Todesprozesse* bezeichnet, wiederum vorausgesetzt, daß sie durch MARKOVsche Prozesse beschreibbar sind. Dabei wird

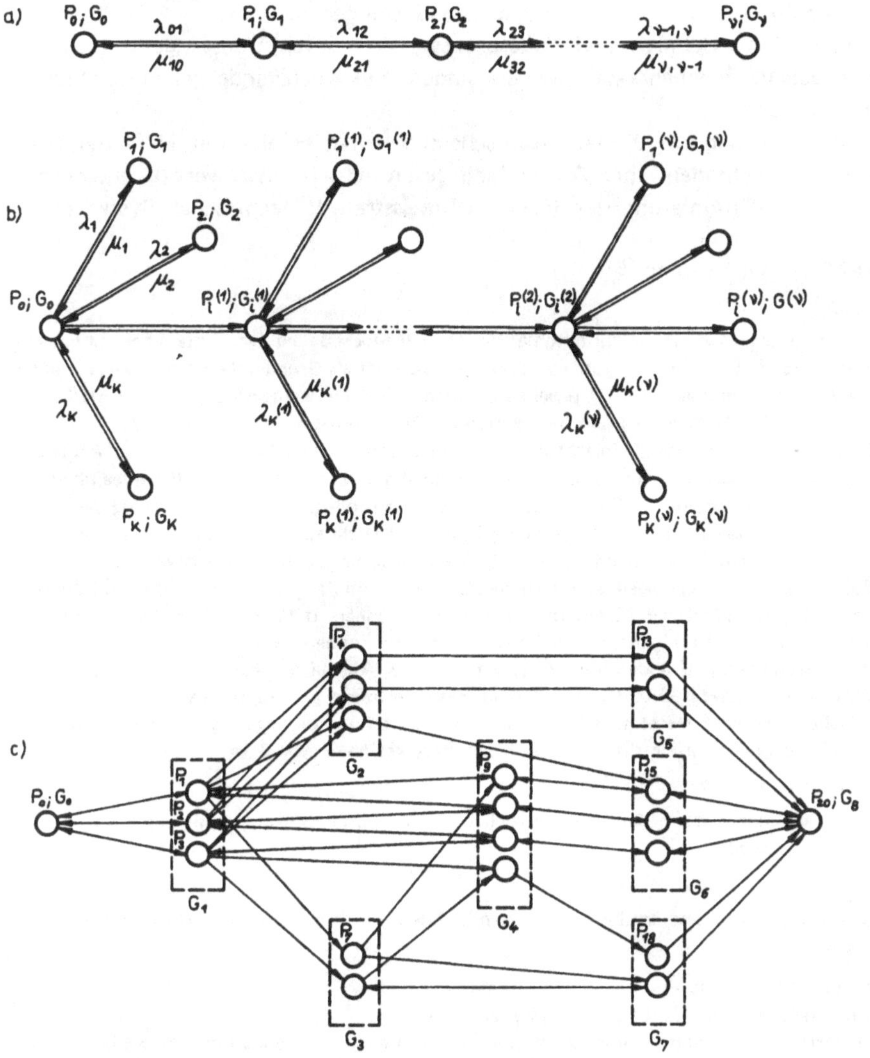

Abb. 13. Zustandsdiagramme von „Geburts- und Todesprozessen"
a) einfache Geburts- und Todesprozesse
b) und c) komplizierte Geburts- und Todesprozesse

ebenfalls zwischen einfachen und komplizierten Geburts- und Todesprozessen unterschieden. Einfache Geburts- und Todesprozesse sind dadurch charakterisiert, daß die Übergänge des Systems jeweils nur in benachbarte Systemzustände erfolgen, wie das aus Abbildung 13 ersichtlich ist. Diese Systeme können also bei Ausfall von Systemelementen (bzw. Verringerung des Niveaus der Funktionsfähigkeit) aus dem i-ten in den $(i + 1)$-ten Systemzustand oder bei Erneuerung vom i-ten in den $(i - 1)$-ten Systemzustand übergehen.

Komplizierte Geburts- und Todesprozesse sind durch Übergänge von einem Systemzustand in einen oder mehrere andere Systemzustände gekennzeichnet (Abb. 13b und c).

Die Ermittlung der Zustandswahrscheinlichkeiten erfolgt mit Hilfe der beschriebenen Methoden. Ihre Anwendung gestattet, wie unschwer zu erkennen ist, auch die Optimierung der Instandhaltungsstrategie technischer Systeme.

Beispiel 9 (in Anlehnung an [67])

Gegeben:
Doubliertes Nachrichtensystem zur automatisierten Datenübertragung. Das System besteht aus zwei identischen Sende-Empfang-Kanälen, von denen jeweils einer als Grundeinheit bzw. Reserveeinheit eingesetzt ist. Die Reserveeinheit ist jeweils als erleichterte Reserve eingesetzt mit der Ausfallrate $k\lambda (0 \leqslant k \leqslant 1)$. Die Ausfallrate des in Betrieb befindlichen Sende-Empfang-Kanals ist λ.

Eine Kontroll- und Steuereinrichtung dient zur automatischen Überwachung der Arbeitsfähigkeit jedes Kanals und zur sofortigen Inbetriebnahme (Zuschaltung) der Reserveeinheit bei Ausfall der Grundeinheit. Die Ausfallrate dieser Kontroll- und Steuereinrichtung sei λ_1. Die Zeit zur Erneuerung ausgefallener Sende-Empfang-Kanäle sowie der Kontroll- und Steuereinrichtung ist ebenfalls exponentiell verteilt. Die Erneuerungsraten sind μ bzw. μ_1.

Bei Ausfall eines beliebigen Systemelementes (Sende-Empfang-Kanal, Kontroll- und Steuereinrichtung) wird sofort mit dessen Instandsetzung begonnen, d. h., es stehen drei Instandsetzungsgruppen zur Verfügung, die gleichzeitig arbeiten können.

Aus verschiedenen Gründen wird festgelegt, daß bei Ausfall der Kontroll- und Steuereinrichtung und intakter Grundeinheit der als Reserveelement eingesetzte Kanal abgeschaltet wird. Dabei wird vorausgesetzt, daß bis zur Wiederherstellung der Arbeitsfähigkeit der Kontroll- und Steuereinrichtung die Ausfallrate der Reserveeinheit $\lambda = 0$ ist.

Gesucht:
Zustandsdiagramm, System der Differentialgleichungen, Zustandswahrscheinlichkeiten im stationären Zustand.

Lösung:
Aus der Aufgabenstellung ergeben sich folgende Ausfallkombinationen und damit Systemzustände:

Systemzustand 0 – alle Systemelemente intakt;
Systemzustand 1 – ein Sende-Empfang-Kanal ausgefallen;
Systemzustand 2 – Kontroll- und Steuereinrichtung ausgefallen; Sende-Empfang-Kanäle intakt;
Systemzustand 3 – ein Sende-Empfang-Kanal ausgefallen, danach Kontroll- und Steuereinrichtung ausgefallen;
Systemzustand 4 – ein Sende-Empfang-Kanal ausgefallen, danach die Reserveeinheit (zweiter Sende-Empfang-Kanal) ausgefallen; Kontroll- und Steuereinrichtung intakt;

Systemzustand 5 – Kontroll- und Steuereinrichtung ausgefallen, danach Grundeinheit, Reserveeinheit (Sende-Empfang-Kanal) nicht in Betrieb;

Systemzustand 6 – beide Sende-Empfang-Kanäle und Kontroll- und Steuereinrichtung ausgefallen;

Systemzustand 7 – beide Sende-Empfang-Kanäle intakt (wieder hergestellt) jedoch noch nicht in Betrieb, Kontroll- und Steuereinrichtung wird instandgesetzt.

Daraus wird folgendes Zustandsdiagramm erhalten

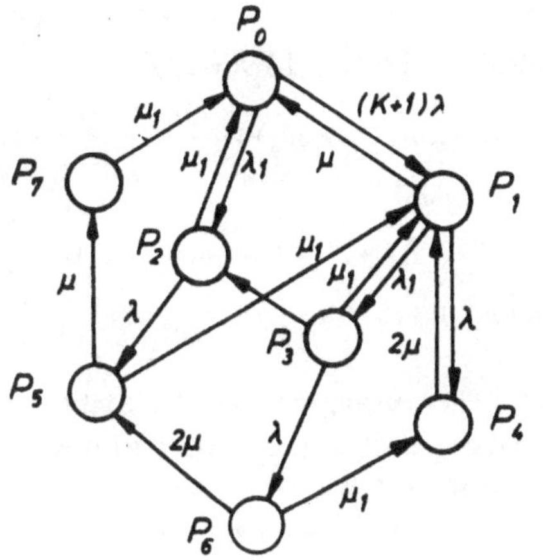

Die Differentialgleichungen zur Ermittlung der Zustandswahrscheinlichkeiten sind:

$$\dot{P}_0(t) = -[\lambda_1 + (k+1)\lambda] P_0(t) + \mu P_1(t) + \mu_1 [P_2(t) + P_7(t)],$$

$$\dot{P}_1(t) = (k+1)\lambda P_0(t) + \mu_1 [P_3(t) + P_5(t)] + 2\mu P_4(t) - (\lambda + \lambda_1 + \mu) P_1(t),$$

$$\dot{P}_2(t) = \lambda_1 P_0(t) + \mu P_3(t) - (\lambda + \mu_1) P_2(t),$$

$$\dot{P}_3(t) = \lambda_1 P_1(t) - (\lambda + \mu + \mu_1) P_3(t),$$

$$\dot{P}_4(t) = \lambda P_1(t) + \mu_1 P_6(t) - 2\mu P_4(t),$$

$$\dot{P}_5(t) = \lambda P_2(t) + 2\mu P_6(t) - (\mu + \mu_1) P_5(t),$$

$$\dot{P}_6(t) = \lambda P_3(t) - (2\mu + \mu_1) P_6(t),$$

$$\dot{P}_7(t) = \mu P_5(t) - \mu_1 P_7(t).$$

Die Normierungsbedingungen lauten: $\sum_{j=0}^{7} P_j(t) = 1.$

Für den stationären Zustand ($t \to \infty$) ergeben sich folgende Zustandswahrscheinlichkeiten:

$$P_0 = \frac{1}{N} 2\mu^2 \mu_1 \{(2\mu + \mu_1)(\mu + \mu_1)[(\lambda + \mu + \mu_1)(\lambda + \mu_1) + \lambda_1 \mu_1] + \mu\lambda\lambda_1 (2\mu + 3\mu_1 + 2\lambda)\},$$

$$P_1 = \frac{1}{N} 2\mu\mu_1 (\lambda + \mu + \mu_1)(2\mu + \mu_1)\lambda[(k+1)(\lambda + \mu_1)(\mu + \mu_1) + \lambda_1 \mu_1],$$

$$P_2 = \frac{1}{N} 2\mu^2 \mu_1 \lambda_1 \{(2\mu + \mu_1)(\mu + \mu_1)[(k+2)\lambda + \lambda_1 + \mu + \mu_1] + 2\lambda\lambda_1\mu\},$$

$$P_3 = \frac{1}{N} 2\mu\mu, \lambda\lambda_1 (2\mu + \mu_1)[(k+1)(\lambda + \mu_1)(\mu + \mu_1) + \lambda_1\mu_1],$$

$$P_4 = \frac{1}{N} \mu_1 \lambda^2 [\lambda_1\mu_1 + (\lambda + \mu + \mu_1)(2\mu + \mu_1)][(\mu + \mu_1)(k+1)(\lambda + \lambda_1) + \lambda_1\mu_1],$$

$$P_5 = \frac{1}{N} 2\mu^2 \mu_1 \lambda\lambda_1 \{2\lambda[(k+1)(\lambda + \mu_1) + \lambda_1] + (2\mu + \mu_1)[\lambda(k+2) + \lambda_k] + (2\mu + \mu_1)(\mu + \mu_1)\},$$

$$P_6 = \frac{1}{N} 2\mu\mu_1 \lambda^2 \lambda_1 [(k+1)(\lambda + \mu_1)(\mu + \mu_1) + \lambda_1\mu_1],$$

$$P_7 = \frac{1}{N} 2\mu^3 \lambda\lambda_1 \{2\lambda[(k+1)(\lambda + \mu_1) + \lambda_1] + (2\mu + \mu_1)[(k+2)\lambda + \lambda_1] + (2\mu + \mu_1)(\mu + \mu_1)\},$$

$$\begin{aligned} N = {} & 2\mu^2 \mu_1 \{(2\mu + \mu_1)(\mu + \mu_1)[(\lambda + \mu + \mu_1)(\lambda + \mu_1) + \lambda_1\mu_1] + \mu\lambda\lambda_1(2\mu + 3\mu_1 + 2\lambda)\} \\ & + 2\mu^2 \mu_1 \lambda_1 \{(2\mu + \mu_1)(\mu + \mu_1)[\lambda(k+2) + \lambda_1 + \mu + \mu_1] + 2\mu\lambda\lambda_1\} \\ & + 2\mu^2 (\mu + \mu_1) \lambda\lambda_1 \{2\lambda[(k+1)(\lambda + \mu_1) + \lambda_1] + (2\mu + \mu_1)[(k+2)\lambda + \lambda_1] + (2\mu + \mu_1)(\mu + \mu_1)\} \\ & + \lambda\mu_1 (2\mu + \mu_1)(\lambda + 2\mu)(\lambda + \lambda_1 + \mu + \mu_1)[(k+1)(\lambda + \mu_1)(\mu + \mu_1) + \lambda_1\mu_1]. \end{aligned}$$

Einige ausgewählte Geburts- und Todesprozesse, die wiederum aus der Sicht des Autors besondere praktische Bedeutung haben, sind mit den dazugehörigen Berechnungsformeln (stationärer Zustand) im Abschnitt 6.1. angeführt.

Insgesamt ist festzustellen, daß zur Ermittlung der Zustandswahrscheinlichkeiten zahlreicher komplizierter wiederherstellbarer und nichtwiederherstellbarer Systeme, und zwar sowohl für den nichtstationären als auch für den stationären Zustand, ein praktikables Instrumentarium zur Verfügung steht. Damit sind wichtige Voraussetzungen zur Analyse und Synthese komplizierter Systeme vorhanden, die es weiter zu qualifizieren gilt.

3. Kenngrößen der Zuverlässigkeit und Funktionseffektivität

3.1. Grundsätzliches

Die Bewertung der Zuverlässigkeit eines beliebigen technischen Systems erfordert selbstverständlich die Anwendung eindeutig definierter Begriffe und Kenngrößen. Für einfache Systeme existieren entsprechende Termini und Zuverlässigkeitskenngrößen, die international weitgehend übereinstimmen und in der DDR im Standard TGL 26096/1 [14] festgelegt sind. Danach ist die Zuverlässigkeit einfacher technischer Systeme mittels Kenngrößen der Fehlerfreiheit, Langlebigkeit, Instandhaltungseignung, Lager- und Transporteignung sowie weiterer komplexer Kenngrößen zu beurteilen.

Diese Kenngrößen sind jedoch für komplizierte Systeme in ihrer Gesamtheit nicht oder nur bedingt anwendbar. Sie gestatten nämlich nicht die Bewertung der verschiedenen Niveaus der Funktionsfähigkeit und damit Zuverlässigkeit derartiger Systeme bei Ausfall von Systemelementen. Dieser Umstand erfordert die Einführung neuer Begriffe und Kenngrößen zur qualitativen und quantitativen Bewertung der Zuverlässigkeit komplizierter Systeme. Besonders geeignet ist die *Funktionseffektivität*, da sie die Ableitung entsprechender Zuverlässigkeitskenngrößen erlaubt und überdies neue Möglichkeiten der Beurteilung komplizierter Systeme eröffnet.

3.2. Funktionseffektivität technischer Systeme

In Theorie und Praxis zeigt sich seit längerer Zeit, daß zur komplexen Bewertung der Leistungsfähigkeit und Zuverlässigkeit technischer Systeme deren Effektivität geeignet ist. Bereits in den sechziger Jahren wurden bei der Untersuchung dieses Zusammenhanges – vorwiegend von sowjetischen und US-amerikanischen Spezialisten – fundamentale Ergebnisse gewonnen [3, 6–9, 32, 45, 89]. Besonders hervorzuheben sind die Arbeiten von UŠAKOV [6, 92], VASILEV, KOŽLOV, TKAČENKO [3, 32, 45], W. H. VON ALVEN [7], GOLDMAN, SLATTERY [8] und WELKER [9]. Diese und weitere Publikationen bildeten die Grundlage für verschiedene Konzeptionen und Methoden zur Beurteilung der Effektivität technischer Systeme.

In den siebziger Jahren und zu Beginn dieses Jahrzehnts erschien eine größere Anzahl von Veröffentlichungen über Systemeffektivität, aber auch über den Zusammenhang zwischen Systemeffektivität und Zuverlässigkeit [4, 5, 15, 16, 48, 71, 72, 74, 76, 77, 83, 90, 91]. Die Auswertung dieser Arbeiten zeigt, daß der Begriff Systemeffektivität recht unterschiedlich definiert wird und demzufolge verschiedene Kriterien zu seiner Bewertung verwendet werden.

In einer der ersten Arbeiten zu dieser Problematik wird die Systemeffektivität folgendermaßen definiert:

„Systemeffektivität ist die Wahrscheinlichkeit dafür, daß das System eine betriebliche Anforderung innerhalb einer gegebenen Zeit erfolgreich erfüllen kann, wenn es unter genau festgelegten Bedingungen eingesetzt wird" [7].

Der Inhalt dieses Begriffes wurde infolge unterschiedlicher Betrachtungsweisen insbesondere dadurch verändert, daß die Systemeffektivität häufig ins Verhältnis zu den ökonomischen Aufwendungen für die Entwicklung, Produktion, Nutzung und Instandhaltung des betrachteten Systems gesetzt wird. Infolgedessen werden zur Bewertung der Effektivität technischer Systeme die verschiedenartigsten Kriterien verwendet, beispielsweise

1. Produktivität des Systems (Anzahl sowie Qualität der produzierten Güter);
2. ökonomische Aufwendungen für die Entwicklung, Produktion, Nutzung und Instandhaltung des betrachteten Systems;
3. Übereinstimmung der realisierten Parameter mit den gestellten Forderungen (technische Aufgabenstellung) an ein zu entwickelndes System;
4. Gesamtheit technisch-konstruktiver, ökonomischer und weiterer Faktoren;
5. Wahrscheinlichkeit der Aufgabenerfüllung des Systems

u. a.

Demzufolge wurden auch unterschiedliche Kenngrößen zur Beurteilung der Systemeffektivität vorgeschlagen. Eine Übersicht über mögliche Kenngrößen und Methoden zur Beurteilung der technischen und ökonomischen Effektivität geben ČUMAKOV und SEREBRJANY [83]. Eine Darstellung von Kriterien zur Beurteilung der Effektivität technischer Systeme, speziell von Waffensystemen, ist bei SHERIF und KHEIR [72] zu finden.

Zur eindeutigen Abgrenzung von den unterschiedlichen Definitionen und Interpretationen der „Systemeffektivität" wird hier der Begriff *Funktionseffektivität* eingeführt: „Funktionseffektivität ist die Effektivität, mit der ein technisches System unter bestimmten Bedingungen seine Funktionen entsprechend seiner Zweckbestimmung erfüllt."[6] Die Funktionseffektivität gibt also faktisch den Grad an, mit dem das System seiner Zweckbestimmung gerecht wird. Sie charakterisiert nicht nur die Fähigkeit eines Systems, die gestellten Aufgaben zu erfüllen und damit bestimmte Leistungen zu erbringen, sondern auch die Wirksamkeit der zu erfüllenden Funktionen (Aufgaben). Ein Vergleich dieser Definition mit dem Begriff *Zuverlässigkeit* zeigt die Gemeinsamkeiten und Unterschiede beider Begriffe deutlich. Er offenbart ferner, daß die Funktionseffek-

6 Dieser Begriff (und dessen Definition) entspricht den Termini „kačestvo funkzionirovanija" bzw. techničeskaja effektivnost funkzionirovanija", die in der UdSSR gebräuchlich sind. („kačestvo funkzionirovanija" ist in einem staatlichen Standard der UdSSR verbindlich definiert [38].) Der Terminus Funktionseffektivität stimmt auch weitgehend mit dem im englichsprachigem Raum verwendeten „system effectiveness" überein.

tivität eine komplexere Einschätzung des betrachteten Systems ermöglicht, und läßt auch erkennen, daß die Zuverlässigkeit technischer Systeme mittels der Funktionseffektivität beurteilt werden kann.

Zur Funktionsbeschreibung komplizierter Systeme ist ein Zustandsvektor nach Formel (1) geeignet. Dieser Vektor kann der Charakterisierung des Systemzustandes und damit der Effektivität dienen, mit der ein System seine Funktion (Aufgabe) erfüllt.

Die Abhängigkeit der Funktionseffektivität des betrachteten Systems vom Zustandsvektor $\bar{Z}(t)$ sei durch folgende Funktion beschrieben:

$$\Phi_z(t) = \Phi[\bar{Z}(t)]. \tag{20}$$

Für jeden Zeitpunkt t wird entsprechend Formel (1) der Systemzustand $\bar{Z}(t)$ und folglich $\Phi_z(t)$ eine Zufallsgröße. Bei variablen t beschreibt dann $\Phi_z(t)$ einen zufälligen Prozeß und sein Erwartungswert $\Phi(t) = E\Phi_z(t)$ eine Zeitfunktion.

Die Funktion $\Phi(t)$ gestattet also prinzipiell die Beurteilung des Niveaus der Funktionsfähigkeit und damit der Funktionseffektivität eines technischen Systems [13].

Als Kenngröße der Funktionseffektivität zum Zeitpunkt t kann deshalb die mathematische Erwartung der Funktion $\Phi_z(t)$ dienen, d. h.

$$\Phi(t) = E\Phi_z(t). \tag{21}$$

Diese Kenngröße $\Phi(t)$ wird entsprechend ihres physikalisch-technischen Inhalts im weiteren als *Kenngröße der Funktionseffektivität zum Zeitpunkt* t oder kurz als *Funktionseffektivität zum Zeitpunkt* t bezeichnet.

Völlig analog wird eine Kenngröße zur Bewertung der Funktionseffektivität des betrachteten Systems während des Zeitintervalls $t_1 \leqslant t \leqslant t_2$ erhalten, und zwar:

$$\Phi(\Delta t) = E\Phi_z(\Delta t) = E\ \{\Phi_z(t);\ t_1 \leqslant t \leqslant t_2\}, \tag{22}$$

wobei hier und im weiteren die Bezeichnung $\Delta t = t_2 - t_1$ verwendet wird. Dabei spielt der absolute Zeitpunkt, in dem das Zeitintervall Δt liegt, keine Rolle.

Diese Kenngröße wird als *Kenngröße der Funktionseffektivität im Zeitabschnitt* Δt oder kurz als *Funktionseffektivität im Zeitabschnitt* Δt bezeichnet, zuweilen auch als *mittlerer Nutzeffekt.*

Die praktische Arbeit mit den Kenngrößen der Funktionseffektivität zeigt, daß zur Beurteilung der Funktionseffektivität oft eine Bewertung deren mittlerer quadratischer Abweichung erforderlich ist. Die Beurteilung der Funktionseffektivität zum Zeitpunkt t bzw. im Zeitintervall Δt erfolgt deshalb anhand der Formeln (21), (22) unter Einbeziehung der mittleren quadratischen Abweichungen.

$$\sigma_\phi(t) = \sqrt{E\{[\Phi_z(t) - \Phi(t)]^2\}},$$
$$\sigma_\phi(\Delta t) = \sqrt{E\{[\Phi_z(\Delta t) - \Phi(\Delta t)]^2\}}. \qquad (23)$$

Es kann nun gezeigt werden, daß zur quantitativen Bewertung der Funktionseffektivität Formeln ableitbar sind, die den Zusammenhang zwischen den Ausgangsparametern des betrachteten Systems, den Systemzuständen und den Niveaus der Funktionsfähigkeit, in einer für den Praktiker geeigneten Form enthalten.

Für technische Systeme, deren Effektivität nur von einem Parameter α abhängig ist und deren Systemzustand $\bar{Z}$ nur eine endliche Anzahl m möglicher Realisierungen hat $(z_0, z_1, \ldots, z_m)$, folgt aus der Formel der totalen Wahrscheinlichkeit

$$\Phi = \sum_{i=0}^{m} P(\bar{Z} = z_i)\Phi_i \qquad (24)$$

mit

$P(\bar{Z} = z_i)$ – Wahrscheinlichkeit, mit der sich der i-te Systemzustand einstellt;
Φ_i – Funktionseffektivität des Systems im i-ten Systemzustand;
m – Anzahl der Systemzustände (i = 0, 1, 2, ..., m).

Ist der Systemzustand $\bar{Z}$ eine einparametrige Zufallsgröße mit der Wahrscheinlichkeitsdichte $f(\alpha)$, so gilt analog

$$\Phi = \int_0^\infty f(\alpha)\Phi(\alpha)d\alpha. \qquad (25)$$

Falls die Realisierungen des Systemzustandes $\bar{Z}$ von r Parameterwerten $\alpha_1, \alpha_2, \ldots, \alpha_r$ abhängen, erhält man

$$\Phi = \sum_{i=0}^{m} P(\alpha_{1_i}, \alpha_{2_i}, \ldots, \alpha_{r_i})\,\Phi(\alpha_1, \alpha_2, \ldots, \alpha_r) \qquad (26)$$

und, die Existenz einer Dichtefunktion $f(\alpha_1, \alpha_2, \ldots, \alpha_r)$ vorausgesetzt, die Beziehung

$$\Phi = \int_0^\infty \ldots \int_0^\infty f(\alpha_1, \alpha_2, \ldots, \alpha_r)\,\Phi(\alpha_1, \alpha_2, \ldots, \alpha_r)d\alpha_1, d\alpha_2, \ldots, d\alpha_r. \qquad (27)$$

Bei stochastischer Unabhängigkeit zwischen den Parametern läßt sich die Verbunddichte $f(\alpha_1, \alpha_2, \ldots, \alpha_r)$ als Produkt $\prod_{i=1}^{r} f_i(\alpha_i)$ darstellen, so daß

$$\Phi = \sum_{i=0}^{m} P(\alpha_{1_i})P(\alpha_{2_i}) \ldots P(\alpha_{r_i})\,\Phi(\alpha_1, \alpha_2, \ldots, \alpha_r), \qquad (28)$$

$$\Phi = \int_0^\infty \ldots \int_0^\infty f_1(\alpha_1)f_2(\alpha_2) \ldots f_r(\alpha_r)\,\Phi(\alpha_1, \alpha_2, \ldots, \alpha_r)\,d\alpha_1 d\alpha_2 \ldots d\alpha_r \qquad (29)$$

gilt.

Ausgehend von den Formeln (24), (25) kann die Kenngröße *Funktionseffektivität zum Zeitpunkt* t für wiederherstellbare oder nichtwiederherstellbare technische Systeme mit einer Funktion (Aufgabe) nach folgender Formel bestimmt werden:

$$\Phi(t) = \sum_{i=0}^{m} \Phi_i(t)\, P_i(t), \qquad (30)$$

$$\Phi(t) = \int_{S_\psi} \Phi(\psi) dP(\psi). \qquad (31)$$

Dabei bedeuten:

m – Gesamtheit aller Systemzustände;

$P_i(t)$ – Wahrscheinlichkeit, mit der sich das System im i-ten Systemzustand befindet; dieser Systemzustand wird jeweils durch eine konkrete Kombination der Anzahl der arbeitsfähigen und ausgefallenen Systemelemente bestimmt;

$\Phi_i(t)$ – Funktionseffektivität des Systems im i-ten Systemzustand;

$\Phi(\psi)$ – Funktionseffektivität des Systems während der ψ-ten Trajektorie;

$dP(\psi)$ – Wahrscheinlichkeit der ψ-ten Trajektorie;

S_ψ – Gesamtheit aller Trajektorien, deren Funktionseffektivität $\Phi(\psi) \neq 0$.

Da hier der Mittelwert aller Trajektorien im betrachteten Zeitraum bestimmt wird, ist Formel (31) auf beliebige Systeme anwendbar, d. h. sowohl auf Systeme im Kurzzeit- als auch im Langzeitbetrieb.

Die praktische Anwendung dieser Beziehung wird jedoch insbesondere durch den Umstand limitiert, daß sich die Aufstellung und Berechnung der Integrale als sehr aufwendig und kompliziert erweist; denn mit wachsender Anzahl der Systemelemente ergeben sich komplizierte Mehrfachintegrale. Außerdem stellt die Ermittlung der Funktionseffektivität $\Phi(\psi)$ als Funktion der Trajektorien eine sehr komplizierte Aufgabe dar.

Deshalb hat die Formel (31) vorwiegend für solche Systeme Anwendung gefunden, die aus einer geringen Anzahl von Systemelementen bestehen und nicht wiederherstellbar sind.

Hat das System u Funktionen (Aufgaben) zu erfüllen, wird

$$\Phi(t) = P_0(t)\Phi_0(t) + \sum_{i=1}^{m} \sum_{j=1}^{u} F_j \Phi_i(t) P_i(t) \qquad (32)$$

mit

$P_0(t)$ – Wahrscheinlichkeit dafür, daß sich das System in einem Zustand befindet, in dem alle Elemente arbeitsfähig (intakt) sind;

$\Phi_0(t)$ – Funktionseffektivität des Systems bei Intaktheit aller Systemelemente;

u – Anzahl der zu lösenden Aufgaben;

m – Anzahl der Systemzustände;

F_j – Wahrscheinlichkeit dafür, daß das System die j-te Funktion (Aufgabe) erfüllt.

Analog können weitere Formeln aus den Beziehungen (24), (25) abgeleitet werden.

Wie festgestellt, kann die Kenngröße *Funktionseffektivität* eines technischen Systems in Abhängigkeit von seiner Zweckbestimmung und seinen Funktionen (Aufgaben) sehr unterschiedlichen Inhalt haben. Beispielsweise dienen als Kenngrößen der Funktionseffektivität

1. die *Wahrscheinlichkeit,* mit der das betrachtete System seine Funktionen (Aufgaben) erfüllt (Meß-, Steuer- und Regelsysteme, Navigations- und Ortungsanlagen u. a.);
2. der *Informationsfluß* (Informationsmenge) in Systemen der Informationsübertragung und -verarbeitung (mehrkanalige Nachrichtensysteme, Datenverarbeitungsanlagen u. a.);
3. die *Produktivität* technischer Systeme (Roboter, Automaten, Förderanlagen, Transportmittel u. a.).

Der konkrete Inhalt der Kenngrößen der Funktionseffektivität ist deshalb für jedes konkrete System jeweils exakt zu definieren. Stets geht es um die Auswahl eines oder mehrerer Kriterien, die eine quantitative Bewertung der Funktionseffektivität, des *Nutzeffektes* des betrachteten Systems gestatten.

Dafür seien folgende Beispiele gegeben:

1. Ein Hafen-Radar hat die Ortung einer maximal möglichen Anzahl von Schiffen in einem festgelegten Hafenabschnitt und einem bestimmten Zeitintervall zu gewährleisten. Als Funktionseffektivität wird die mittlere Anzahl der im festgelegten Abschnitt und in der Zeiteinheit georteten Schiffe definiert.
2. Ein mehrkanaliges Nachrichtensystem, dessen Kanäle gleichzeitig in Betrieb sind, ist zur ununterbrochenen Informationsübertragung an eine Kontrollzentrale eingesetzt. Als Funktionseffektivität dient hier die Menge der in der Zeiteinheit fehlerlos übertragenen Informationen (Boud).
3. Eine Funkmeßstation hat die Ortung von Flugzeugen eines bestimmten Typs in einer vorgegebenen Entfernung und unter weiteren definierten Bedingungen zu gewährleisten. Als Kenngröße der Funktionseffektivität wird die Wahrscheinlichkeit dieses Ereignisses festgelegt.

In diesem Zusammenhang sei festgestellt, daß zur Bewertung eines technischen Systems nicht nur eine, sondern bei Notwendigkeit auch mehrere Kenngrößen der Funktionseffektivität ausgewählt werden können.

Offensichtlich stellt die exakte Definition der Kenngrößen der Funktionseffektivität eine anspruchsvolle Aufgabe dar. Dabei hat sich die Arbeit mit Expertengruppen, d. h. Spezialisten der verschiedensten Wissenschaftsdisziplinen sowie des Anwenderbereiches, sehr bewährt.

Nach Definition dieser Kenngrößen sind zur Ermittlung der Funktionseffektivität üblicherweise folgende Aufgaben zu lösen:

1. Ermittlung der Systemzustände, die für die Einschätzung der Funktionseffektivität relevant sind.
2. Bestimmung des zahlenmäßigen Wertes der Funktionseffektivität für die verschiedenen Systemzustände.
3. Ermittlung derjenigen Wahrscheinlichkeit, mit der sich das System in den verschiedenen Systemzuständen befindet.

Dazu stehen verschiedene Methoden zur Verfügung, die unter Abschnitt 4.3. bis 4.5. dargelegt sind. Dabei wird prinzipiell von verschiedenen Vereinfachungen ausgegangen, da die exakte Berechnung der Funktionseffektivität komplizierter technischer Systeme entweder überhaupt nicht möglich ist oder zu solchen Ergebnissen führt, die für die praktische Arbeit nicht akzeptabel sind.

Bei der Einschätzung der Zuverlässigkeit komplizierter technischer Systeme interessiert jedoch nur die relative Funktionseffektivität (s. 3.4.). Damit ergeben sich wesentliche Vereinfachungen bei der Arbeit mit diesen Kenngrößen, die auch deren breite praktische Anwendung ermöglichen.

3.3. Kenngröße Funktionsgüte

Die Funktionseffektivität allein charakterisiert noch nicht die Zuverlässigkeit eines technischen Systems; denn dieses kann über eine hohe Funktionseffektivität bei geringer Zuverlässigkeit verfügen und umgekehrt.

Dieser Zusammenhang ergibt sich prinzipiell aus dem Umstand, daß sowohl die Funktionseffektivität als auch die Zuverlässigkeit eines technischen Systems durch folgende Faktoren bestimmt wird:

1. Struktur der Betrachtungseinheit (Anordnung und Kopplungsgrad der Systemelemente);
2. Anzahl, Eigenschaften und Zustand der Systemelemente;
3. die Bedingungen, unter denen das System zum Einsatz gelangt (Einsatzbedingungen);
4. die Art und Weise, mit der das System instandgehalten wird (Instandhaltungsstrategie);
5. den Zeitpunkt des Einsatzbeginns sowie die Einsatzdauer.

Offensichtlich ist aber damit noch keine quantitative Bewertung des Zusammenhanges zwischen Funktionseffektivität und Zuverlässigkeit möglich.

In Auswertung internationaler Arbeiten wird eine mögliche Lösung darin gesehen, die Zuverlässigkeit eines komplizierten technischen Systems nach den Veränderungen seiner Funktionseffektivität während der Nutzung zu bewerten. Auf diese Möglichkeit wiesen sowjetische Wissenschaftler bereits im Jahre 1964 hin [45]. In nachfolgenden Veröffentlichungen wurden weitere theoretische Forschungsergebnisse dargelegt sowie der Nachweis geführt, daß die Funktionseffektivität in der praktischen Arbeit zur Bewertung der Zuverlässigkeit geeignet ist

[3–6, 13, 15, 16, 32, 63, 84]. Dazu gehören auch Arbeiten, die von annähernd übereinstimmenden Prämissen ausgehen und zu gleichen Schlußfolgerungen für die praktische Arbeit gelangen, beispielsweise [74].

Prinzipiell kann die Veränderung der Funktionseffektivität als Differenz oder Quotient der Funktionseffektivitäten des realen Systems und des intakten Systems bewertet werden, und zwar mit Hilfe der Abhängigkeiten

$$\Delta\Phi(t) = \Phi_0(t) - \Phi(t),$$
$$\Delta\Phi(\Delta t) = \Phi_0(\Delta t) - \Phi(\Delta t) \tag{33}$$

bzw.

$$G(t) = \frac{\Phi(t)}{\Phi_0(t)}; \quad G(\Delta t) = \frac{\Phi(\Delta t)}{\Phi_0(\Delta t)}. \tag{34}$$

Dabei bedeuten

$\Phi(t)$; $\Phi(\Delta t)$ – Funktionseffektivität des realen Systems zum Zeitpunkt t bzw. im Zeitabschnitt $t_1 \leqslant \Delta t \leqslant t_2$;

$\Phi_0(t)$; $\Phi_0(\Delta t)$ – Funktionseffektivität des Systems bei Intaktheit aller Systemelemente und unter nominalen Nutzungsbedingungen.

Offensichtlich charakterisieren die Kenngrößen $\Delta\Phi(t)$, $\Delta\Phi(\Delta t)$ sowie $G(t)$, $G(\Delta t)$ die Verringerung der Funktionseffektivität des betrachteten Systems infolge Unzuverlässigkeit der Systemelemente, wenn Konstanz aller anderen effektivitätsbestimmenden Faktoren vorausgesetzt wird. Folglich können sie als Maß zur Einschätzung der Zuverlässigkeit komplizierter technischer Systeme dienen.

In der Praxis erweisen sich jedoch die relativen Funktionseffektivitäten $G(t)$ bzw. $G(\Delta t)$ vorteilhafter als die Differenzgrößen $\Delta\Phi(t)$ und $\Delta\Phi(\Delta t)$. Deshalb wird im weiteren die relative Funktionseffektivität $G(t)$ bzw. $G(\Delta t)$ als Kenngröße zur Charakterisierung der Zuverlässigkeit komplizierter Systeme verwendet. Aus praktischen und semantischen Gründen wird vorgeschlagen, die Kenngröße *relative Funktionseffektivität* als *Funktionsgüte* zu bezeichnen.[7] Ihr zahlenmäßiger Wert gestattet die Bewertung der Zuverlässigkeit komplizierter Systeme, wobei offensichtlich $0 \leqslant G(t) \leqslant 1$ sowie $0 \leqslant G(\Delta t) \leqslant 1$ ist.

Die *Funktionsgüte* weist eine Reihe von Vorzügen auf, die sie in der praktischen Arbeit mit komplizierten technischen Systemen deutlich herausheben. Folgende Vorzüge gehören dazu:

1. Sie ist eindeutig und leicht verständlich zu erklären. Sie zeigt die Verringerung der Funktionseffektivität des realen Systems zu seiner nominalen

7 Die Kenngröße *Funktionsgüte* ist gegenwärtig noch weitgehend unbekannt und stößt gelegentlich auf eine gewisse abwartende Haltung. In diesem Zusammenhang sei erwähnt, daß die *Funktionsgüte* in der UdSSR (mit Wirkung vom 1. Juli 1984) als komplexe Zuverlässigkeitskenngröße in einem staatlichen Standard verbindlich festgelegt ist [85] und dort als Koeffizient der Erhaltung der Effektivität *(Koeffizient sochranenija effektivnosti)* bezeichnet wird.

Funktionseffektivität an, d. h. zur Funktionseffektivität bei intakten Systemelementen und unter nominalen Nutzungsbedingungen.

2. Sie gestattet den unmittelbaren Übergang zu den „klassischen Zuverlässigkeitskenngrößen", d. h. den Zuverlässigkeitskenngrößen einfacher technischer Systeme.
   Dieser Zusammenhang hat erhebliche praktische Bedeutung, weil zur Berechnung der Zuverlässigkeit komplizierter technischer Systeme sowohl Kenngrößen der Funktionseffektivität (System) als auch der Zuverlässigkeit (Systemelemente) erforderlich sein können.
3. Sie kann ihrem zahlenmäßigen Wert nach unmittelbar (praktisch) geprüft, d. h. real gemessen werden.
4. Sie kann ihrem zahlenmäßigen Wert nach für die verschiedenen Systemzustände durch Expertenbefragungen, praktische Prüfergebnisse sowie Simulation ermittelt bzw. vorgegeben werden.
   Die Vorgabe eines geforderten Wertes für den i-ten Systemzustand ist in vielen praktischen Fällen recht einfach, da die zulässige Verringerung der Funktionseffektivität des betrachteten Systems durch Systemanalysen und operationsanalytische Arbeiten oft relativ leicht bestimmbar ist.
5. Sie ermöglicht bei Vorgabe eines zahlenmäßigen Wertes G(t) oder G_i für den i-ten Systemzustand eine höhere Flexibilität der Entwicklungsarbeiten als bei Vorgabe zahlenmäßiger Werte der „klassischen" Zuverlässigkeitskenngrößen.

Die Kenngröße *Funktionsgüte* hat allerdings ihre innere Problematik:

1. Die Funktionseffektivität und damit die Funktionsgüte hängt stets von der Zweckbestimmung, den konkreten Einsatzarten und Einsatzbedingungen der Betrachtungseinheit ab, d. h. von den Besonderheiten ihrer Nutzung. Sie muß also für jeden konkreten Anwendungsfall exakt definiert werden.
2. Der Vergleich verschiedener technischer Systeme mit Hilfe der Funktionsgüte stößt auf Schwierigkeiten, da G(t) ein Quotient ist. Das trifft aber auch für „klassische" Zuverlässigkeitskenngrößen zu, z. B. für die Verfügbarkeit.

An einem einfachen Fall sei die Berechnung der Funktionsgüte und ihre Abhängigkeit vom Systemzustand dargestellt:

Beispiel 10

Gegeben:
Nachrichtengerät mit n = 10 nominell gleichwertigen Übertragungskanälen, wovon jeder Kanal die Informationsmenge Ü = 500 Boud übertragen kann. Die Kanäle befinden sich entweder im arbeitsfähigen oder ausgefallenen Zustand. Die Wahrscheinlichkeit, daß ein Kanal im Übertragungsintervall Δt ausfallfrei arbeitet, sei P(Δt) = 0,93. Zu Beginn der Übertragung sind n_0 = 10 Übertragungskanäle intakt. Als Funktionseffektivität des Systems wird die Anzahl der übermit-

telten Informationen pro Sekunde unter Berücksichtigung der Unzuverlässigkeit der Systemelemente definiert.

Gesucht:
Funktionsgüte des Systems im Übertragungsintervall Δt.

Lösung:
Die nominale Funktionseffektivität des Systems ist $\Phi_0(t) = n_0 \times Ü$ und die Funktionsgüte im betrachteten Zeitintervall Δt

$$G(\Delta t) = \frac{nP(\Delta t)Ü}{n_0 Ü}$$

Bei Ausfall eines oder mehrerer Kanäle ändert sich bei konstantem Nenner nur der Zähler dieses Ausdruckes durch Weglassen der ausgefallenen Kanäle, d. h., daß n der Anzahl der intakten Kanäle entspricht.

Die Abhängigkeit der Funktionsgüte $G(\Delta t)$ vom Verhältnis n/n_0 und der Wahrscheinlichkeit der ausfallfreien Arbeit der Übertragungskanäle $P(\Delta t)$ ist aus der nachstehenden Tabelle ersichtlich.

Anzahl der defekten Kanäle	Anzahl der intakten Kanäle	Funktionsgüte $G(\Delta t)$	Berechnung
0	10	0,93	$G(\Delta t) = \frac{10 \times 0{,}93 \times 500}{10 \times 500}$
1	9	0,837	$G(\Delta t) = \frac{9 \times 0{,}93 \times 500}{10 \times 500}$
2	8	0,744	
3	7	0,657	
4	6	0,558	
5	5	0,465	$G(\Delta t) = \frac{5 \times 0{,}93 \times 500}{10 \times 500}$

Bereits an diesem sehr einfachen Beispiel werden die Möglichkeiten zur Beurteilung der Zuverlässigkeit komplizierter technischer Systeme mit Hilfe der Kenngröße *Funktionsgüte* ersichtlich. Mit der „klassischen" Zuverlässigkeitsbetrachtung kann nur *jeder Kanal einzeln* bewertet werden, woraus keine Aussage über die Zuverlässigkeit des gesamten Nachrichtengerätes folgt. Mit der Kenngröße *Funktionsgüte* ist also eine solche Möglichkeit prinzipiell gegeben.

Entsprechend den Formeln (1) und (24) ist die Funktionsgüte eines Systems mit *einer* Funktion (Aufgabe) und m Systemzuständen zum Zeitpunkt t

$$\begin{aligned} G(t) &= \frac{\Phi(t)}{\Phi_0(t)} = \frac{\sum_{i=0}^{m} P(\bar{Z}(t) = z_i)\Phi_i(t)}{\Phi_0(t)} \\ &= \sum_{i=0}^{m} \frac{\Phi_i(t)}{\Phi_0(t)} P(Z(t) = z_i) = \sum_{i=0}^{m} G_i(t)P_i(t) \end{aligned} \qquad (35)$$

bzw.

$$G(t) = \int_{S_\psi} G(\psi) dP(\psi) \tag{36}$$

mit

$G_i(t) = \frac{\Phi_i(t)}{\Phi_0(t)}$ – Funktionsgüte des Systems im i-ten Systemzustand;

$G(\psi)$ – Funktionsgüte der ψ-ten Realisierung der Zustandsänderung (*Gewicht* der ψ-ten Trajektorie);

$dP(\psi)$ – Wahrscheinlichkeit dafür, daß die ψ-te Realisierung der Zustandsänderung erfolgt.

Diese Formeln ermöglichen die quantitative Bewertung des Zusammenhanges zwischen der *Funktionsgüte* und den „klassischen" Zuverlässigkeitskenngrößen.

Gegeben sei ein einfaches technisches System, d. h. ein System mit den Systemzuständen *arbeitsfähig* und *ausgefallen*. Die Funktionseffektivität sei definierbar und $\Phi_0 = 1$ bei Arbeitsfähigkeit, $\Phi_1 = 0$ bei Ausfall des Systems.

Dann wird nach Formel (35) die Funktionsgüte des Systems

$$G(t) = \begin{cases} P(t) & \text{bei Arbeitsfähigkeit,} \\ 0 & \text{bei Ausfall.} \end{cases} \tag{37}$$

Offensichtlich stellt in diesem Fall P(t) die Kenngröße *Wahrscheinlichkeit der ausfallfreien Arbeit* des Systems dar. Die Funktionsgüte des betrachteten einfachen Systems entspricht also dieser bekannten „klassischen" Zuverlässigkeitskenngröße.

Allgemein gilt, daß zur quantitativen Bewertung der Zuverlässigkeit einfacher Systeme, die entsprechend Kapitel 1 nur einen Sonderfall komplizierter Systeme darstellen, die Kenngröße *Funktionsgüte* ebenfalls geeignet ist [15, 16]. Für diese Systeme muß die Funktionseffektivität natürlich definierbar sein. Nach den Formeln (36), (37) werden dann unter Berücksichtigung der unterschiedlichen Kriterien der Funktionseffektivität die entsprechenden Berechnungsformeln sowohl für wiederherstellbare als auch nichtwiederherstellbare Systeme erhalten. Dabei wird auch die Strategie zur Instandhaltung des betrachteten Systems berücksichtigt.

Für einfache technische Systeme, deren Funktionseffektivität definierbar ist, wurden Formeln zur Berechnung der Funktionsgüte abgeleitet, die nach [15, 16, 95, 96] in Abschnitt 6.2. enthalten sind. Aus dieser Übersicht und den Formeln (35) bis (37) ergibt sich folgendes:

1. Die *Funktionsgüte* gestattet den direkten Übergang zu klassischen Zuverlässigkeitskenngrößen. Das ist besonders bedeutsam für die Berechnung der Zuverlässigkeit komplizierter technischer Systeme, deren Systemelemente ein-

fache technische Systeme darstellen und deren Zuverlässigkeitskenngrößen folglich „klassisch" berechnet werden können.

2. Die Bewertung der Zuverlässigkeit einfacher technischer Systeme, deren Funktionseffektivität (Nutzeffekt) definierbar ist, kann ebenfalls mittels der *Funktionsgüte* erfolgen.

Zusammenfassend ergeben sich aus den dargelegten Korrelationen und den genannten Vorteilen der Kenngröße *Funktionsgüte* breite Anwendungsmöglichkeiten in Theorie und Praxis.

3.4. Alpha-prozentuale Kenngrößen

Zur Charakterisierung des Funktionsverhaltens komplizierter technischer Systeme sind häufig in Ergänzung oder anstelle der Kenngröße Funktionsgüte weitere spezielle Kenngrößen erforderlich. Die Möglichkeit dazu ergibt sich prinzipiell daraus, daß für die Funktion $\Phi_z(t)$ verschiedene Niveaus vorgegeben werden können, die folgende Bedingungen erfüllen:

$$\Phi_0 > \Phi_1 > \Phi_2 > \ldots > \Phi_m$$

mit Φ_0 als Funktionseffektivität des intakten Systems.

Offensichtlich ist das i-te Niveau der Funktionsfähigkeit (Funktionseffektivität) zum Zeitpunkt t mit Hilfe eines bestimmten Wertes α_i charakterisierbar, wenn

$$\alpha_i = \frac{\Phi_i}{\Phi_0} \cdot 100\ \% \qquad (38)$$

und zum betrachteten Zeitpunkt $\Phi_z(t) = \Phi_i$ ist.

Ausgehend davon lassen sich folgende Kenngrößen ableiten:

1. alpha-prozentuale Verfügbarkeit,
2. alpha-prozentuale Funktionsfähigkeit,
3. alpha-prozentuale Funktionsdauer,
4. mittlere Zeit bis zum ersten Unterschreiten des alpha-prozentualen Niveaus der Funktionsfähigkeit.

Die Definitionen dieser alpha-prozentualen Kenngrößen sind ebenfalls in Tabelle 1 enthalten sowie in Abbildung 14 veranschaulicht.

Zur Bewertung der *alpha-prozentualen Verfügbarkeit* eines Systems zum Zeitpunkt t ist der Vektor $V_\alpha(t)$ geeignet [13];

$$V_\alpha(t) = \left| \begin{matrix} V_{\alpha_0}(t) \\ V_{\alpha_1}(t) \\ \vdots \\ V_{\alpha_m}(t) \end{matrix} \right| , \qquad (39)$$

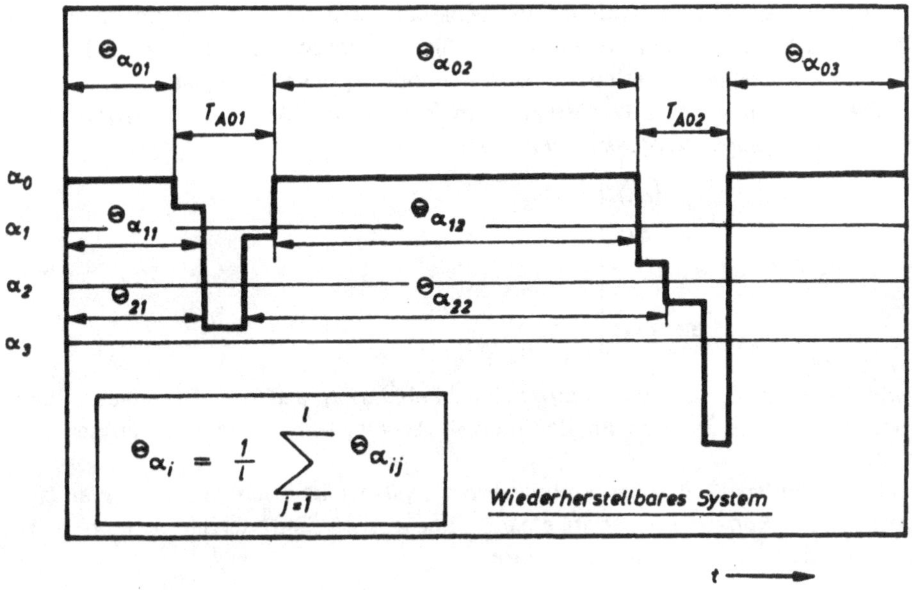

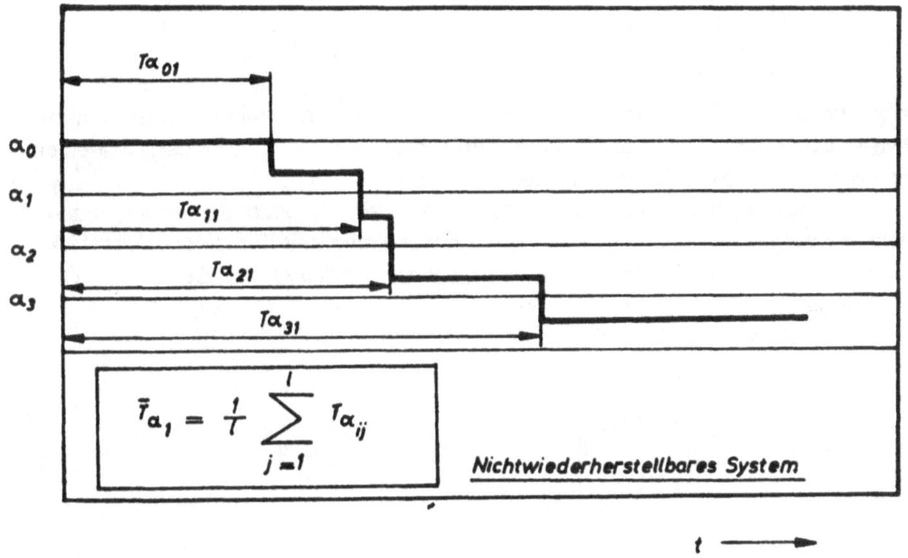

Abb. 14. Funktionsverhalten und Niveaus der Funktionsfähigkeit komplizierter Systeme (mögliche Trajektorie).

mit $V_{\alpha_i}(t)$ als alpha-prozentualer Verfügbarkeit, d. h. der Wahrscheinlichkeit dafür, daß sich das System zu einem beliebigen Zeitpunkt t auf einem Niveau der Funktionsfähigkeit befindet, das gleich oder größer als α_i ist.

Die Bewertung der Zuverlässigkeit im Zeitintervall $\Delta t = t_2 - t_1$ gestattet der Vektor der *alpha-prozentualen Funktionsfähigkeit:*

$$P_\alpha(\Delta t) = \begin{vmatrix} P_{\alpha_0}(\Delta t) \\ P_{\alpha_1}(\Delta t) \\ \vdots \\ P_{\alpha_m}(\Delta t) \end{vmatrix} . \tag{40}$$

Darin bedeutet $P_{\alpha_i}(\Delta t)$ die Wahrscheinlichkeit dafür, daß das Niveau der Funktionsfähigkeit des Systems im Zeitintervall $\Delta t = t_2 - t_1$ gleich oder größer als α_i ist.

Die Zuverlässigkeit eines komplizierten Systems ist auch mittels der *alpha-prozentualen Funktionsdauer* in einem vorgegebenen Zeitintervall $\Delta t = t_2 - t_1$ charakterisierbar, und zwar als Vektor

$$\Theta_\alpha = \begin{vmatrix} \Theta_{\alpha_0} \\ \Theta_{\alpha_1} \\ \vdots \\ \Theta_{\alpha_m} \end{vmatrix} . \tag{41}$$

Dabei bedeutet Θ_{α_i} mittlere Betriebsdauer des Systems, während der sich das Niveau der Funktionsfähigkeit nicht unter dem Niveau α_i befindet, wobei ein bestimmter Zeitabschnitt vorzugeben ist ($\Delta t = t_2 - t_1$).

Manchmal wird zur Bewertung der Zuverlässigkeit auch der *alpha-prozentuale Nutzeffekt* verwendet, d. h. die Wahrscheinlichkeit für einen Nutzeffekt des realen Systems, der in einem vorgegebenen Zeitabschnitt $\Delta t = t_2 - t_1$ nicht unter einem vorgegebenen Wert α% liegt.

Für diese Kenngröße erhält man die Beziehung

$$Q_\alpha(\Delta t) = \begin{vmatrix} Q_{\alpha_0}(\Delta t) \\ Q_{\alpha_1}(\Delta t) \\ \vdots \\ Q_{\alpha_m}(\Delta t) \end{vmatrix} , \tag{42}$$

mit $Q_{\alpha_i}(\Delta t)$ als Wahrscheinlichkeit dafür, daß das System im vorgegebenen Zeitabschnitt $\Delta t = t_2 - t_1$ einen *Nutzeffekt* nicht kleiner als α_i% hat.

Der Zusammenhang der alpha-prozentualen Kenngrößen mit der Kenngröße Funktionsgüte (34) ergibt sich offensichtlich aus der Beziehung (38).

Zur Analyse und Synthese komplizierter technischer Systeme können weitere Kenngrößen eingeführt werden, beispielsweise die Verfügbarkeit des Systems im i-ten Systemzustand $V_i(t)$, die mittlere Verweildauer des Systems im i-ten Systemzustand $\bar{T}_i$ u. a.

Tabelle 1

Kenngrößen der Zuverlässigkeit und Funktionseffektivität komplizierter technischer Systeme

Benennung	Formelzeichen	Erklärung	Bemerkung
Funktionsgüte zum Zeitpunkt t (relative Funktionseffektivität)	$G(t) = \frac{\Phi(t)}{\Phi_0(t)}$	Verhältnis der Funktionseffektivität des realen Systems $\Phi(t)$ zur Funktionseffektivität des Systems mit intakten Systemelementen unter nominalen Bedingungen $\Phi_0(t)$	Dient zur Einschätzung der Zuverlässigkeit des Systems zum Zeitpunkt t.
Funktionsgüte im Zeitabschnitt Δt	$G(\Delta t) = \int_{t_1}^{t_2} \Phi(t)dW(t)$	Funktionsgüte des Systems, die im Zeitabschnitt $\Delta t = t_2 - t_1$ gemittelt wurde.	Erlaubt die Bewertung der Zuverlässigkeit im vorgegebenen Zeitabschnitt mittels der Momentanwerte $\Phi(t)$ und der Wichtungsfunktion $dW(t)$, die den Nutzeffekt des Systems in Abhängigkeit von der Zeit charakterisiert.
Funktionsgüte im Zeitabschnitt Δt	$G(\Delta t) = \frac{\Phi(\Delta t)}{\Phi_0(\Delta t)}$	Verhältnis der mittleren Funktionseffektivität des realen Systems zur mittleren Funktionseffektivität des intakten Systems unter nominalen Bedingungen	Gestattet Beurteilung der Zuverlässigkeit des Systems im vorgegebenen Zeitabschnitt, wird auch als mittlerer Nutzeffekt bezeichnet.
alpha-prozentuale Verfügbarkeit	$V_\alpha(t)$	Wahrscheinlichkeit dafür, daß das System zu einem beliebigen Zeitpunkt eine Funktionseffektivität nicht unter α% hat.	Analogon zur Verfügbarkeit einfacher technischer Systeme

noch **Tabelle 1**

Benennung	Formelzeichen	Erklärung	Bemerkung
alpha-prozentuale Funktionsfähigkeit	$P_{\alpha}(\Delta t)$	Wahrscheinlichkeit dafür, daß das System im vorgegebenen Zeitabschnitt eine Funktionseffektivität nicht kleiner als α% hat.	Analogon zur Überlebenswahrscheinlichkeit einfacher technischer Systeme
alpha-prozentualer Nutzeffekt	$Q_{\alpha}(\Delta t)$	Wahrscheinlichkeit dafür, daß das System im vorgegebenen Zeitabschnitt einen „Nutzeffekt" hat, der nicht kleiner als α% ist. (Im Vergleich mit dem „Nutzeffekt" des intakten Systems)	
mittlere alpha-prozentuale Funktionsdauer	Θ_{α}	mittlere Betriebsdauer des Systems, während der die Funktionseffektivität im vorgegebenen Zeitabschnitt nicht unter α% liegt.	
mittlere Zeit bis zum 1. Unterschreiten eines vorgegebenen Funktionsniveaus	$\bar{T}_{\alpha}$	mittlere Betriebsdauer des Systems bis zum 1. Unterschreiten der Funktionseffektivität unter α%.	Analogon zur mittleren Zeit bis zum 1. Ausfall bei einfachen technischen Systemen

3.5. „Klassische" Zuverlässigkeitskenngrößen

Zur Bewertung der Zuverlässigkeit komplizierter technischer Systeme sind auch einzelne Kenngrößen geeignet, die bereits in der Zuverlässigkeitstheorie angewendet und hier als „klassische" Zuverlässigkeitskenngrößen bezeichnet werden, wie

1. Kenngrößen der Langlebigkeit
   a) mittlere effektive Lebensdauer $\bar{T}_{eff}$;

b) gamma-prozentuale effektive Lebensdauer T_{eff};
c) gamma-prozentuale Lebensdauer T_{γ};
d) mittlere Lebensdauer bis zur Grundinstandsetzung $\bar{T}_{HI}$;
e) mittlere Lebensdauer bis zur Abschreibung (Aussonderung) $\bar{T}_{AB}$.

2. Kenngrößen der Instandhaltungseignung

a) mittlere vorbeugende Instandhaltungsdauer $\bar{T}_{VI}$.

3. Kenngrößen der Lagerungs- und Transporteignung

a) mittlere Transport- und Lagerungseignungsdauer $\Theta_{L/T}$;
b) gamma-prozentuale Transport- und Lagerungseignungsdauer $\Theta_{L/T\gamma}$.

Die Definitionen dieser Kenngrößen sind in der TGL 26096/1 [14] gegeben. Die anderen in diesem DDR-Standard definierten Zuverlässigkeitsgrößen sind nicht oder nur bedingt auf komplizierte technische Systeme anwendbar. Das ergibt sich prinzipiell aus dem Umstand, daß sie zur Charakterisierung einfacher Systeme definiert und eingeführt wurden und keine Funktionsbeschreibung komplizierter Systeme gestatten. Eine Ausnahme bildet lediglich der Ausfallzustand eines komplizierten Systems, der zwar mittels der entsprechenden „klassischen" Kenngrößen beschrieben werden kann, jedoch zweckmäßigerweise mittels einer alpha-prozentualen Kenngröße (Abschnitt 3.4.) charakterisiert wird.

Hinzukommt natürlich, daß der Ausfall eines komplizierten Systems relativ selten eintritt und in der praktischen Arbeit vorrangig die Abhängigkeit der Zuverlässigkeit vom Niveau der Funktionsfähigkeit interessiert.

Tatsächlich ermöglichen solche Kenngrößen wie die *mittlere Zeit bis zum 1. Ausfall,* der *mittlere Ausfallabstand* oder die *Wahrscheinlichkeit der ausfallfreien Arbeit* keine oder bestenfalls nur unbefriedigende Aussagen über das Niveau der Funktionsfähigkeit komplizierter Systeme bei Ausfall von Systemelementen.

Zur Beschreibung des Funktionsverhaltens der Systemelemente komplizierter technischer Systeme werden die „klassischen" Zuverlässigkeitskenngrößen ohne Einschränkungen verwendet, vorausgesetzt, daß die Systemelemente nur zwei Niveaus der Funktionsfähigkeit aufweisen (arbeitsfähig oder ausgefallen). Andernfalls ist ihre Beschreibung nur mittels der Kenngrößen möglich, die für komplizierte Systeme geeignet sind.

Folglich dienen zur Bewertung der Zuverlässigkeit komplizierter Systeme sowohl Kenngrößen der Funktionseffektivität als auch „klassische" Zuverlässigkeitskenngrößen, und zwar:

1. Für das gesamte System:

a) die Kenngröße „Funktionsgüte" (Abschnitt 3.3.),
b) alpha-prozentuale Kenngrößen (Abschnitt 3.4.),
c) ausgewählte klassische Zuverlässigkeitskenngrößen entsprechend Abschnitt 3.5.

2. Für die Systemelemente:

a) die klassischen Zuverlässigkeitskenngrößen nach TGL 26096/1 [14], wenn die Systemelemente nur zwei Niveaus der Funktionsfähigkeit aufweisen (arbeitsfähig und ausgefallen),

b) die Kenngröße „Funktionsgüte", alpha-prozentuale Kenngrößen und ausgewählte Zuverlässigkeitskenngrößen entsprechend 1a) bis c), wenn die Systemelemente mehrere Niveaus der Funktionsfähigkeit ($m > 2$) aufweisen.

Demzufolge werden bei Zuverlässigkeitsuntersuchungen komplizierter technischer Systeme stets Kenngrößen der Funktionseffektivität und „klassische" Zuverlässigkeitskenngrößen benötigt.

4. Berechnung der Zuverlässigkeit komplizierter Systeme

4.1. Grundsätzliches

Die quantitative Ermittlung der *Funktionsgüte* sowie der alpha-prozentualen Zuverlässigkeitskenngrößen ist eine entscheidende Aufgabe zur Beurteilung der Zuverlässigkeit komplizierter technischer Systeme.

Der zahlenmäßige Wert dieser Kenngrößen ist für folgendes erforderlich:

1. technisch-ökonomische Aufgabenstellungen zur Entwicklung technischer Systeme;
2. Bewertung der Zuverlässigkeit technischer Systeme während der Entwicklungs- und Konstruktionsarbeiten sowie der Produktion;
3. Einschätzung der Zuverlässigkeit während der Lagerung, Nutzung und Instandhaltung.

Offensichtlich sind dafür entsprechende Angaben nötig, die je nachdem, ob sich das betrachtete System noch in der Entwicklung oder bereits in der Nutzung befindet, unterschiedlichen Inhalt haben.

Beispielsweise müssen für Zuverlässigkeitsberechnungen zu Beginn der Entwicklungs- und Konstruktionsarbeiten folgende Angaben bekannt sein:

1. verbale Beschreibung, Block- bzw. Funktionsschaltbild, Funktionen (Aufgaben) des Systems;
2. eine Grobanalyse des vorgesehenen Systemeinsatzes (Einsatzzustände, Einsatzablauf, Einsatzstrategie, Einsatzbedingungen, Instandhaltungsstrategie);
3. Definition der Systemzustände, der *Funktionseffektivität* und des Begriffs *Ausfall des Systems;*
4. Zustandsdiagramm des Systems und die relevanten Systemzustände;
5. Methode zur Ermittlung der Zustandswahrscheinlichkeiten;
6. Anzahl und Art der Systemelemente;
7. Ausfall- und Erneuerungsraten der Systemelemente.

In jedem Fall sind für das betrachtete System spezifizierte Schritte für die Vorbereitung und Durchführung der Zuverlässigkeitsberechnungen festzulegen. Dabei sollte die Abhängigkeit der Funktionseffektivität und Zuverlässigkeit von der Einsatz- und Instandhaltungsstrategie sowie vom subjektiven Einfluß des Bedienungs- und Instandhaltungspersonals besondere Berücksichtigung finden (Kapitel 5.).

4.2. Berechnung der Kenngröße Funktionsgüte

Für die Berechnung der Zuverlässigkeitskenngrößen komplizierter Systeme, speziell der *Funktionsgüte,* ist insbesondere das Verhältnis der Einsatzdauer t_E des betrachteten Systems zur mittleren Verweildauer $\bar{T}_j$ des Systems im j-ten

Systemzustand zu beurteilen. Davon hängt nämlich die Auswahl der jeweiligen Berechnungsmethode ab, wie noch gezeigt wird. Deshalb hat sich in der Praxis die Unterscheidung von Systemen nach der Dauer ihres Einsatzes als zweckmäßig erwiesen [1, 4, 15, 16]. Man unterscheidet folgende:

1. Systeme für den Kurzzeitbetrieb – charakterisiert dadurch, daß der zu Beginn des Einsatzes vorhandene Systemzustand im Verlaufe des Einsatzes mit einer Wahrscheinlichkeit nahe 1 quasi unverändert bleibt, d. h. ein fast sicheres Ereignis darstellt.
2. Systeme für den Langzeitbetrieb – charakterisiert dadurch, daß sich der Zustand des betreffenden Systems im Verlaufe des Einsatzes mit großer Wahrscheinlichkeit verändern wird.

Diese Definitionen sind aus physikalisch-mathematischer Sicht nicht exakt, haben jedoch für die praktische Arbeit reale Bedeutung erlangt. – Außerdem ist es vorteilhaft, für Zuverlässigkeitsberechnungen auch die Bedienungssysteme als eine besondere Klasse von Systemen zu behandeln.

4.2.1. Berechnung der Funktionsgüte technischer Systeme im Langzeitbetrieb

Im Langzeitbetrieb verändern komplizierte technische Systeme ihre Funktionseffektivität mit einer bestimmten Wahrscheinlichkeit. Dieser Prozeß ist, wie bereits in Abschnitt 3.2. dargelegt, durch den Ausfall bzw. durch den Übergang von Systemelementen auf ein niedrigeres Niveau der Funktionsfähigkeit bedingt.

Der Zusammenhang zwischen der Einsatzdauer t_E und der Zustandsänderung eines Systems im Langzeitbetrieb wird durch die Ungleichung $\Delta t < T_j$ charakterisiert, wobei T_j die Verweildauer des Systems im j-ten Systemzustand bedeutet. In Abbildung 15 ist jeweils eine mögliche Realisierung der Funktionsfähigkeit eines Systems mit stetiger bzw. diskreter Veränderung des Systemzustandes vereinfacht dargestellt. Offensichtlich läßt sich die Funktionsgüte eines solchen Systems im Zeitintervall $\Delta t = t_E - t_0$ nur durch Integration über die Menge aller Realisierungen (Trajektorien) der Zustandsänderungen ermitteln.

Im allgemeinen Fall erfolgt deshalb die Berechnung der Funktionsgüte eines technischen Systems mit Langzeitbetrieb entsprechend Formel (36) nach folgender Beziehung:

$$G(\Delta t) = \int_{S_\psi} G(\psi) dP(\psi) \qquad (43)$$

mit

G – Funktionsgüte des Systems im Zeitintervall $\Delta t = t_E - t_0$;

$G(\psi)$ – Funktionsgüte der ψ-ten Realisierung („Gewicht" der ψ-ten Trajektorie, $G(\psi) = \Phi(\psi)/\Phi(\psi_0)$;

$\Phi(\psi_0)$ – Trajektorie der Funktionseffektivität des Systems bei Intaktheit aller Systemelemente;

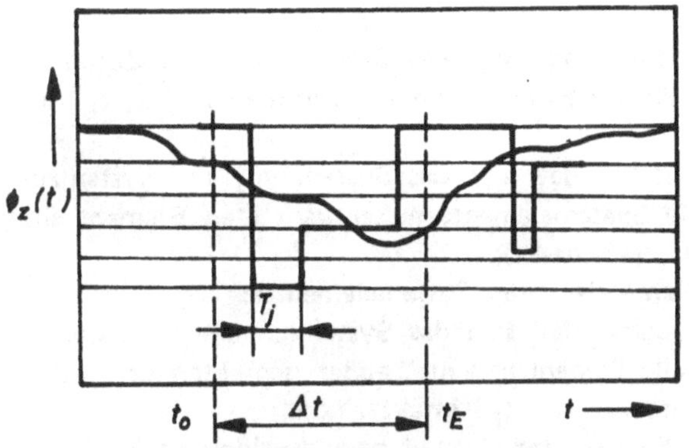

Abb. 15. Beziehungen zwischen der Veränderung der Funktionsfähigkeit und Einsatzdauer für Systeme im Langzeitbetrieb (mögliche Realisierungen)

$\Phi(\psi)$ – Trajektorie des realen Systems;
$dP(\psi)$ – Wahrscheinlichkeit dafür, daß im Zeitintervall $\Delta t = t_E - t_0$ die ψ-te Realisierung der Zustandsänderung erfolgt;
S_ψ – Gesamtheit aller Trajektorien mit $G(\psi) \neq 0$ im Zeitintervall $[t_0, t_E]$.

Diese Beziehung ist zur Berechnung komplizierter technischer Systeme mit beliebigem physikalisch-technischem Inhalt der Kenngröße *Funktionseffektivität* verwendbar.

Ihre Anwendungsmöglichkeiten sind jedoch insofern beschränkt, als die Ableitung und Berechnung der Funktionale $G(\psi)$ sowie die Berechnung des Integralausdruckes, der in Mehrfachintegrale übergeht, oft erhebliche Schwierigkeiten bereiten. Formel (43) wird deshalb vorzugsweise für technische Systeme mit wenigen und nichtwiederherstellbaren Systemelementen angewendet.

Die Ermittlung der Funktionsgüte $G(\psi)$ hängt also unmittelbar vom jeweiligen System ab und erfordert sorgfältige systemanalytische Arbeit. Dabei ist meistens die direkte Ermittlung des Wertes $G(\psi)$ möglich, so daß keine gesonderte Bestimmung der Realisierungen $\Phi(\psi)$ und $\Phi(\psi_0)$ erforderlich ist. Dafür kann jedoch kein allgemeingültiger Algorithmus gegeben werden.

Für ein System mit N binären Systemelementen, deren Ausfälle voneinander unabhängig und die nicht wiederherstellbar sind, ergibt sich nach [1]:

$$G(\Delta t) = G_0 P_0 + \sum_{i=1}^{N} P_i \int_{t_0}^{t_E} G_i(t_i) f_i(t_i) dt + \sum_{1 \leq i<j \leq N} P_{ij} \int_{t_0}^{t_E} f_i(t_i) dt_i \int_{t_0}^{t_E} G_{ij}(t_i, t_j) f_j(t_j) dt_j$$
$$+ \sum_{1 \leq i<j<k \leq N} P_{ijk} \int_{t_0}^{t_E} f_i(t_i) dt_i \int_{t_0}^{t_E} f_j(t_j) dt_j \int_{t_0}^{t_E} G_{ijk}(t_i, t_j, t_k) f_k(t_k) dt_k + \ldots \quad (44)$$

Hierbei bedeuten

P_0 – Wahrscheinlichkeit dafür, daß sich das System in einem Zustand befindet, in dem alle Systemelemente im Zeitintervall $[t_0, t_E]$ intakt sind;

P_i – Wahrscheinlichkeit dafür, daß sich das System im i-ten Systemzustand befindet (alle Systemelemente außer dem i-ten Element sind im Zeitintervall $[t_0, t_E]$ intakt);

$f_i(t_i)$ – Ausfallverteilungsdichte des i-ten Systemelementes;

P_{ij} – Wahrscheinlichkeit dafür, daß sich das System in einem Zustand befindet, in dem alle Systemelemente, außer dem i-ten und j-ten Element, im Zeitintervall $[t_0, t_E]$ intakt sind;

$G_i(t_i)$ – Funktionsgüte des Systems bei Ausfall bzw. verringerter Funktionseffektivität des i-ten Systemelementes $(t_0 < t_i < t_E)$;

$G_{ij}(t_i, t_j)$ – Funktionsgüte des Systems bei Ausfall bzw. verringerter Funktionseffektivität des i-ten und j-ten Systemelementes $(t_0 < t_i < t_E$, $t_0 < t_j < t_E)$.

Diese Beziehung kann wesentlich vereinfacht werden für den Fall, daß

$$\max \int_{t_0}^{t_E} f_i(t_i)dt_i \ll \frac{1}{N}$$

ist. Dann wird

$$G(\Delta t) \approx 1-\sum_{i=1}^{N} [q_i(t) - \int_{t_0}^{t_E} G_i(t_i)f_i(t_i)dt_i] \qquad (45)$$

mit $q_i = 1 - p_i(t)$ – Ausfallwahrscheinlichkeit des i-ten Systemelementes und einer Abweichung

$$\delta \sim \frac{N(N-1)}{2} \max [q_i(t)]^2.$$

Für ein System mit zwei Systemelementen gilt folgender Ansatz zur Berechnung der Funktionsgüte: Gegeben sei ein nichtwiederherstellbares System mit N = 2 Systemelementen. Die Systemelemente bilden einfache Systeme. Die Wahrscheinlichkeit der ausfallfreien Arbeit der Systemelemente sei p_i $(i = 1, 2)$. Die Ausfälle der Systemelemente seien voneinander unabhängig; der Ausfall des i-ten Systemelementes geschieht zu einem zufälligen Zeitpunkt t_i $(i = 1, 2)$ mit der Wahrscheinlichkeitsdichte $f_i(t_i)$. Der Einsatz des Systems erfolgt im Zeitintervall $\Delta t = t_E - t_0$. Dann ist der Zusammenhang zwischen Systemzustand, der Trajektorie und der Wahrscheinlichkeit ihres Eintretens sowie der Funktionsgüte in allgemeiner Form aus Tabelle 2 ersichtlich.

Tabelle 2

System-zustand	Systemcharakteristik	System-Trajektorie	Wahrscheinlichkeit der Trajektorie	Funktions-effektivität	Funktionsgüte
z_0	Systemelemente Nr. 1 und Nr. 2 intakt im Zeitintervall $[t_0 \leq t \leq t_E]$	$\psi_0(t)$	$dP\{\psi_0(t)\} = p_1(t)p_2(t)$	$\Phi_0(t)$	$G_0(t) = 1$
z_1	Element Nr. 1 ausgefallen zum Zeitpunkt (t_1, t_1+dt_1); Element Nr. 2 intakt im Zeitintervall $[t_0 \leq t \leq t_E]$	$\psi_1(t_1)$	$dP\{\psi_1(t_1)\} = p_2(t)f_1(t_1)dt_1$	$\Phi_1(t_1)$	$G_1(t_1) = \frac{\Phi_1(t_1)}{\Phi_0(t)}$
z_2	Element Nr. 1 intakt im Zeitintervall $[t_0 \leq t \leq t_E]$; Element Nr. 2 ausgefallen zum Zeitpunkt (t_2, t_2+dt_2)	$\psi_2(t_2)$	$dP\{\psi_2(t_2)\} = p_1(t)f_2(t_2)dt_2$	$\Phi_2(t_2)$	$G_2(t_2) = \frac{\Phi_2(t_2)}{\Phi_0(t)}$
z_3	Element Nr. 1 ausgefallen zum Zeitpunkt (t_1, t_1+dt_1); Element Nr. 2 ausgefallen zum Zeitpunkt (t_2, t_2+dt_2)	$\psi_{12}(t_1, t_2)$	$dP\{\psi_{12}(t_1, t_2)\} = f_1(t_1)f_2(t_2)dt_1dt_2$	$\Phi_{12}(t_1, t_2)$	$G_{12}(t_1, t_2) = \frac{\Phi_{12}(t_1, t_2)}{\Phi_0(t)}$

Auf der Grundlage von (44) läßt sich aus diesen Angaben die Funktionsgüte dieses Systems nach folgender Formel berechnen:

$$G(\Delta t) = G_0 P_0 + p_2(t) \int_{t_0}^{t_E} f_1(t_1) G_1(t_1) dt_1 + p_1(t) \int_{t_0}^{t_E} f_2(t_2) G_2(t_2) dt_2$$
$$+ \int_{t_0}^{t_E} f_1(t_1) dt_1 \int_{t_1}^{t_E} f_2(t_2) G_{12}(t_1, t_2) dt_2, \qquad (46)$$

mit $P_0 = p_1(t) p_2(t)$.

Beispiel 11

Gegeben:
Versuchsanlage für die Pilotproduktion eines bestimmten Rohstoffes. Das System bestehe aus zwei Aggregaten, deren Ausfälle voneinander unabhängig sein und einer Exponentialverteilung genügen sollen. Die Ausfallraten sollen sich entsprechen, d. h. $\lambda_1 = \lambda_2 = \lambda$.

Als Kenngröße der Funktionseffektivität des Systems wird die Menge des produzierten Rohstoffes (mit bestimmten Qualitätsmerkmalen) während der Einsatzdauer t_E definiert, d. h. $\Phi_0(t) = M_0 t_E$. Dabei bedeutet M_0 die mit intakten Aggregaten produzierte Rohstoffmenge. Fällt ein beliebiges Aggregat aus, dann verringert sich diese Menge auf M_1.

Gesucht:
Funktionsgüte der Pilotanlage

Lösung:
Das System kann sich in folgenden Zuständen befinden:
z_0 – beide Aggregate intakt während des Zeitintervalls $[t_0, t_E]$;
z_1 – ein Aggregat ausgefallen zum Zeitpunkt $(t_1, t_1 + dt_1)$, das zweite Aggregat intakt im Zeitintervall $[t_0, t_E]$;
z_2 – ein Aggregat ausgefallen zum Zeitpunkt $(t_1, t_1 + dt_1)$, das zweite Aggregat ausgefallen zum Zeitpunkt $(t_2, t_2 + dt_2)$.

Ausgehend davon werden für die Systemzustände folgende Abhängigkeiten abgeleitet:

Systemzustand z_0:

Funktionseffektivität	$\Phi_0 = M_0 t_E$,
Funktionsgüte	$G(\psi_0) = \Phi_0/\Phi_0 = 1$,
Wahrscheinlichkeit	$dP(\psi) = e^{-2\lambda t_E} dt$.

Systemzustand z_1:

Funktionseffektivität	$\Phi_1 = M_0 t_1 + M_1(t_E - t_1)$,
Funktionsgüte	$G(\psi_1) = \dfrac{\Phi_1}{\Phi_0} = \dfrac{t_1}{t_E} + \dfrac{M_1}{M_0} \dfrac{t_E - t_1}{t_E}$,
Wahrscheinlichkeit	$dP(\psi) = 2\lambda \exp[-\lambda(t_1 + t_E)] dt$.

Systemzustand z_2:

Funktionseffektivität	$\Phi_2 = M_0 t_1 + M_1(t_2 - t_1)$,
Funktionsgüte	$G(\psi_2) = \dfrac{t_1}{t_E} + \dfrac{M_1}{M_0} \dfrac{t_2 - t_1}{t_E}$,

Wahrscheinlichkeit $dP(\psi) = 2\lambda^2 \exp[-\lambda(t_1 + t_2)]dt.$

Die Verteilungsdichten ergeben sich aus der Beziehung

$$f_i(t) = \frac{dq_i(t)}{dt} = -\frac{dp_i(t)}{dt}.$$

Damit wird

$$f_1(t) = -\frac{d}{dt}(e^{-\lambda t_1}) = \lambda e^{-\lambda t_1} \qquad f_2(t) = \lambda e^{-\lambda t_2}.$$

Gemäß (45) ergibt sich die Funktionsgüte des Systems zu

$$G(\Delta t) = G_0 P_0 + \frac{2e^{-\lambda t_E}}{t_E} \int_{t_0}^{t_E} [kt_E + (1-k)t_1]\lambda e^{-\lambda t_1} dt$$

$$+ \frac{2\lambda^2}{t_E} \int_{t_0}^{t_E} \int_{t_1}^{t_E} [kt_2 + (1-k)t_1] e^{-\lambda(t_1+t_2)} dt_1 dt_2$$

$$= \frac{1}{\lambda t_E} [\frac{1}{2} + k - 2ke^{-\lambda t_E} - (\frac{1}{2} - k) e^{-2\lambda t_E}],$$

mit $k = M_1/M_0$.

Schließlich sei festgestellt, daß die Trajektorien $G(\psi)$ natürlich auch durch Anwendung geeigneter Simulationsverfahren ermittelt werden können.

4.2.2. Berechnung der Funktionsgüte technischer Systeme im Kurzzeitbetrieb

Für diese Systeme, die ihr Funktionsniveau während des Einsatzes unverändert beibehalten, ist charakteristisch:

1. sehr kurze Funktionsdauer bei hoher Zuverlässigkeit (z. B. Grobstrukturröntgengeräte, Fotoapparate, Analysegeräte, Kontroll- und Überwachungsanlagen) oder
2. sehr hohe Zuverlässigkeit bei relativ langer Funktionsdauer (z. B. Sende-Empfang-System eines Wettersatelliten, Reanimations- und Überwachungssystem).

Der Zusammenhang zwischen der Einsatzdauer t_E des Systems und der Änderung seines Zustandes ist für eine mögliche Realisierung $\Phi_z(t)$ vereinfacht aus Abbildung 16 ersichtlich. Das betrachtete System befindet sich während seines Einsatzes in einem bestimmten Systemzustand, der sich im Zeitintervall $\Delta t = t_E - t_0$ nicht ändert.

Charakteristisch für Systeme im Kurzzeitbetrieb ist folglich die Bedingung $\Delta t < T_j$, mit T_j – Verweildauer des Systems im j-ten Systemzustand.

Unter Berücksichtigung dieser Bedingungen wird die Funktionsgüte folgendermaßen ermittelt, d. h. für Systeme:

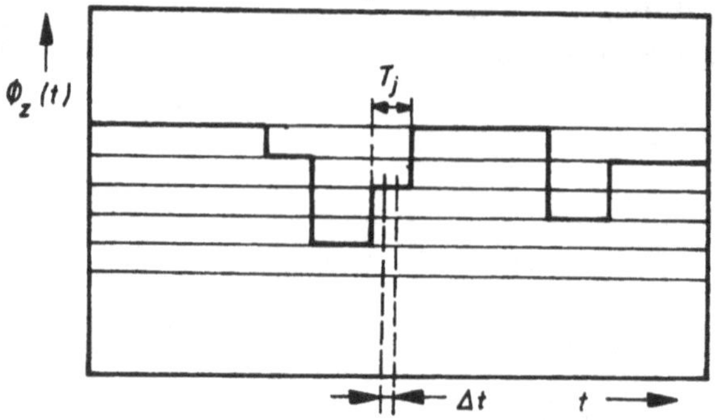

Abb. 16. Beziehungen zwischen der Veränderung der Funktionsfähigkeit und Einsatzdauer für Systeme im Kurzzeitbetrieb (mögliche Realisierung)

1. mit *einer* Funktion (Aufgabe)

$$G(t) = \sum_{i=1}^{m} G_i(t)P_i(t); \tag{47}$$

2. mit *mehreren* Funktionen (Aufgaben)

$$G(t) = P_0(t) + \sum_{i=1}^{m} \sum_{j=1}^{u} F_j G_i(t)P_i(t). \tag{48}$$

Darin bedeuten

$P_0(t)$ – Wahrscheinlichkeit dafür, daß sich das System in einem Zustand befindet, in dem alle Systemelemente arbeitsfähig sind;

F_j – Wahrscheinlichkeit dafür, daß das System die j-te Funktion (Aufgabe) erfüllt;

P_i – Wahrscheinlichkeit, mit der sich das System im i-ten Systemzustand befindet;

G_i – Funktionsgüte des i-ten Systemzustandes;

u – Anzahl der Funktionen (Aufgaben) des Systems;

m – Anzahl der Systemzustände.

Wird die Bedingung $\Delta t < T_j$ erfüllt, so vereinfacht sich die Ermittlung der Wahrscheinlichkeit, mit der sich das System in den verschiedenen Systemzuständen befindet (Abschnitt 2.4.1.). Für Systeme, deren Systemelemente nur zwei Niveaus der Funktionsfähigkeit aufweisen, ergibt sich die Wahrscheinlichkeit $P_i(t)$, mit der sich das betrachtete System im i-ten Systemzustand befindet, aus:

$$P_i(t) = \prod_{(i_1)} p_{i_1}(t) \prod_{(i_0)} [1 - p_{i_0}(t)]$$

bzw. (49)

$$V_i(t) = \prod_{(i_1)} V_{i_1}(t) \prod_{(i_0)} [1 - V_{i_0}(t)]$$

mit

$V_i(t)$ – Verfügbarkeit des i-ten Systemelementes zum Zeitpunkt t;

$p_i(t)$ – Wahrscheinlichkeit der ausfallfreien Arbeit des i-ten Systemelementes zum Zeitpunkt t;

i_1 – Indizes der Komponenten, die im i-ten Systemzustand arbeitsfähig sind;

i_0 – Indizes der Komponenten, die im i-ten Systemzustand ausgefallen sind.

Folglich ist die Berechnung eines komplizierten Systems im Kurzzeitbetrieb nach folgender Methodik möglich:

Gegeben sei ein System mit N Systemelementen, deren Ausfälle voneinander unabhängig sind. Die Systemelemente stellen einfache Systeme dar, d. h. sie sind entweder arbeitsfähig oder ausgefallen. Das betrachtete System hat damit eine endliche Anzahl unvereinbarer Zustände $z = 2^N$, die folgendermaßen bezeichnet werden:

z_0 – alle Systemelemente arbeitsfähig;

z_i – i-tes Systemelement ausgefallen;

z_{ij} – i-tes und j-tes Systemelement ausgefallen;

$z_{ij\ldots m}$ – i-tes, j-tes, . . ., m-tes Systemelement ausgefallen;

$z_{1,2,\ldots N}$ – alle Systemelemente ausgefallen.

Die Wahrscheinlichkeit, mit der sich das System im jeweiligen Systemzustand befindet, wird bei Verwendung der gleichen Indizes wie folgt bezeichnet: P_0, P_i, P_{ij}, $P_{ij\ldots m}$, $P_{12\ldots N}$.

Damit ergibt sich aus Formel (46) zur Berechnung der Funktionsgüte die Abhängigkeit

$$G(t) = G_0P_0 + \sum_{(i)} G_iP_i + \sum_{(ij)} G_{ij}P_{ij} + \ldots + \sum_{(i,j,\ldots m)} G_{ij\ldots m}P_{ij\ldots m} + \ldots + G_{12\ldots N}P_{12\ldots N}. \qquad (50)$$

Natürlich muß stets die Bedingung erfüllt sein, daß

$$G_0 + \sum_{i=1}^{N} P_i + \sum_{\substack{i,j=1\\ i<j}}^{N} P_{ij} + \ldots + \sum_{\substack{i,j,\ldots,m=1\\ i<j<\ldots<m}}^{N} P_{ij\ldots m} + \ldots + P_{12\ldots N} = 1$$

ist.

Die Wahrscheinlichkeit, mit der sich das System im betreffenden Zustand befindet, kann der nachstehenden Tabelle gemäß ermittelt werden, da die Ausfälle der Systemelemente voneinander unabhängig sind.

Systemzustand	Zustandswahrscheinlichkeit
z_0	$P_0 = \prod_{l=1}^{N} p_l$
z_i	$P_i = \frac{q_i}{p_i} \prod_{l=1}^{N} p_l = \gamma_i P_0$
z_{ij}	$P_{ij} = \frac{q_i q_j}{p_i p_j} \prod_{l=1}^{N} p_l = \gamma_i \gamma_j P_0$
$z_{ij\ldots m}$	$P_{ij\ldots m} = \gamma_i \gamma_j \cdots \gamma_m P_0$
$z_{12\ldots N}$	$P_{12\ldots N} = \prod_{l=1}^{N} \gamma_l P_0 = \prod_{l=1}^{N} q_l$

Dabei bedeuten

p_i — Wahrscheinlichkeit der ausfallfreien Arbeit des i-ten Systemelementes;

$q_i = 1 - p_i$ — Ausfallwahrscheinlichkeit des i-ten Systemelementes.

Nach Einsetzen dieser Abhängigkeiten in Formel (50) wird

$$G = G_0 P_0 + \sum_{(i)} G_i \gamma_i P_0 + \sum_{(i,j)} G_{ij} \gamma_{ij} P_0 + \ldots$$

und mit $G_0 = 1$

$$G = P_0 (1 + \sum_{(i)} G_i \gamma_i + \sum_{(i,j)} G_{ij} \gamma_{ij} + \ldots + \sum_{(i,j,\ldots,m)} G_{ij\ldots m} \gamma_{ij\ldots m} + \ldots + G_{12\ldots N} \gamma_{12\ldots N}) \quad (51)$$

Diese Beziehung läßt sich für kleine Werte der Ausfallwahrscheinlichkeit q_i weiter vereinfachen, wenn die Bedingung max $(q_i) \ll 1/N$ erfüllt ist [1]. Dann ergibt sich:

$$G \approx P_0 (1 + \sum_{i=1}^{N} G_i \gamma_i),$$

und unter Berücksichtigung von

$$P_0 = \prod_{l=1}^{N} p_l = \prod_{l=1}^{N} (1 - q_l) \approx 1 - \sum_{l=1}^{N} q_l,$$

$$\gamma_i = q_i / p_i \approx q_i$$

wird die Funktionsgüte des betrachteten Systems

$$G \approx 1 - \sum_{i=1}^{N} q_i (1 - G_i) \quad (52)$$

mit einem Berechnungsfehler (Abschätzung nach unten) in der Größenordnung

$$\delta \sim \frac{N(N-1)}{2} [\max(q_i)]^2 .$$

Bei wiederherstellbaren technischen Systemen werden anstelle der Wahrscheinlichkeit der ausfallfreien Arbeit $P_i(t)$ des i-ten Systemelementes die entsprechenden Werte der Verfügbarkeit $V(t)$ bzw. der Intervallverfügbarkeit $V(\Delta t)$ verwendet. Allerdings ist zu beachten, daß die Intervallverfügbarkeit $V_i(\Delta t)$ nur für eine Exponentialverteilung des Ausfallverhaltens der Systemelemente durch den Ausdruck $V_i(\Delta t) = V_i(t)p_i(\Delta t)$ beschreibbar ist.

Der in Abbildung 16 ersichtliche Verlauf der Traiektorie ist aber für den allgemeinen Fall ein vereinfachtes Abbildung, weil

1. die Mittelwerte der Zustandstrajektorie als geradlinig horizontal dargestellt sind;
2. die Übergänge des Systems in die verschiedenen Zustände als Momentanübergänge (vertikale Linien) erfolgen.

Untersuchungen von DSIRKAL [15, 16] zeigen, daß bei Verwendung der Intervallverfügbarkeit nicht nur die „horizontalen" Abschnitte der Trajektorie des i-ten Systemzustandes, sondern auch folgende „Übergangsabschnitte" der Trajektorien berücksichtigt werden:

1. Übergänge aus Systemzuständen mit höherem Funktionsniveau in das betrachtete i-te Funktionsniveau;
2. Übergänge aus dem i-ten Funktionsniveau in höhere Niveaus (z. B. infolge Instandsetzung von Systemelementen).

Diese Übergänge sind in Abbildung 17 als Pfeile dargestellt.

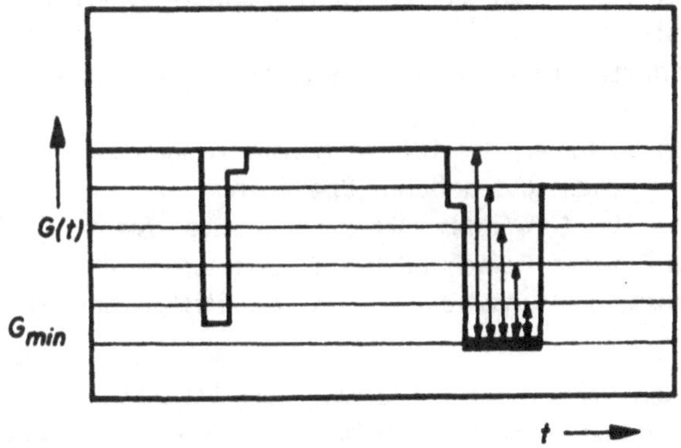

Abb. 17. Übergänge der Funktionsgüte in bzw. aus Zustand G_{min}

Das „niedrigste" Funktionsniveau, d. h. der zulässige Minimalwert der Funktionsgüte, ist darin durch eine verstärkte Linie gekennzeichnet.

Bei der Berechnung der Funktionsgüte nach den Formeln (47) und (48), unter Anwendung der Intervallverfügbarkeit $V(\Delta t)$, werden diese Übergangstrajektorien der Funktionsgüte G_{min} zugeordnet. Damit wird nach [16] eine genaue Lösung für diejenigen Systeme erhalten, deren Funktionseffektivität (bei jeder Realisierung) dem Minimalwert Φ_{min} entspricht. Da in den meisten praktischen Fällen das Funktionsniveau höher liegt als der zulässige Minimalwert, wird mit den Formeln (46) bis (48) stets der ungünstigste Fall berechnet.

Daraus folgt, daß die Anwendung der Intervallverfügbarkeit anstelle der Verfügbarkeit die Anwendungsbreite der Formeln (47) und (48) ganz wesentlich erweitert. Dadurch ist die Berechnung der Funktionsgüte verschiedener technischer Systeme unabhängig von ihrer Funktionsdauer möglich.

Die Zustandswahrscheinlichkeiten können also für technische Systeme im Kurzzeitbetrieb unter Umständen recht einfach ermittelt werden. Anders verhält es sich mit der Ermittlung der Funktionsgüte der Systemzustände im allgemeinen Fall.

Zur Berechnung der Funktionsgüte von Systemen im Kurzzeitbetrieb muß entsprechend Formel (47) der zahlenmäßige Wert G aller Systemzustände ermittelt werden. Diese Aufgabe erweist sich in der Praxis oft als recht kompliziert. Zur Ermittlung der G-Werte seien folgende Empfehlungen gegeben [15, 16], die sich für eine größere Klasse von Systemen als zweckmäßig erwiesen haben.

1. Die Funktionseffektivität des Systems hat sich infolge verminderter Leistungsparameter verringert.
   Die Funktionseffektivität einer Vielzahl technischer Systeme kann durch kleinere zahlenmäßige Werte charakterisiert werden:

   a) der *Arbeitsgeschwindigkeit* von Maschinen, Geräten, Produktionsmitteln, Datenverarbeitungsanlagen;
   b) der *Zeitdauer* eines bestimmten Regel- und Steuerprozesses, Meß- und Prüfvorganges;
   c) der *Durchlaßfähigkeit* von Systemen der Informationsübertragung;
   d) der *Kapazität* von elektronischen und anderen Speichern;
   e) des *Volumens,* der *Fläche,* des *Gewichtes,* der *geometrischen Konfiguration* u. a. Parameter, die in der Forschung, im Entwicklungs- und Produktionsprozeß, bei Instandhaltungsarbeiten usw. als Effektivitätsmaß dienen.

In diesen und ähnlichen Fällen kann die Funktionsgüte des j-ten Systemzustandes G_j oft unmittelbar gemessen, experimentell bestimmt oder berechnet werden. Die Funktionsgüte des Systems im j-ten Systemzustand entsprechend Formel (43) ergibt sich dann einfach zu:

$$G_j = \frac{\Phi_j}{\Phi_0} \quad (53)$$

mit

Φ_j – Funktionseffektivität des Systems im j-ten Systemzustand;

Φ_0 – Funktionseffektivität des Systems im nominalen Zustand;

G_j – Funktionsgüte des j-ten Systemzustandes.

Beispiel 12

Gegeben:
Mehrkanaliges Nachrichtensystem mit n = 120 Kanälen und einer Übertragungskapazität von ü = 200 Boud pro Kanal. Die Kanäle haben übereinstimmende Zuverlässigkeitswerte, d. h. gleiche Wahrscheinlichkeiten der ausfallfreien Arbeit $p_1 = p_2 \ldots = p$.

Gesucht:
Funktionsgüte bei Ausfall von $n_1 = 10$ Kanälen unter Berücksichtigung der Zuverlässigkeit der Kanäle.

Lösung:
Gemäß (52) ergibt sich:

$$G_j = \frac{\Phi_j}{\Phi_0} = \frac{(n-n_1)\,\text{üp}}{n\text{üp}} = \frac{110}{120} = 0{,}9166.$$

2. Die Systemeffektivität des Systems (Bedienungssystem) hat sich infolge nicht bedienter Anforderungen verringert.
   Die Bewertung der Funktionsgüte der verschiedenen Zustände, in denen sich das System je nach der Anzahl der nicht bedienten Forderungen befinden kann, ist oft mittels folgender Abhängigkeiten möglich:

$$G_j = 1 - Q_j. \quad (54)$$

   Dabei bedeutet Q_j den Anteil der nicht bedienten Forderungen des eintreffenden Forderungsstromes (Abschnitt 4.2.3.).

Diese Beziehung ist auch auf Systeme anwendbar, deren Systemeffektivität kleinere Werte einer meßbaren Größe (Volumen, Fläche, Masse, Stückzahl) angenommen hat.

Sofern nicht bediente Forderungen vorliegen, errechnet sich die Funktionsgüte des Beispiels 12 nach (54) zu

$$G_j = 1 - Q_j = 1 - \frac{n_1}{n} = 1 - 0{,}0833 = 0{,}9166.$$

3. Die Funktionseffektivität des Systems hat sich infolge geringerer Qualität vermindert.
   Diese Situation kann in der Praxis durchaus gegeben sein. Dann ist die

quantitative Einschätzung der Funktionsgüte der möglichen Systemzustände eine komplizierte Aufgabe, die *systemanalytische Untersuchungen*[8] erfordert. Grundsätzlich sind nämlich jene Faktoren zu ermitteln, die zur Verringerung der Funktionseffektivität führen. Daraufhin sind die Abhängigkeit der Funktionseffektivität von diesen Faktoren sowie die Werte der Funktionsgüte für die verschiedenen Systemzustände zu bestimmen. Offensichtlich kann also kein allgemeingültiger Algorithmus zur Berechnung der Funktionsgüte G_j in Abhängigkeit von der Qualitätsverminderung angegeben werden.

In einzelnen Fällen lassen sich jedoch solche Abhängigkeiten ableiten, die auf verschiedene technische Systeme anwendbar sind. So kann z. B. bei bekanntem Zusammenhang des produzierten Ausschusses (das heißt Produkten, deren Qualität nicht den Anforderungen entspricht) mit den dadurch eingetretenen finanziellen Verlusten die Funktionsgüte des j-ten Systemzustandes nach folgender Formel ermittelt werden [15]:

$$G_j = \frac{C_1 - d(C_1 + C_2)}{C_1} \,. \tag{55}$$

Dabei bedeuten

C_1 – Gewinn, der durch ein Gerät mit erfüllten Qualitätsforderungen erzielt wird;

C_2 – Verlust durch nicht erfüllte Qualitätsforderungen an einem Gerät;

d – Anteil der Geräte mit Qualitätsmängeln bei beschleunigter oder nach vereinfachter Technologie durchgeführter Produktion;

$$d = \frac{n_{QM}}{n} \quad \text{mit} \quad 0 \leqslant d \leqslant 1.$$

n_{QM} – Anzahl der mit Qualitätsmängeln hergestellten Geräte;

n – Gesamtzahl der hergestellten Geräte.

Beispiel 13

Gegeben:

Ein mit Qualitätsmängeln behaftetes Gerät bringt einen Gewinn von C_1 = 1,– M und bei nicht erfüllten Qualitätsforderungen einen Verlust von C_2 = 0,60 M pro Gerät. Die Anzahl der produzierten Geräte mit Qualitätsmängeln entspricht einem Zehntel der qualitätsgerecht hergestellten.

Gesucht:

Funktionsgüte des Systems

Lösung:

Es wird d = 0,1 und

$$G_j = \frac{1 - 0{,}1\,(1 + 0{,}6)}{1} = 0{,}84.$$

8 Untersuchungen unter besonderer Anwendung der Ergebnisse und Methoden der Systemtheorie.

Bei allem Für und Wider zeigt dieses Beispiel, daß auch für recht komplizierte Abhängigkeiten Lösungsansätze ermittelbar sind, die eine Berechnung der Funktionsgüte der verschiedenen Systemzustände ermöglichen.

4. Die Systemeffektivität wird durch Bedienungs- und Wartungsfehler verringert.
   Selbst mit intakten Systemelementen kann sich die Funktionsgüte durch zahlreiche Fehler bei der Bedienung und Instandhaltung eines technischen Systems verringern. Beispielsweise liegt die Reichweite einer Funkmeßstation durch nicht optimal abgestimmtes Empfangssystem, schlecht angepaßtes Antennenhohlleitersystem und wegen anderer Faktoren unter dem Nominalwert. In diesen Fällen kann die Funktionsgüte für die verschiedenen Systemzustände oft aus *operationsanalytischen Untersuchungen*[9] oder auch aus unmittelbaren Messungen ermittelt werden.
   Ausgehend von der Zweckbestimmung, den Hauptfunktionen und den Normativwerten der betrachteten Technik lassen sich für G_j auch Werte festlegen, die das zulässige Minimum für bestimmte Einsatzsituationen darstellen. Beispielsweise wird für eine bestimmte Funkmeßstation, deren Funktionseffektivität als Ortungsentfernung (Auffassungswahrscheinlichkeit) vorgegebener Ziele unter bestimmten Bedingungen definiert ist, gefordert, daß für drei verschiedene Einsatzbedingungen folgende Werte der Funktionsgüte zu gewährleisten sind:

$$G_1 \geqslant 0{,}95, \quad G_2 \geqslant 0{,}92, \quad G_3 \geqslant 0{,}90.$$

Schließlich ergibt sich in der Praxis die Notwendigkeit, die Anzahl der möglichen Systemzustände zu begrenzen bzw. zu reduzieren. Das Problem gestaltet sich folgendermaßen:

Definitionsgemäß haben komplizierte technische Systeme eine sehr große Anzahl von Systemelementen und damit Systemzuständen. Eine Betrachtungseinheit, die aus N = 10 Systemelementen besteht, von denen jedes $n_z = 3$ unterschiedliche Funktionsniveaus hat, kann bereits $z = n_z^N = 3^{10}$ Systemzustände einnehmen. Offensichtlich ergeben sich für Systeme mit einer großen Anzahl von Systemelementen mit jeweils mehreren Funktionsniveaus astronomische Zahlen z. Daraus folgt als zwingende Forderung, die Anzahl der Systemzustände drastisch zu verringern, und zwar mit folgenden Methoden:

1. diejenigen Systemzustände, die sich mit einer sehr geringen Wahrscheinlichkeit einstellen, werden vernachlässigt und
2. werden die G_j-Werte nach vereinfachten Verfahren berechnet.

Mit der ersten Methode können Aufwand und Schwierigkeitsgrad zur Berechnung der Funktionsgüte wesentlich reduziert werden. Das ist beispielsweise dann der Fall, wenn nur jene Systemzustände berücksichtigt werden, die sich bei Ausfall von jeweils einem Systemelement einstellen.

9 Untersuchungen unter vorrangiger Anwendung von Methoden der Operationsforschung.

Bei gleichzeitigem Ausfall von zwei oder mehr Systemelementen werden die Zustandswahrscheinlichkeiten gewöhnlich vernachlässigbar klein. Das folgt aus dem Umstand, daß der zahlenmäßige Wert dieser Wahrscheinlichkeit nach Formel (49) mit der Anzahl der ausgefallenen Systemelemente rapide abnimmt.

Beispiel 14

Gegeben:
Kompliziertes System im Kurzzeitbetrieb mit N = 4 Systemelementen. Die Systemelemente haben zwei Niveaus der Funktionsfähigkeit.

Die Wahrscheinlichkeit ausfallfreier Arbeit der Systemelemente zum Zeitpunkt t sei
$p_1 = 0{,}96$; $p_2 = 0{,}985$; $p_3 = 0{,}972$; $p_4 = 0{,}97$.

Die möglichen Systemzustände sind:

z_0 – alle Systemelemente intakt;
z_1 – ein Systemelement ausgefallen;
z_2 – zwei Systemelemente ausgefallen;
z_3 – drei Systemelemente ausgefallen;
z_4 – alle Systemelemente ausgefallen.

Die Funktionsgüte des Systems ist bei Ausfall eines Elementes unabhängig von der Nummer des ausgefallenen Systemelementes, das heißt
$G_1 = G_i$ (i = 1, 2, 3, 4).

Analog wird die Funktionsgüte bei Ausfall von zwei Systemelementen:
$G_2 = G_{12} = G_{13} = G_{14} = G_{23} = G_{24} = G_{34}$
und schließlich bei Ausfall von drei Elementen:
$G_3 = G_{123} = G_{124} = G_{134} = G_{234}$.
(Die Indizes bezeichnen die Nummern der ausgefallenen Bauelemente.)

Die Werte der Funktionsgüte des Systems in den verschiedenen Systemzuständen wurden praktisch ermittelt und betragen:
$G_0 = 1$; $G_1 = 0{,}85$; $G_2 = 0{,}6$; $G_3 = 0{,}55$; $G_4 = 0$.

Gesucht:
Zahlenmäßiger Wert der Funktionsgüte des Systems

Lösung:
Die Funktionsgüte wird gemäß Formel (51)

$$G = P_0\left(1 + \sum_{i=1}^{N} \gamma_i G_i + \sum_{i,j=1}^{N} \gamma_i \gamma_j G_{ij} + \sum_{i,j,k=1}^{N} \gamma_i \gamma_j \gamma_k G_{ijk}\right) = P_0 (1 + A + B + C).$$

Der zahlenmäßige Wert der einzelnen Komponenten errechnet sich zu

$$P_0 = p_1 p_2 p_3 p_4 = 0{,}96 \cdot 0{,}985 \cdot 0{,}972 \cdot 0{,}97 = 0{,}89152.$$

(Die Summationen über die Funktionsgüte vereinfachen sich, denn es ist $G_i = G_1$, $G_{ij} = G_2$ und $G_{ijk} = G_3$, weil – wie bereits bemerkt – Unabhängigkeit von der Nummer des ausgefallenen Systemelementes vorauszusetzen ist.)

$$A = \sum_{i=1}^{4} \gamma_i G_1 = G_1 (\gamma_1 + \gamma_2 + \gamma_3 + \gamma_4)$$
$$= 0{,}85\,(0{,}0416 + 0{,}0152 + 0{,}0288 + 0{,}0309) = 99{,}02 \cdot 10^{-3},$$

$$B = \sum_{i,j=1}^{4} \gamma_i \gamma_j G_2 = G_2(\gamma_1\gamma_2 + \gamma_1\gamma_3 + \gamma_1\gamma_4 + \gamma_2\gamma_4 + \gamma_3\gamma_4)$$
$$= 2{,}947 \cdot 10^{-3},$$
$$C = \sum_{i,j,k=1}^{4} \gamma_i \gamma_j \gamma_k G_3 = G_3(\gamma_1\gamma_2\gamma_3 + \gamma_1\gamma_2\gamma_4 + \gamma_1\gamma_3\gamma_4 + \gamma_2\gamma_3\gamma_4)$$
$$= 4{,}855 \cdot 10^{-5}.$$

Schließlich ergibt sich

$$G = 0{,}98246.$$

Dieses Beispiel zeigt eindeutig, daß die Systemzustände mit gleichzeitigem Ausfall mehrerer Systemelemente einen vernachlässigbaren Einfluß auf den zahlenmäßigen Wert der Funktionsgüte haben. In jedem konkreten Fall muß jedoch abgeschätzt werden, ob diese höheren Systemzustände vernachlässigbar sind.

Ist es erforderlich bei der Berechnung der Funktionsgüte des Systems alle Systemzustände zu berücksichtigen, so kann durch folgende Regel eine spürbare Vereinfachung erzielt werden:

Das betrachtete System wird in zwei Subsysteme A und B unterteilt. Deren Funktionsgüte wird jeweils ermittelt, d. h. G_A und G_B. Dann ergibt sich die Funktionsgüte des Gesamtsystems zu [15]:

$$G = G_A G_B + W_1 G_A (1 - G_B) + W_2 G_B (1 - G_A) \qquad (56)$$

mit

$W_{1,2}$ – Gewicht, mit dem sich der entsprechende Zustand $G_A(1 - G_B)$ bzw. $G_B(1 - G_A)$ einstellt.

Mit dieser Methode kann die Anzahl der zu berechnenden $m_A \cdot m_B$ Systemzustände auf $m_A + m_B + 4$ reduziert werden, wenn die Subsysteme jeweils m_A bzw. m_B Systemzustände haben.

Unter der Voraussetzung, daß die G_j-Werte derjenigen Systemzustände bekannt sind, bei denen jeweils nur ein Systemelement ausgefallen ist, folgt für die Teilsysteme A und B

$$G_i = G_{i_A} G_{i_B}$$

mit

G_{i_A}, G_{i_B} – Funktionsgüten der entsprechenden Systemzustände der Teilsysteme.

Auf dieser Grundlage wird die Funktionsgüte für jene Systemzustände ermittelt, bei denen nach Formel (47) und (48) gleichzeitig mehrere ($N > 2$) Systemelemente ausgefallen sind.

Die Berechnung der Funktionsgüte technischer Systeme mit Kurzzeitbetrieb erfordert also trotz ihrer Einfachheit sorgfältige systemanalytische Untersuchungen und Bewertungen. Das trifft insbesondere dann zu, wenn das betrachtete

System nicht exakt im Kurzzeitbetrieb eingesetzt ist, sondern die vorgeschlagene Berechnungsmethode durch Verwendung der *Intervallverfügbarkeit* $V(\Delta t)$ anstatt der Verfügbarkeit $V(t)$ faktisch auf Systeme im Langzeitbetrieb angewendet wird.

Die verfügbaren Formeln zur Ermittlung der Funktionsgüte, die für verschiedene Klassen von Systemen hergeleitet wurden [4, 15, 16] und als Anhang C (Abschnitt 7.3.) beigefügt sind, sollten deshalb stets auf ihre Anwendbarkeit hin beurteilt werden.

Dazu erweisen sich weiterführende Untersuchungen als erforderlich, u. a. hinsichtlich der Abhängigkeit der Funktionsgüte des betrachteten Systems von der Einsatz- und Instandhaltungsstrategie.

4.2.3. Berechnung der Funktionsgüte von Bedienungssystemen

Die Bedienungssysteme umfassen eine große Anzahl technischer Systeme, insbesondere Geräte und Anlagen zur Steuerung technologischer Prozesse in Produktionssstätten, Transport- und Nachrichtenmitteln u. a.

Die Funktionseffektivität von Bedienungssystemen wird wesentlich bestimmt durch

1. die mittlere Anzahl von Forderungen, die in einer bestimmten Zeit zu bedienen sind, und
2. die Wahrscheinlichkeit, mit der eintreffende Forderungen bedient werden.

Demzufolge ist die Funktionseffektivität von Bedienungssystemen mittels der Kenngrößen

$$\Phi = E[n]; \qquad \Phi = H_B = E[n]/n_E \tag{57}$$

beschreibbar mit den Bedeutungen

n_E – eintreffender Forderungsstrom, d. h. Anzahl der eintreffenden Forderungen;
n – Anzahl der bedienten Forderungen des realen Systems;
H_B – (mittlere) Wahrscheinlichkeit, mit der die Forderungen bedient werden.

Für beide Kenngrößen wird analog zu Formel (53) die Funktionsgüte eines Bedienungssystems

$$G = \frac{E[n]}{E[n_0]} \tag{58}$$

mit n_0 als Anzahl der bedienten Forderungen des völlig intakten Systems.

DSIRKAL [15, 16] hat gezeigt, daß die Funktionsgüte eines Bedienungssystems zweckmäßigerweise in folgender Form dargestellt wird: Die Forderungsströme werden in j Gruppen eingeteilt, die jeweils mit gleicher Wahrscheinlichkeit bedient werden. Dann wird der eintreffende Forderungsstrom n_E als Summe der Teilströme n_{Ej} dargestellt, d. h.

$$n_E = \sum_{(j)} n_{Ej}$$

und analog für die bedienten Forderungen

$$n_0 = \sum_{(j)} n_{0j}, \quad n = \sum_{(j)} n_j .$$

$$(n_{Ej} \geqslant n_{0j} \geqslant n_j; \; n_{Ej} \geqslant 1)$$

Dann folgt aus Formel (57)

$$G = \frac{E[\sum_{(j)} n_j]}{E[\sum_{(j)} n_{0j}]} = \frac{\sum_{(j)} E[n_j]}{\sum_{(j)} E[n_{0j}]} . \tag{59}$$

Die mathematische Erwartung $E[n_j]$ kann als derjenige Teil der eintreffenden Forderungen n_E betrachtet werden, der mit einer bestimmten Wahrscheinlichkeit H_j bedient wird, das heißt $E[n_j] = n_{Ej}H_j$.

Dann ergibt sich nach (58) die Funktionsgüte des Systems

$$G = \sum_{(j)} \frac{n_{Ej}H_j}{E[n_{0j}]} = \sum_{(j)} \frac{n_{Ej}H_{0j}G_j}{E[n_{0j}]} = \sum_{(j)} \frac{n_{0j}}{N_0} G_j \tag{60}$$

mit $E[n_{0j}] = N_0$,

H_{0j} – Wahrscheinlichkeit, mit der die Forderungen in einem völlig intakten System bedient werden;

G_j – Funktionsgüte des Systems, bezogen auf den j-ten Forderungsstrom, $G_j = H_j/H_{0j}$.

Unschwer ist zu erkennen, daß das Verhältnis n_{0j}/N_0 den Anteil der Forderungen der j-ten Gruppe an der Gesamtmenge der bedienten Forderungen des intakten Systems zum Ausdruck bringt. Dieses Verhältnis hängt nicht von der Zuverlässigkeit des betrachteten Systems ab.

Deshalb folgt aus Formel (60), daß die Funktionsgüte eines Bedienungssystems durch die Summe der Wahrscheinlichkeiten G_j bestimmt wird. Das bedeutet aber eine wesentliche Vereinfachung bei Bedienungssystemen mit mehreren Gruppen (j) von Forderungen: Diese können als Systeme mit Kurzzeitbetrieb angesehen werden, weil sie lediglich an der für die Bedienung einer Forderung notwendigen Zeitdauer bewertet werden, und nicht nach der bedeutend längeren Betriebsdauer des Systems. Folglich kann die Berechnung der Funktionsgüte derartiger Bedienungssysteme entsprechend Abschnitt 4.2.2. erfolgen.

Eine weitere Vereinfachung der Berechnung wird nach [16] dann erreicht, wenn jeweils nur diejenigen Systemelemente (im weiteren als Bedienungssubsystem bezeichnet) betrachtet werden, die den konkreten Bedienungsprozeß gewährleisten. Sehr häufig erfolgt nämlich die Bedienung der eintreffenden Forderungen nicht durch das Gesamtsystem, sondern nur durch diese Bedienungssubsysteme. Das ermöglicht es, zur Ermittlung der Funktionsgüte G nur diejenigen Subsysteme zu erfassen, die jeweils am j-ten Bedienungsprozeß beteiligt sind.

Die Ermittlung der betreffenden Bedienungssubsysteme erfordert ebenfalls sorgfältige Untersuchungen, da diese vor allem von der Zweckbestimmung, der Struktur sowie der Einsatzstrategie des betrachteten Systems abhängig sind.

Keine besonderen Schwierigkeiten bereitet das Festlegen von Bedienungssubsystemen beispielsweise im Transportwesen (Fahrplan, Flugplan usw.), bei verschiedenen Produktionsanlagen sowie in verzweigten hierarchischen Strukturen.

Insgesamt erschließt die dargelegte Methode ein breites Anwendungsfeld zur Ermittlung der Funktionsgüte von Bedienungssystemen. Sie berücksichtigt jedoch nicht verlorengegangene und nicht bediente Forderungen sowie andere Bedienungssituationen. Dazu sind ebenfalls weiterführende Untersuchungen erforderlich.

Beispiel 15

Gegeben:
Zwei Hafen-Radar-Funkmeßstationen zur Kontrolle der Schiffsbewegungen Hafenbecken – Reede nach Fahrtrouten entsprechend der nachfolgenden Abbildung.

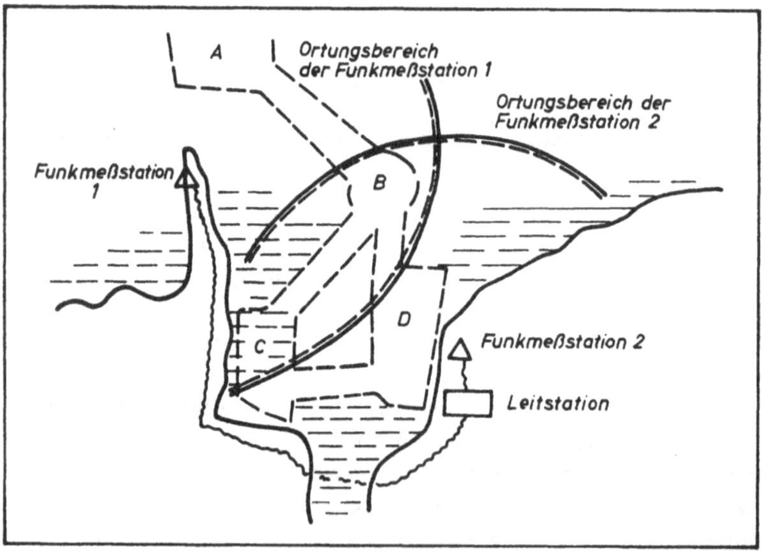

Die Funkmeßstationen übermitteln ihre Ortungsangaben an die Hafenüberwachungs- und Leitzentrale, die für die Leitung der Schiffsbewegungen im genannten Gebiet verantwortlich ist. Die Überwachungszentrale wird aus Sicherheitsgründen jeweils 12 Minuten (0,2 h) vor Beginn der Leitaufgaben in Betrieb genommen. Als Funktionseffektivität des Systems (Funkmeßstationen, Nachrichtenverbindungen und Leitzentralen) wird die Bedienungswahrscheinlichkeit der Schiffsbewegungen definiert, d. h. die Wahrscheinlichkeit der Aufgabenerfüllung zur Schiffsbegleitung und Leitung im Gebiet Hafenbecken – Reede.

Gesucht:
Funktionsgüte des Systems

Lösung:
Ausgehend von den Fahrtrouten, Liege- und Umschlagplätzen sowie unter Beachtung der Ortungsbereiche der Funkmeßstationen werden folgende Bedienungssubsysteme erhalten:

Fahrt-route	Verhältnis n_{0j}/N_0	mittlere Fahrtdauer	bedienende Funkmeß-station	Bedienungs-dauer
A–B	0,40	0,9 h	FMS 1	0,9 h
B–C	0,20	0,7 h	FMS 1	0,7 h
			FMS 2	0,7 h
B–D	0,25	0,6 h	FMS 1	0,6 h
			FMS 2	0,6 h
C–D	0,15	0,4 h	FMS 2	0,4 h

Die Bedienungswahrscheinlichkeit jedes Subsystems wird durch jene Wahrscheinlichkeiten bestimmt, mit denen seine Elemente (Funkmeßstation – Nachrichtenverbindung – Überwachungszentrale) zu Einsatzbeginn und während der Bedienungsdauer funktionsfähig sind.

Diese Wahrscheinlichkeit G_j ist jeweils das Produkt der Intervallverfügbarkeiten der Elemente des Subsystems, also:

$$G_1 = G_{AB} = V_{F_1}(2{,}5\text{ h})\, V_{Na}(2{,}5\text{ h})\, V_{I\,St}(2{,}7\text{ h}),$$

$$G_2 = G_{BC} = \{1-[1-V_{F_1}(0{,}7\text{ h})\, V_{Na}(0{,}7\text{ h})]\}\{1-[1-V_{F_2}(0{,}7\text{ h})\, V_{Na}(0{,}7\text{ h})]\}V_{LSt}(0{,}9\text{ h}),$$

$$G_3 = G_{BD} = \{1-[1-V_{F_1}(0{,}6\text{ h})\, V_{Na}(0{,}6\text{ h})]\}\{1-[1-V_{F_2}(0{,}6\text{ h})\, V_{Na}(0{,}6\text{ h})]\}V_{LSt}(0{,}8\text{ h}),$$

$$G_4 = G_{CD} = V_{F_1}(0{,}4\text{ h})\, V_{Na}(0{,}4\text{ h})\, V_{LSt}(0{,}6\text{ h}).$$

Schließlich ergibt sich entsprechend Formel (60):

$$G = 0{,}4G_1 + 0{,}2G_2 + 0{,}25G_3 + 0{,}15G_4.$$

Stellen die Elemente der Bedienungssubsysteme selbst komplizierte technische Systeme dar, so müssen die Kenngrößen G_j natürlich unter Beachtung der Darlegungen unter 4.2.2. und 4.2.3. ermittelt, d. h. beide Methoden kombiniert werden.

4.3. Zuverlässigkeitsberechnungen mittels alpha-prozentualer Kenngrößen

Die Berechnung der Zuverlässigkeit komplizierter Systeme ist auch mittels einer oder mehrerer alpha-prozentualer Kenngrößen möglich. Deren Anwendung hängt natürlich davon ab, ob sie zur Bewertung der Zuverlässigkeit des betrachteten Systems geeignet und auch zweckmäßig sind. In nicht wenigen praktischen Fällen bieten alpha-prozentuale Kenngrößen besondere Vorteile, weil sie die Bewertung der Zuverlässigkeit des Systems nach mehreren vorgegebenen Grenzwerten gestatten. Sie ermöglichen beispielsweise die Beurteilung der Wahrscheinlichkeit, mit der

1. ein vorgegebenes Minimum an Leistungsfähigkeit und Produktivität von Produktionsanlagen, Transport- und Nachrichtensystemen u. ä. nicht unterschritten wird;
2. ein bestimmtes Niveau der Funktionsfähigkeit von Meß- und Prüfmitteln, Kontroll- und Prüfsystemen, von Laborgeräten usw. im Verlauf einer bestimmten Zeit eingehalten wird sowie viele andere Aufgaben gelöst werden.

Natürlich erfordert die Ermittlung alpha-prozentualer Kenngrößen eine schöpferische und exakte Arbeitsweise. Dafür können folgende Schritte empfohlen werden:

1. Schritt:
   Nach Definition der Funktionseffektivität des betrachteten Systems werden die Niveaus der Funktionsfähigkeit festgelegt, die während des Systemeinsatzes nicht unterschritten werden dürfen. Im Ergebnis systemanalytischer und operationsanalytischer Untersuchungen werden die unteren Grenzwerte der Funktionsgüte bzw. die minimal zulässigen Werte der Kenngrößen festgelegt.
2. Schritt:
   Auf der Grundlage der im 1. Schritt festgelegten Grenzwerte und des Zustandsdiagramms des Systems werden jene Systemzustände bestimmt, die zur Beurteilung der Zuverlässigkeit des Systems relevant sind.
3. Schritt:
   Für das betrachtete System werden sodann die alpha-prozentualen Kenngrößen ausgewählt, die sich für die zu lösende Aufgabe am besten eignen.
4. Schritt:
   Für die im 2. Schritt bestimmten Systemzustände werden die Zustandswahrscheinlichkeiten ermittelt (Abschnitt 2.3. und 2.4.).
5. Schritt:
   Der zahlenmäßige Wert der Kenngrößen *alpha-prozentuale Verfügbarkeit* $V_\alpha(t)$ bzw. *alpha-prozentuale Funktionsfähigkeit* $P_\alpha(\Delta t)$ wird jeweils als Summe der Wahrscheinlichkeiten, mit denen sich das System in den miteinander korrelierenden Zuständen befindet, erhalten, d. h., der Wert dieser Kenngröße wird durch Addition der Wahrscheinlichkeitswerte derjenigen Systemzustände ermittelt, für die das System die geforderten Funktionen (Aufgaben) bzw. Bedingungen erfüllt.

Da zur Beurteilung der Zuverlässigkeit des betrachteten Systems meistens mehrere Niveaus der Funktionsfähigkeit verwendet werden, sind auch entsprechend viele Werte der alpha-prozentualen Verfügbarkeit bzw. Funktionsfähigkeit zu bestimmen.

6. Schritt:
   Basierend auf den Ergebnissen der vorangegangenen Arbeitsschritte werden die *mittlere alpha-prozentuale Funktionsdauer* Θ_α bzw. die *mittlere Zeit bis zum 1. Unterschreiten eines vorgegebenen Funktionsniveaus* $\bar{T}_\alpha$ ermittelt.
   Im einfachsten Fall kann dazu von der Beziehung $P_{\alpha_i} = \exp(-t/\bar{T}_{\alpha_i})$ ausgegangen werden, wenn die Systemelemente nur zwei Niveaus der Funktionsfähigkeit (arbeitsfähig oder ausgefallen) haben und ihr Ausfallverhalten exponentiell verteilt ist.

Diese Empfehlungen stellen jedoch nur eine allgemeine Richtlinie dar und erfordern daher eine umsichtige und schöpferische Umsetzung.

Beispiel 16

Gegeben:
Doubliertes Nachrichtensystem zur automatisierten Datenübertragung nach Beispiel 9.

Gesucht:
Alpha-prozentuale Verfügbarkeit des Systems für die relevanten Systemzustände

Lösung:
Aus der Beschreibung des Systems folgt eindeutig, daß die geforderten Funktionen (Aufgaben) in den Systemzuständen 4, 5, 6 und 7 nicht erfüllt werden. Relevant sind folglich die Systemzustände 1, 2 und 3.
Zur Ermittlung der gesuchten alpha-prozentualen Verfügbarkeit sei vereinbart:

$V_{\alpha_0}(t)$ – alpha-prozentuale Verfügbarkeit des 0-ten Systemzustandes; Wahrscheinlichkeit dafür, daß sich das System im Zustand 0 befindet;

$V_{\alpha_1}(t)$ – Wahrscheinlichkeit dafür, daß sich das System in einem Zustand befindet, in dem höchstens ein Sende-Empfang-Kanal ausgefallen ist;

$V_{\alpha_2}(t)$ – Wahrscheinlichkeit dafür, daß sich das System in einem Zustand befindet, in dem die Kontroll- und Steuereinrichtung ausgefallen ist;

$V_{\alpha_3}(t)$ – Wahrscheinlichkeit dafür, daß sich das System in einem Zustand befindet, in dem ein Sende-Empfang-Kanal und die Steuer- und Kontrolleinrichtung ausgefallen sind.

Dann werden folgende Werte der alpha-prozentualen Verfügbarkeit des Systems erhalten:

1. Das System arbeitet mit intaktem Sende-Empfang-Kanal und intakter Steuer- und Kontrolleinrichtung bei intaktem Reserve-Sende-Empfang-Kanal.

   $$V_{\alpha_0}(t) = P_0(t)$$

2. Das System arbeitet mit intaktem Sende-Empfang-Kanal und intakter Steuer- und Kontrolleinrichtung, bei Ausfall des Reserve-Sende-Empfang-Kanals.

   $$V_{\alpha_1}(t) = P_0(t) + P_1(t)$$

3. Das System arbeitet mit einem intakten Sende- und Empfang-Kanal, ausgefallener

Steuer- und Kontrolleinrichtung und bei intaktem Reserve-Sende-Empfang-Kanal.

$$V_{\alpha_2}(t) = P_0(t) + P_2(t)$$

4. Das System arbeitet mit einem Sende-Empfang-Kanal bei ausgefallenem Reserve-Sende-Empfang-Kanal und ausgefallener Steuer- und Kontrolleinrichtung.

$$V_{\alpha_3}(t) = P_0(t) + P_1(t) + P_3(t)$$

Das Beispiel läßt die Möglichkeiten zur differenzierten Beurteilung der Zuverlässigkeit eines komplizierten Systems erkennen, die sich bei Anwendung der alpha-prozentualen Kenngrößen ergeben.

Zum Vergleich sei festgestellt: Einfache technische Systeme werden bekanntlich nur nach arbeitsfähigen und ausgefallenen Systemzuständen bewertet. Im Beispiel 16 würde deshalb nur die Verfügbarkeit $V_{\alpha_3}(t)$ bestimmt und als Verfügbarkeit des Systems bezeichnet. Derartige Betrachtungen sind aber offensichtlich für die Beurteilung der Zuverlässigkeit komplizierter Systeme nicht ausreichend.

5. Festlegung und Prüfung quantitativer Zuverlässigkeitsforderungen

5.1. Grundsätzliches

Optimale Zuverlässigkeitskennwerte sind außerordentlich bedeutsam für die Entwicklung, Produktion und Nutzung leistungsfähiger und zuverlässiger technischer Systeme. Das folgt bereits aus der Tatsache, daß die rationelle Herstellung technischer Systeme ohne Optimierung der Zuverlässigkeitswerte weder mit den geforderten Qualitätsmerkmalen noch mit den verfügbaren Kräften und Mitteln möglich ist. Optimale Zuverlässigkeit ist auch eine wesentliche Voraussetzung für die effektive Nutzung sowie für die materiell-technische Sicherstellung der Technik.

Die Ableitung und Festlegung optimaler Zuverlässigkeitsforderungen verlangt deshalb eine sehr verantwortungsvolle und schöpferische Arbeit. Dafür sind verschiedene Methoden und Verfahren verfügbar, die natürlich von der Zweckbestimmung, den Hauptfunktionen und der Struktur sowie von der Einsatz- und Instandhaltungsstrategie des betrachteten Systems abhängen. Jedes konkrete System erfordert deshalb spezifische Untersuchungen und Beurteilungen. Diese sind jedoch nach bestimmten Grundsätzen und Kriterien auszuführen, zu denen nachfolgend entsprechende Erfahrungen – speziell in bezug auf komplizierte technische Systeme – vermittelt und Empfehlungen gegeben werden.

5.2. Systemanalytische Beurteilung des zu entwickelnden Systems

Die systemanalytischen Untersuchungen haben das Ziel, die zur Ableitung quantitativer Zuverlässigkeitsforderungen benötigten Ausgangsangaben zu bewerten und begründete Aussagen über die erforderlichen und real möglichen Zuverlässigkeitskennwerte zu erhalten.

Grundlage dafür sind die Aufgabenstellung zur Entwicklung des betrachteten Systems, technisch-ökonomische Angaben und statistisches Material über analoge Systeme, die zu erwartenden Einsatz- und Instandhaltungsbedingungen sowie die Kenntnis weiterer Faktoren und Einflüsse. Offensichtlich sind Inhalt und Methodik dieser systemanalytischen Untersuchungen insbesondere von der Struktur und Zweckbestimmung des betrachteten Systems sowie von seinen Hauptfunktionen und Einsatzprinzipien abhängig.

Trotz der vielfältigen und recht unterschiedlichen Aufgaben, die es bei diesen systemanalytischen Untersuchungen zu lösen gilt, werden die nachfolgenden Schritte als erforderlich angesehen und empfohlen (Abb. 18):

1. Beschreibung des zu entwickelnden Systems,
2. Grobanalyse des Systemeinsatzes,

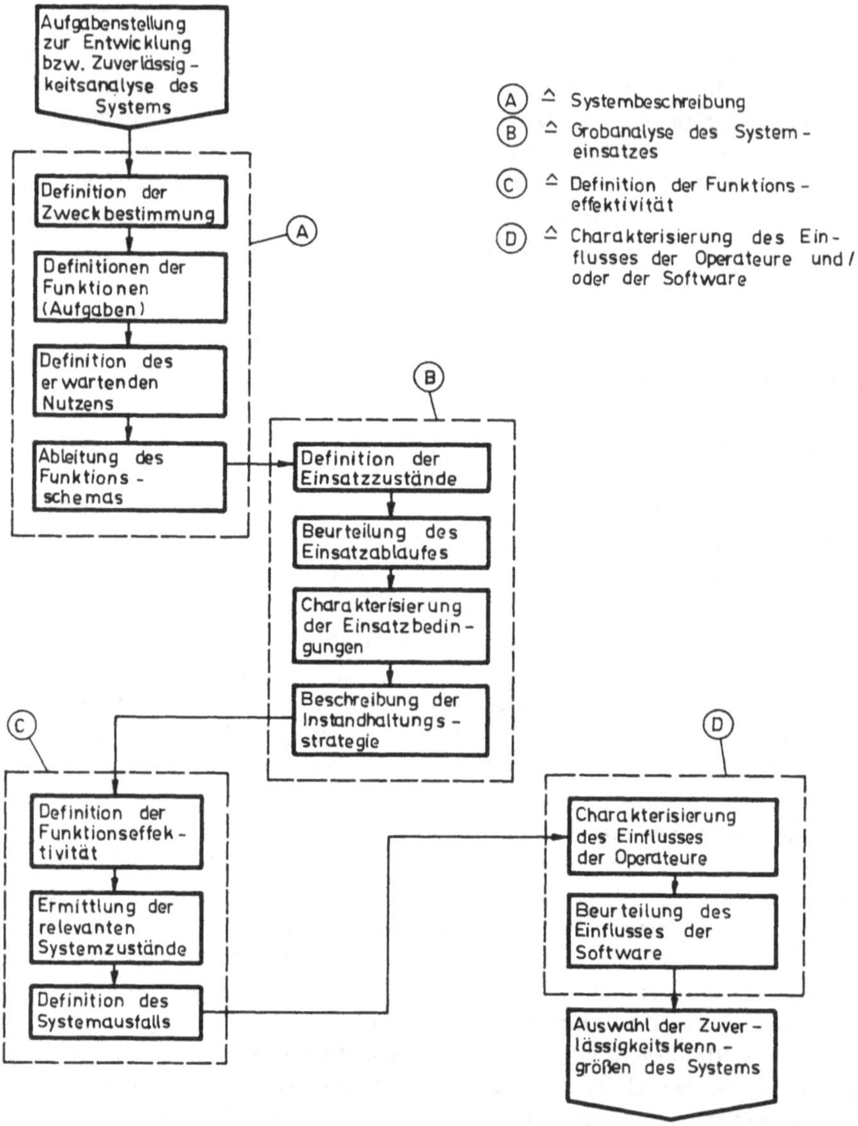

Abb. 18. Schema der Systembeschreibung, Grobanalyse und Definition der Funktionseffektivität

3. Definition der Funktionseffektivität, der relevanten Systemzustände und des Systemausfalls.

Danach ist die Auswahl geeigneter Zuverlässigkeitskenngrößen und die Ableitung optimaler quantitativer Zuverlässigkeitsforderungen möglich, wie im weiteren gezeigt wird.

5.2.1. Systembeschreibung

Bei der Systembeschreibung geht es um eine möglichst exakte Beschreibung des zu entwickelnden technischen Systems, und zwar

1. der Zweckbestimmung des Systems, d. h. der grundsätzlichen Zielstellung des Systemeinsatzes und des dabei zu erwartenden Nutzens;
2. der Hauptfunktionen (Hauptaufgaben), die beim Einsatz des Systems zu erfüllen sind sowie
3. der Ableitung und Erläuterung eines vereinfachten Funktionsschemas (Blockschaltbildes) des betrachteten Systems.

Die Systembeschreibung basiert auf der grundsätzlichen Aufgabenstellung, die zur Vorbereitung des Forschungs- und Entwicklungsvorhabens gegeben wird. Diese enthält in der Regel die Zweckbestimmung sowie die Hauptfunktionen des zu entwickelnden Systems, den erwarteten Nutzen, die wichtigsten Anforderungen an die Lagerung, Nutzung und Instandhaltung sowie weitere relevanten technisch-ökonomische Anforderungen und Zielstellungen.

Ausgehend davon, bereitet die eindeutige Definition der Zweckbestimmung und Funktionsbeschreibung meistens keine besonderen Schwierigkeiten. Entsprechendes trifft für die Ableitung eines Funktionsschemas bzw. Blockschaltbildes des zu entwickelnden Systems zu, da es in dieser Phase nur möglich und erforderlich ist, die zur Charakterisierung der Hauptfunktionen wesentlichen Systemelemente zu erfassen und darzustellen.

5.2.2. Grobanalyse des Systemeinsatzes

Das grundsätzliche Ziel dieser Grobanalyse besteht in einer möglichst genauen qualitativen und quantitativen Beschreibung des vorgesehenen Systemeinsatzes. Das erfordert

1. die Charakterisierung der Einsatzstrategie des Systems;
2. die Beurteilung der Einsatzbedingungen;
3. die Bewertung der vorgesehenen Instandhaltungsstrategie.

Aus der Theorie und Praxis der Zuverlässigkeitsarbeit folgt, daß Zuverlässigkeit und Funktionseffektivität technischer Systeme erheblich von der Einsatzstrategie abhängen. Darunter wird die Art und Weise verstanden, in der das betrachtete System eingesetzt wird, speziell die Reihenfolge und Zeitdauer der verschiedenen Einsatzzustände.

Charakteristische Einsatzzustände eines technischen Systems sind

1. *Lagerung:* Aufbewahrung.
2. *Bereitschaftszustand:* Das System befindet sich in einem solchen Zustand, der seinen schnellstmöglichen Einsatz gewährleistet. Es kann teilweise oder völlig in Betrieb genommen sein, ohne jedoch entsprechend seiner Zweckbestimmung effektiv zum Einsatz zu gelangen (z. B. funktechnisches System ohne Abstrahlung von Höchstfrequenzenergie). Der Zustand Bereitschaft wird in der Regel dann hergestellt, wenn sich der Einsatz des technischen Systems zu einem *beliebigen* Zeitpunkt als erforderlich erweist und spätestens nach Ablauf einer *festgelegten* Zeit beginnen muß. Das trifft in breitem Maße im Militärwesen, im Verkehrs-, Transport- und Nachrichtenwesen, in der Landwirtschaft, bei der medizinischen Sicherstellung und in anderen gesellschaftlichen Bereichen zu.
3. *Unmittelbare Einsatzvorbereitung:* Das System wird im Verlauf einer festgelegten Zeitdauer direkt zum Einsatz vorbereitet und in den Einsatzzustand überführt. Die unmittelbare Einsatzvorbereitung erfolgt üblicherweise aus dem Zustand Bereitschaft.
4. *Einsatz:* Das technische System wird entsprechend seiner Zweckbestimmung genutzt.
5. *Einsatzpause.*
6. *Vorbeugende Instandhaltung:* Gesamtheit aller erforderlichen Maßnahmen zur planmäßigen Aufrechterhaltung der Funktionsfähigkeit des Systems.
7. *Instandsetzung:* Reparatur.

Die Einsatzzustände und ihre möglichen Übergänge werden für das betrachtete System beurteilt und tabellarisch oder in Form eines Graphen dargestellt (Abb. 19). Offenbar kann diese Darstellung als Hilfsmittel zur Beschreibung der möglichen Einsatzstrategien eines Systems dienen, die natürlich nicht mit den Systemzuständen (s. Abschnitt 2.2.) verwechselt werden dürfen.

Häufig sind Abschätzungen des zeitlichen Einsatzablaufes und der mittleren Zeitdauer erforderlich, in deren Verlauf sich das System im interessierenden Einsatzzustand befindet. Dazu dienen verschiedene operationsanalytische und heuristische Untersuchungen, insbesondere Expertenberatungen. Auch statistische Angaben über den Einsatz analoger Systeme, speziell über Zeitabläufe (Ausfalldauer, Ausfallsuchdauer, mittlere Reparaturzeit usw.) bilden dafür eine wertvolle Grundlage.

Zur Beurteilung dieser Zeitabläufe haben sich folgende Arbeitsschritte als zweckmäßig erwiesen:

1. Die Ermittlung der minimal erforderlichen und maximal zulässigen Zeitdauer für jeden Einsatzzustand des Systems.

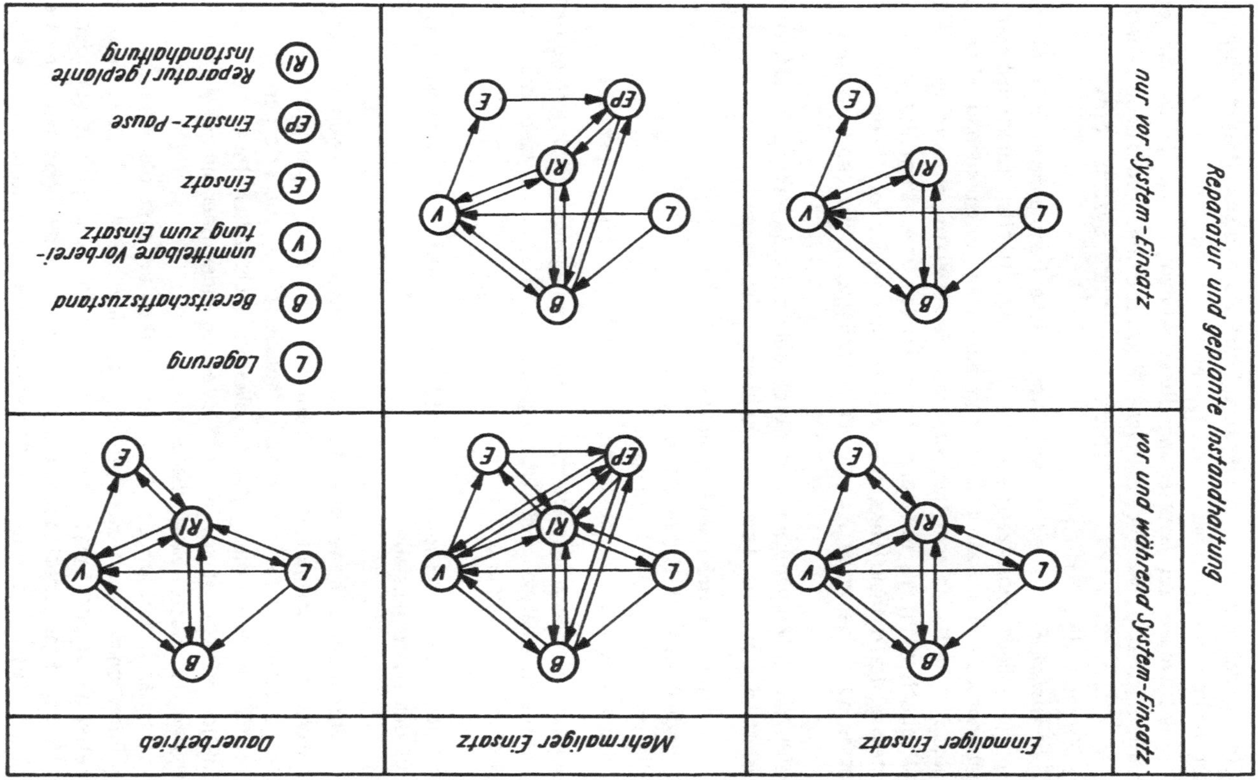

Abb. 19. Einsatzzustände technischer Systeme und mögliche Zustandsübergänge

2. Die Darstellung der ermittelten Zeitintervalle in tabellarischer oder graphischer Form.

Der Einfluß der Einsatzbedingungen auf die Zuverlässigkeit und Funktionseffektivität technischer Systeme ist weitgehend erforscht, so daß die erforderlichen Voraussetzungen zur Beurteilung dieser Abhängigkeiten prinzipiell gegeben sind. Natürlich ist es notwendig, alle jene Einsatzbedingungen zu definieren und gegebenenfalls zu untersuchen, die für das betrachtete System normale bzw. besondere Einsatzbedingungen sind.

Unter *normalen Einsatzbedingungen* sind solche Bedingungen zu verstehen, die für den jeweiligen Einsatzzustand die durchschnittlichen funktionsbedingten und umgebungsbedingten Beanspruchungen darstellen. Entsprechende Angaben können aus Standards, Vorschriften und der Fachliteratur entnommen werden. Diese sind jedoch nicht als unveränderliche Größen anzusehen. Für jedes konkrete System sollte deshalb stets abgeschätzt werden, ob die Bedingungen seines Einsatzes durch derartige Normalwerte genügend genau charakterisierbar sind.

Spezielle Einsatzbedingungen sind durch solche besonderen Einflußfaktoren charakterisiert, die auf die Technik einwirken, beispielsweise

- starke elektromagnetische und magnetische Felder;
- Geschwindigkeiten im Hyperschallbereich;
- spezielle meteorologische Bedingungen;
- Einwirkungen von Mikrometeoriten auf kosmische Flugkörper u. a.

Die Beurteilung der zu erwartenden Einsatzbedingungen erfordert deshalb sehr gewissenhafte Analysen und Überlegungen, und sie muß stets die normalen und speziellen Bedingungen berücksichtigen.

5.2.3. Definition der Funktionseffektivität, der relevanten Systemzustände und des Systemausfalls

Die bereits ausgeführten systemanalytischen Arbeiten gestatten nun in Verbindung mit weiteren Überlegungen die Definition der Funktionseffektivität des betrachteten Systems. Diese oft recht komplizierte Aufgabe erfordert in jedem Fall die sorgfältige Bestimmung des physikalisch-technischen Inhalts der Kenngröße Funktionseffektivität sowie die Festlegung eines oder mehrerer Kriterien zur Bewertung des Nutzeffektes des Systems.

Nach erfolgter Definition der Funktionseffektivität sind die möglichen Niveaus der Funktionsfähigkeit zu ermitteln, die sich bei Ausfall bzw. verringerter Funktionseffektivität von Systemelementen sowie in Abhängigkeit von der Einsatzstrategie, den Einsatzbedingungen und der Instandhaltungsstrategie einstellen können. Davon ausgehend sind jene Systemzustände zu bestimmen, die für die Bewertung der Funktionsfähigkeit des Systems wesentlich und folglich zur Begründung von quantitativen Zuverlässigkeitsforderungen besonders bedeutsam sind. Insbesondere sind diejenigen Niveaus der Funktionsfähigkeit zu ermitteln, bei denen die Funktionseffektivität des Systems einen bestimmten kritischen Wert Φ_{min} zu unterschreiten beginnt. Diese kritischen Werte werden offensichtlich durch den gerade noch zulässigen unteren Wert der Erfüllung der Funktionen (Aufgaben) des Systems entsprechend seiner Zweckbestimmung gegeben.

Als Ausfall des betrachteten Systems wird dann derjenige Systemzustand definiert, bei dem dieser Wert Φ_{min} unterschritten wird (Abb. 20).

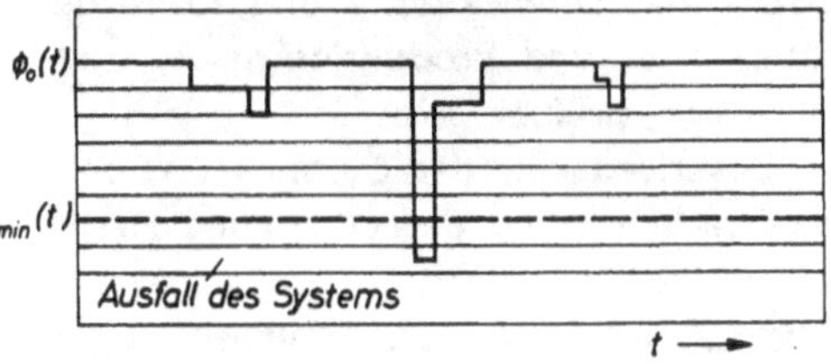

Abb. 20. Niveaus der Funktionsfähigkeit (Funktionseffektivität) eines komplizierten Systems (mögliche Realisierung)

Zur Beurteilung der möglichen und zur Bestimmung der relevanten Systemzustände sind folgende Arbeitsschritte zu empfehlen:

1. Ableitung des Zustandsdiagramms entsprechend Abschnitt 2.2.
2. Berechnung der Wahrscheinlichkeitswerte, mit denen sich die Systemzustände einstellen.
3. Ermittlung der relevanten Systemzustände, die das Funktionsverhalten des Systems entscheidend bestimmen und die zur Begründung von Zuverlässigkeitsforderungen besondere Bedeutung haben.
4. Definition derjenigen Systemzustände, die dem Ausfall des Systems entsprechen.

Schließlich ist der Einfluß der Operateure und der Software zu beurteilen. Dazu wird auf Kapitel 7 verwiesen.

Die Ergebnisse der bisher angestellten systemanalytischen Untersuchungen bilden nunmehr die notwendige Voraussetzung für die Auswahl der am besten geeigneten Zuverlässigkeitskenngrößen und damit für die Begründung der quantitativen Zuverlässigkeitsforderungen.

5.3. Auswahl der Zuverlässigkeitskenngrößen

Aus den verfügbaren Zuverlässigkeitskenngrößen sind eine oder mehrere so auszuwählen, daß sie zur Beschreibung des Zuverlässigkeitsverhaltens des betrachteten Systems am besten geeignet sind.

Die Beurteilung der Zweckmäßigkeit und Anwendbarkeit dieser Kenngrößen erfordert besondere Aufmerksamkeit. Die Zuverlässigkeitskenngrößen sollten stets

1. den Zusammenhang zwischen dem Nutzen, der beim Einsatz des Systems erreicht werden muß, und der Zuverlässigkeit des Systems eindeutig wiedergeben;
2. einen verständlichen physikalisch-technischen Inhalt zum Ausdruck bringen;
3. die erforderlichen Zuverlässigkeitsbestimmungs- und Zuverlässigkeitskontrollprüfungen ermöglichen, d. h. im Prozeß der Entwicklungs- und Konstruktionsarbeiten, während der Überleitungsphase und Produktion sowie während der Lagerung und Nutzung meß- und prüfbar sein;
4. die Berechnung und Simulation der Zuverlässigkeit des Systems und seiner Elemente bei gleichzeitiger Genauigkeitsabschätzung der erhaltenen Resultate gestatten;
5. die Ableitung begründeter quantitativer Zuverlässigkeitsforderungen bereits vor Beginn der Entwicklungs- und Konstruktionsarbeiten ermöglichen.

Werden die gegenwärtig bekannten Zuverlässigkeitskenngrößen diesbezüglich untersucht, so zeigt sich, daß die Kenngrößen *Funktionsgüte* sowie die *alphaprozentualen Kenngrößen der Funktionseffektivität* diesen Kriterien weitgehend entsprechen.

Die Auswahl geeigneter Zuverlässigkeitskenngrößen verlangt in jedem Fall solides physikalisch-technisches und ökonomisches Herangehen; jeder Schematismus ist zu vermeiden. Die Anwendung formalisierter Methoden, wie sie beispielsweise im DDR-Standard „Zuverlässigkeit in der Technik" – TGL 26096/3 für einfache technische Systeme festgelegt sind [14], muß deshalb stets mit größter Umsicht erfolgen. Solche Methoden haben zweifellos ihren praktischen Wert, da sie keine Willkür in der Festlegung der Kenngrößen zulassen. Die Auswahl von Kenngrößen nach einem derartig formalisierten Verfahren kann jedoch leicht zu beträchtlichen Unterschätzungen des Schwierigkeitsgrades dieser Aufgabe führen und zu formaler und oberflächlicher Arbeit verleiten.

Für die Auswahl der erforderlichen und zweckmäßigsten Zuverlässigkeitskenngrößen sowohl für komplizierte als auch für einfache technische Systeme werden deshalb die folgenden Arbeitsschritte empfohlen (Abb. 21):

1. Durchführung der systemanalytischen Untersuchungen nach 5.2.

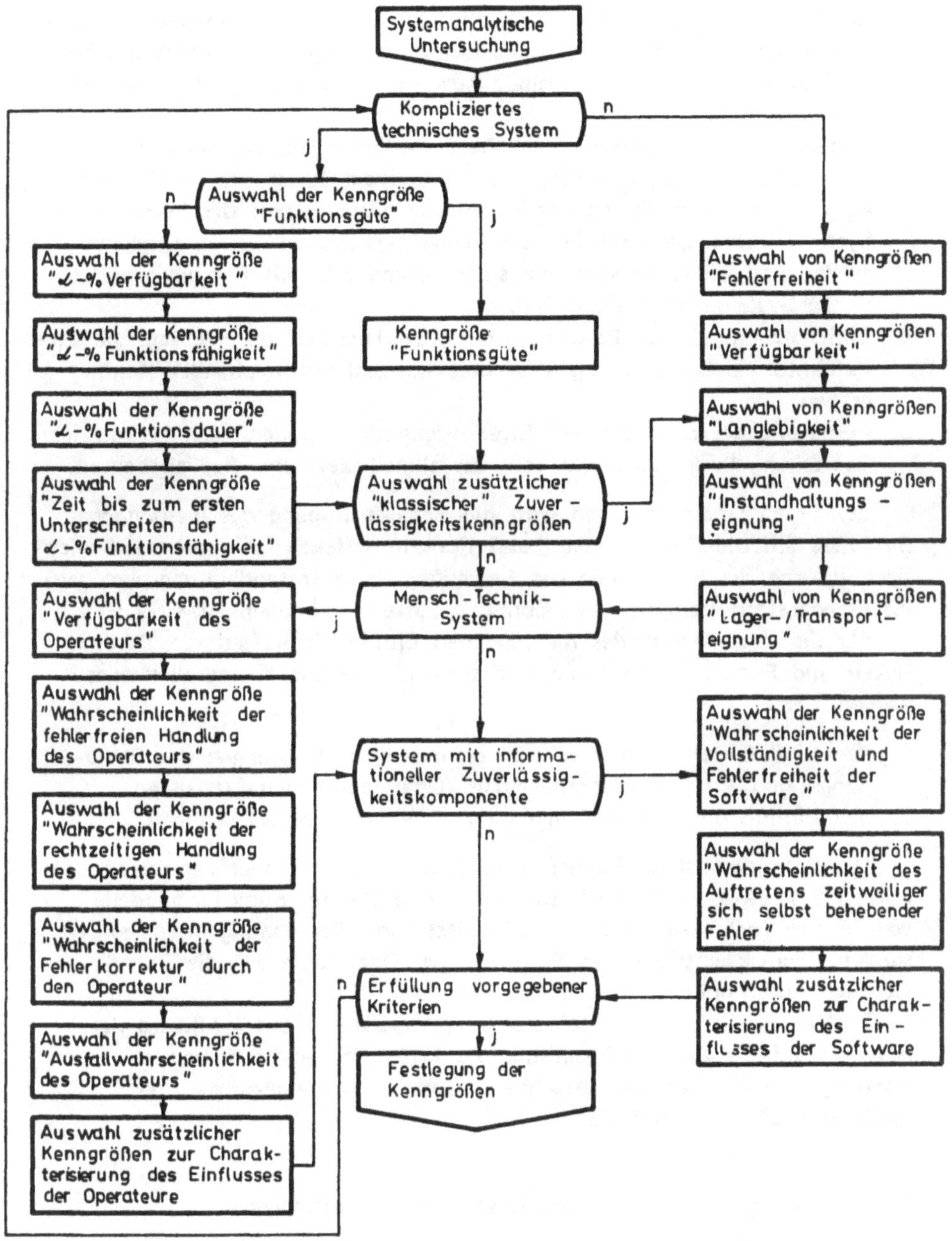

Abb. 21. Schema zur Auswahl von Zuverlässigkeitskenngrößen

2. Beurteilung, ob die Kenngröße Funktionsgüte und/oder alpha-prozentuale Kenngrößen zur Charakterisierung des Zuverlässigkeitsverhaltens des betrachteten Systems geeignet sind; Auswahl der entsprechenden alpha-prozentualen Kenngrößen.
3. Prüfung der Notwendigkeit und Zweckmäßigkeit, ob Kenngrößen der Lebensdauer, der Instandhaltungseignung und der Lagerungs- und Transporteignung zur Beschreibung des Zuverlässigkeitsverhaltens des betrachteten Systems festzulegen sind. Nur diejenigen „klassischen" Zuverlässigkeitskenngrößen sind zu verwenden, die entsprechend 3.5. auf komplizierte technische Systeme anwendbar sind.
4. Einschätzung, ob zur Bewertung der Zuverlässigkeit der menschliche Einflußfaktor zu berücksichtigen ist und Auswahl entsprechender Kenngrößen.
5. Festlegung der ausgewählten Zuverlässigkeitskenngrößen nach nochmaliger Beurteilung ihrer Anwendbarkeit, Zweckmäßigkeit und Realisierbarkeit.

Bei diesen Untersuchungen wird die Berücksichtigung des *menschlichen Einflusses* auf die Zuverlässigkeit und Funktionseffektivität zunehmend wichtiger, da sich die Handlungen des Bedienungs- und Instandhaltungspersonals insbesondere auf komplizierte technische Systeme erheblich auswirken.

Für die Abschätzung des menschlichen Einflußfaktors auf die Zuverlässigkeit und Funktionseffektivität sind prinzipiell solche Kenngrößen auszuwählen, die

1. den Einfluß der fehlerfreien und rechtzeitigen Handlungen des Bedienungs- und Instandhaltungspersonals (Operateure) charakterisieren,
2. den Einfluß der Arbeitsfähigkeit der Operateure berücksichtigen.

Die Definition dieser Begriffe und Zuverlässigkeitskenngrößen ist in Kapitel 7.4. gegeben. Zugleich sind in diesem Kapitel Funktionsmodelle von Mensch-Technik-Systemen und Ansätze ihrer Berechnung unter besonderer Berücksichtigung des Einflusses der Operateure auf die Zuverlässigkeit und Funktionseffektivität enthalten.

Schließlich sind Kenngrößen zur Charakterisierung des Einflusses der Software auf die Zuverlässigkeit und Funktionsgüte auszuwählen und festzulegen, wenn sich im betrachteten System rechnergestützte und *intelligente* Elemente befinden.

5.4. Festlegung der quantitativen Zuverlässigkeitsforderungen

Die Begründung der zahlenmäßigen Werte der ausgewählten Zuverlässigkeitskenngrößen, die als quantitative Zuverlässigkeitsforderungen festzulegen sind, ist wiederum eine außerordentlich verantwortungsvolle und auch komplizierte Aufgabe. Sie kann ebenfalls nicht durch formale Anwendung mathematischer Methoden oder eines für alle technischen Systeme allgemeingültigen und allumfassenden Algorithmus gelöst werden.

Die Ableitung der erforderlichen Zuverlässigkeitskennwerte stellt außerdem einen Prozeß dar, der mit der einmaligen Festlegung dieser Kennwerte nicht abgeschlossen ist. Das folgt bereits aus dem Umstand, daß die technischen Daten sowie der Preis der vorgesehenen Systemelemente (Bauelemente) zum Zeitpunkt der Erarbeitung der technischen Aufgabenstellung und des Pflichtenheftes meistens noch nicht bekannt sind.

Im allgemeinen kann davon ausgegangen werden, daß die Begründung der Zuverlässigkeitskennwerte folgende Arbeitsschritte erfordert:

1. Ermittlung und Festlegung der quantitativen Zuverlässigkeitsforderungen bei der Ausarbeitung der Aufgabenstellung zur Entwicklung eines technischen Systems und des Pflichtenheftes. Grundlagen der dafür erforderlichen Arbeiten können insbesondere folgende sein:
   a) die Systembeschreibung und Grobanalyse des Systemeinsatzes entsprechend Abschnitt 5.2.;
   b) technisch-ökonomische sowie spezielle Anforderungen an das zu entwickelnde System;
   c) erreichter und zu erwartender wissenschaftlich-technischer Stand der für das System vorgesehenen Systemelemente und Konstruktionsmaterialien sowie der theoretischen und technologischen Grundlagen für die Entwicklung des Systems (hardware und software);
   d) statistische Angaben über jene Zuverlässigkeitskennwerte, die mit analogen Systemen erreicht wurden sowie Abschätzungen der zukünftig realisierbaren Zuverlässigkeitskennwerte.
2. Präzisierung der Zuverlässigkeitskennwerte während der Entwicklungs- und Konstruktionsarbeiten, vor allem nach Auswertung der Zuverlässigkeitsprüfungen; endgültige Festlegung der Zuverlässigkeitskennwerte für die Serienproduktion.
   Dafür sind insbesondere folgende Aufgaben zu erledigen:
   a) Präzisierung (Optimierung) der vorgesehenen Einsatz- und Instandhaltungsstrategie, speziell der minimal erforderlichen und maximal zulässigen personellen, technischen, ökonomischen und zeitlichen Aufwendungen;
   b) Präzisierung der Zuverlässigkeitskenngrößen für das System und einzelne Systemelemente, ausgehend von den konkreten technisch-ökonomischen Möglichkeiten und den realisierbaren Lösungsvarianten (strukturelle, funktionelle und zeitliche Redundanz usw.);
   c) Optimierung der finanziellen und materiellen Mittel zur Gewährleistung der geforderten Zuverlässigkeitskennwerte während der Entwicklungs-

arbeiten und der Produktion (optimale Technologien und Prüfmethoden usw.).

Zur Begründung des zahlenmäßigen Wertes der ausgewählten Zuverlässigkeitskenngrößen sind also stets die gegebenen und die zu erwartenden wissenschaftlich-technischen und ökonomischen sowie weitere gesellschaftliche Bedingungen und Erfordernisse sorgfältig zu analysieren und zu berücksichtigen. Dazu sind weitgehend die Operationsforschung und Systemanalyse anzuwenden, d. h. mathematische Methoden (Optimierungsrechnung, mathematische Simulation usw.) und heuristische Verfahren (z. B. Expertenbefragungen).

Bei der Ableitung von Zuverlässigkeitskennwerten hat sich die nachfolgende Einteilung komplizierter technischer Systeme als vorteilhaft erwiesen:

1. Das betrachtete System stellt ein *unikales,* außerordentlich wichtiges und wertvolles technisches System dar, dessen Ausfall katastrophale Folgen haben kann. Mit diesen Systemen muß die Lösung der geforderten Funktionen (Aufgaben), auch bei Ausfall bzw. verringerter Funktionseffektivität von Systemelementen, garantiert sein. Deshalb wird hier fast ausnahmslos davon ausgegangen, daß die maximal erreichbaren Zuverlässigkeitskennwerte ohne finanzielle oder andere Limitierungen zu realisieren sind.
   Zu diesen Systemen gehören beispielsweise Kernkraftwerke, Energieversorgungsanlagen, militärtechnische Systeme, Reanimations- und Überwachungssysteme, kosmische Flugkörper.
2. Das System steht in *mehreren Exemplaren* zur Verfügung und wird bei Ausfall durch ein gleichartiges oder ähnliches (Reservesystem) ersetzt, das die festgelegten Funktionen (Aufgaben) des Systems weitgehend erfüllt. Hier wird in den meisten Fällen vorausgesetzt, daß die geforderten Funktionen mit dem geringsten ökonomischen Aufwand zu erreichen sind. Die Zuverlässigkeitsforderungen sind daher vorrangig durch Optimierung der erforderlichen Kosten für die Entwicklung, Produktion und Nutzung des betrachteten Systems bestimmt.

Bei der Ableitung und Begründung der quantitativen Zuverlässigkeitsforderungen hat sich die Vorgabe bestimmter Kriterien und Grenzwerte sehr bewährt. Diese werden im Rahmen der operationsanalytischen Arbeiten und systemanalytischen Untersuchungen abgeleitet, beispielsweise als

a) Grenzwerte der Zeit;
b) Grenzwerte der Funktionseffektivität und Funktionsgüte;
c) Limitierungen der finanziellen und materiellen Aufwendungen für die Zuverlässigkeitssicherung in der Entwicklung und Produktion sowie während der Nutzung des betrachteten Systems;
d) Vorgaben technischer Art (Masse, Abmessungen, Volumen, Genauigkeit usw.).

Grenzwerte der Zeit erleichtern oft die Ableitung und Festlegung quantitativer Zuverlässigkeitsforderungen. Diese Grenzwerte sind nämlich fast immer relativ leicht aus der vorgesehenen Einsatz- und Instandhaltungsstrategie gewinnbar, wie das vereinfacht und schematisiert in Abbildung 22 dargestellt ist. Die Begründung quantitativer Zuverlässigkeitsforderungen nach Zeitvorgaben setzt jedoch nicht nur eine einfache Festlegung der minimal erforderlichen und maximal zulässigen Zeitabläufe für die vorgesehenen Einsatzzustände und Instandhaltungsmaßnahmen voraus. Oft sind weitere Gegebenheiten zu berücksichtigen. Beispielsweise hängen die Zeitvorgaben für die Instandhaltung entscheidend von den verfügbaren Kräften und Mitteln sowie von dem System der Ersatzteillagerung und -zuführung ab. Deshalb müssen in weiterführenden Untersuchungen verschiedene Lösungsvarianten analysiert und daraus die zeitlichen Konsequenzen unter Berücksichtigung der real vorhandenen Möglichkeiten abgeschätzt werden.

Derartige Untersuchungen sind zwar oft recht umfangreich und aufwendig, bewirken jedoch wesentliche Einsparungen an Kräften, Mitteln und Zeit.

Grenzwerte der Funktionsgüte sowie der alpha-prozentualen Kenngrößen können ebenfalls recht oft auf der Grundlage der Ergebnisse der empfohlenen systemanalytischen und operationsanalytischen Untersuchungen ermittelt werden.

Zur kritischen Bewertung der auf diese Art und Weise erhaltenen Grenzwerte werden nicht nur Expertenbefragungen, sondern auch abschätzende Berechnungen (Überschlagsrechnungen) empfohlen. Nach Berechnung der Zuverlässigkeitskennwerte, die entsprechend dem Ablaufschema der Abbildung 23 durchgeführt werden können, ist die Realisierbarkeit der erhaltenen Werte aus technisch-ökonomischer Sicht zu bewerten. Selbstverständlich ist auch zu beurteilen, ob die geforderte Zweckbestimmung und der erwartete Nutzeffekt erreicht werden. Falls das nicht zutrifft, sind die gewählten Ausgangswerte, beispielsweise die Funktionsgüte der einzelnen Systemzustände G_i, neu festzulegen und die Berechnungen entsprechend zu wiederholen.

In manchen Fällen erweisen sich bereits in dieser Phase Optimierungsrechnungen als erforderlich und auch als möglich. Erst danach sollte der zahlenmäßige Wert als quantitative Zuverlässigkeitsforderung festgelegt werden.

Ersichtlich zeigt das Ablaufschema dieser Abbildung nur einen prinzipiellen Weg zur Ableitung von quantitativen Zuverlässigkeitsforderungen auf, so daß dessen Anwendbarkeit für jede konkrete Aufgabe gesondert festzulegen und zu präzisieren ist.

Auf die Ableitung quantitativer Zuverlässigkeitsforderungen wirken sich ökonomische Aspekte erheblich, oftmals sogar entscheidend aus. Das folgt aus dem Umstand, daß zwischen den Zuverlässigkeitskennwerten eines technischen Systems und den Kosten für seine Entwicklung, Produktion und Nutzung ein direkter Zusammenhang besteht. Im allgemeinen werden höhere Zuverlässigkeitskennwerte der betreffenden Technik durch höhere Kosten für ihre Realisierung bei der Entwicklung und Produktion erkauft.

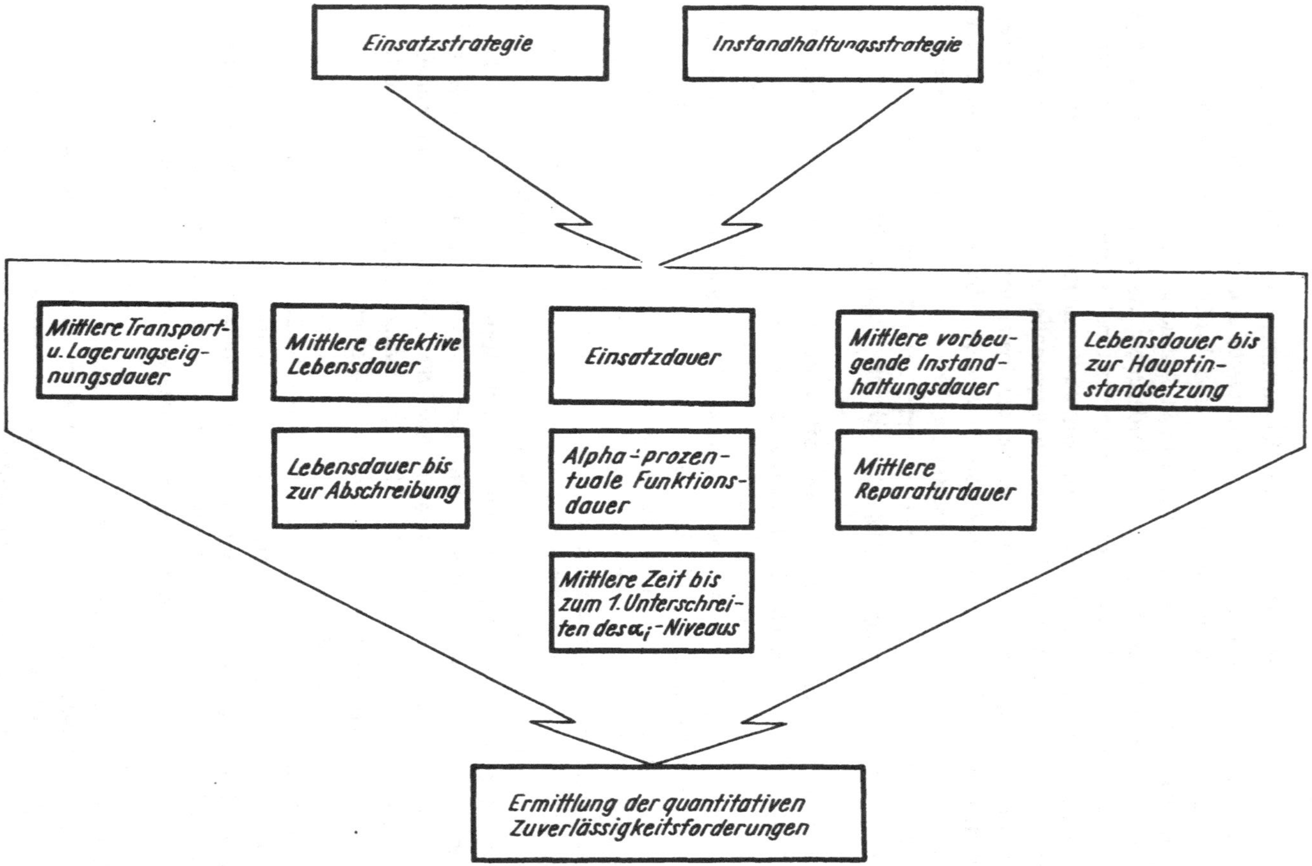

Abb. 22. Aus Einsatz- und Instandhaltungsstrategie abgeleitete Grenzwerte der Zeit (Auswahl)

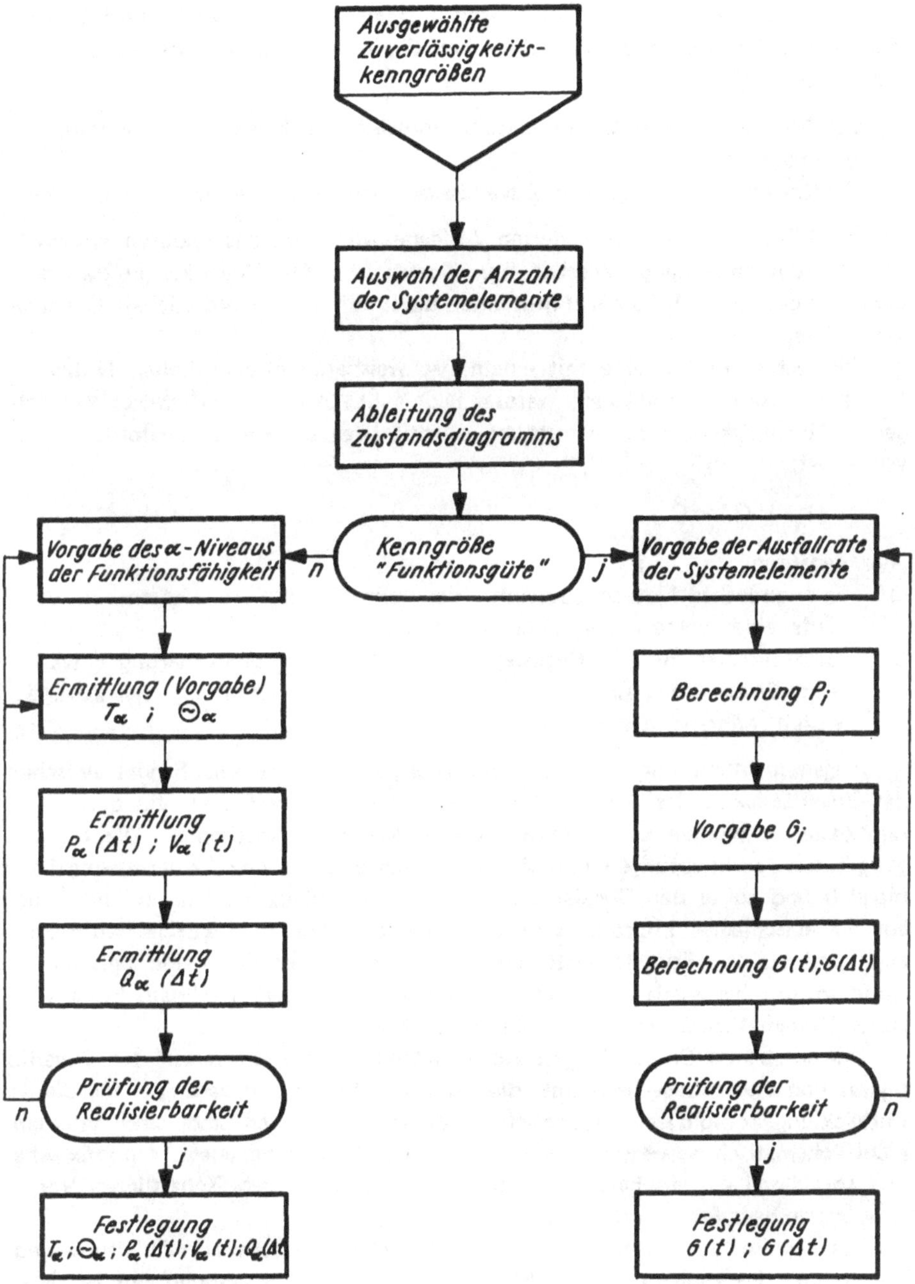

Abb. 23. Allgemeines Schema zur Ermittlung der quantitativen Zuverlässigkeitsforderungen

Grundsätzlich ist zur Ableitung und Begründung von quantitativen Zuverlässigkeitsforderungen nach ökonomischen Grenzwerten und Kriterien zu gewährleisten, daß

1. die Zuverlässigkeit unter Einhaltung vorgegebener Kosten (Kostenlimits) maximalisiert oder
2. die Kosten für vorgegebene Zuverlässigkeitskennwerte minimalisiert werden.

Die Lösung dieser komplizierten Aufgabe wird meistens dadurch erschwert, daß der Zusammenhang zwischen den Kosten und den Zuverlässigkeitskennwerten nicht in analytischer Form oder nicht mit der erforderlichen Genauigkeit vorliegt.

Für technische Systeme mit einem nachweisbaren ökonomischen Nutzen Q_N, z. B. Produktionsanlagen, werden nach NELEDVA und ŠIŠONOK [44] folgende Abhängigkeiten zur Ermittlung quantitativer Zuverlässigkeitsforderungen verwendet:

$$Q_N = Q - C.$$

Hier bedeuten

Q – ökonomischer Nutzen (Gewinn), der beim Einsatz des Systems im Verlaufe einer vorgegebenen Zeit erzielt wird;

C – Gesamtkosten für die Realisierung der Zuverlässigkeitsforderungen während Entwicklung und Produktion sowie für die Erhaltung der Zuverlässigkeit während des Einsatzes.

Augenscheinlich sind auch hier zur Analyse des Zusammenhanges zwischen der Zuverlässigkeit des Systems, dem ökonomischen Nutzen Q und den Gesamtkosten C weitere komplizierte Abhängigkeiten zu bestimmen. Die Darlegung dieser Verknüpfungen und Zusammenhänge ist in einer Kurzfassung kaum möglich und sollte den Spezialisten vorbehalten bleiben. Deshalb sei hier nur auf die einschlägige Literatur verwiesen, die für einzelne praktische Aufgaben auch praktikable Lösungsansätze enthält. Geeignete Verfahren sind beispielsweise sowohl für wiederherstellbare als auch nichtwiederherstellbare komplizierte Systeme enthalten in [41–44, 47, 109].

Die gegebenen Empfehlungen zur Ermittlung von Kennwerten der Zuverlässigkeit und Funktionseffektivität, die als Zuverlässigkeitsforderungen für die Entwicklung komplizierter technischer Systeme festzulegen sind, sind natürlich nicht schematisch anwendbar. Hierzu sind, wie bereits dargelegt, schöpferische und sorgfältige wissenschaftliche Arbeit und ein hohes gesellschaftliches Verantwortungsbewußtsein erforderlich.

Die weitere Qualifizierung der genannten Möglichkeiten zur Ableitung und Begründung des zahlenmäßigen Wertes von Zuverlässigkeitskenngrößen ist deshalb zu einer wichtigen Aufgabe geworden, die es zielstrebig zu lösen gilt.

Das nachfolgende Beispiel widerspiegelt Vorgehensweise und Resultate einer praktisch durchgeführten Aufgabe.

Beispiel 17

Gegeben:
Aufgabenstellung zur Entwicklung einer mobilen Funkmeßstation (FMS) zur Luftraumbeobachtung (Flugsicherung). Von dieser FMS wird die Auffassung und Koordinatenbestimmung (Entfernung und Seitenwinkel) von Flugzeugen mit einer effektiven Reflexionsfläche von $S \geq S_0$, beginnend ab Entfernungen R_0 und in Flughöhen $H_1 \leq H \leq H_2$, mit einer Ortungswahrscheinlichkeit P_{0W} gefordert. Die Ortungsentfernung R darf sich infolge veränderter Funktionseffektivität der Funkmeßstation (Verringerung der Hauptparameter) um nicht mehr als 20 % verringern, das heißt, die Auffassung von Flugzeugen ist mindestens bei $R = 0{,}8\ R_0$ zu gewährleisten.

Gesucht:
1. Kenngrößen zur Charakterisierung des Funktionsverhaltens der zu entwickelnden FMS;
2. Zahlenmäßiger Wert der ausgewählten Zuverlässigkeitskenngrößen, die als quantitative Zuverlässigkeitsforderungen für das Pflichtenheft vorzugeben sind.

Lösung:
Entsprechend der dargelegten Methodik wird eine Systembeschreibung angefertigt und eine Grobanalyse des zu entwickelnden Systems durchgeführt.

Nach der verbalen Systembeschreibung (hier nicht genannt) erfolgt die Ableitung des Blockschaltbildes einer oder mehrerer Funkmeßstationen, die prinzipiell zur Lösung der gestellten Aufgaben geeignet sind. Ausgehend von der Zweckbestimmung und den grundsätzlichen Anforderungen an den Ortungsbereich der Funkmeßstation ist das erforderliche Antennenrichtdiagramm – in diesem Stadium noch stark vereinfacht – abzuleiten.

Nach entsprechenden operationsanalytischen und systemtheoretischen Untersuchungen wird folgendes als zweckmäßig angesehen:

1. Das Antennenrichtdiagramm muß die notwendigen Parameter (Reichweite; Höhe; Azimut-Auflösevermögen) gewährleisten, so daß die aus der nachstehenden Zeichnung ersichtlichen Konfigurationen erreicht werden;

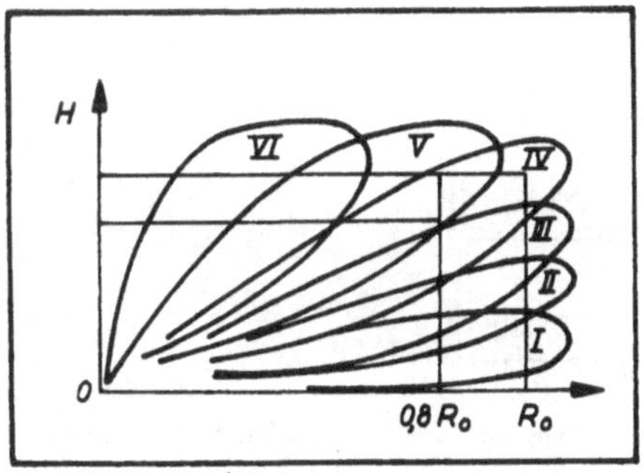

2. Die Sende-Empfang-Anlage der Funkmeßstation soll aus sechs voneinander unabhängig, jedoch zeitsynchron arbeitenden Sende-Empfang-Kanälen bestehen.

Daraus ergibt sich ein stark vereinfachtes Blockschaltbild der zu entwickelnden FMS (siehe Abbildung).

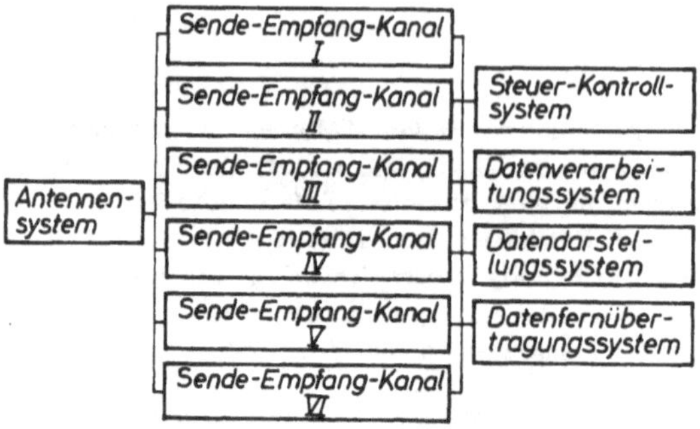

Die möglichen Einsatzzustände der Funkmeßstation sind
1 – Bereitschaftszustand,
2 – unmittelbare Vorbereitung zum Einsatz,
3 – Einsatz (entsprechend Zweckbestimmung),
4 – planmäßige Instandhaltung,
5 – außerplanmäßige Instandsetzung,
6 – Einsatzpause.

Der Einsatzablauf wird unter normalen Bedingungen durch die minimal erforderlichen und maximal zulässigen Zeitgrenzen bestimmt, die sich aus operationsanalytischen Untersuchungen ergeben. Diese Werte zeigt das folgende Schema.

Einsatzzustand	t_{min}	$t_{mittl.}$	$t_{max.}$
1	–	2,5 h	72 h
2	2 min	3 min	5 min
3	–	2,5 h	48 h
4	0,5 h	1,2 h	2,5 h
5	3 min	12 min	1 h
6	2 h	5 h	= 96 h
Entfaltung und Inbetriebnahme der FMS	15 min	20 min	30 min
Abbau und Herstellung der Transportbereitschaft	12 min	15 min	20 min

Die normalen Einsatzbedingungen werden durch die maximalen und minimalen Durchschnittswerte der Temperatur, der Luftfeuchte und des Luftdruckes in Mitteleuropa beeinflußt. Diese Werte sind selbstverständlich für den konkreten Einsatzraum zu präzisieren. (Spezielle Einsatzbedingungen werden in diesem Beispiel nicht berücksichtigt.)

Auf der Grundlage dieser Angaben und unter Beachtung möglicher Transporte des betrachteten Systems per Kraftfahrzeug oder Eisenbahn lassen sich Faktoren ermitteln, durch die die Ausfallraten der Systemelemente korrigiert werden können, beispielsweise nach den Angaben der folgenden Tabelle:

relative Luftfeuchte	Temperatur	Korrekturfaktor	
60 – 70 %	20 – 40 °C	1,0	$K_{1min} = 1,0$
90 – 98 %	20 – 25 °C	2,0	
90 – 98 %	30 – 40 °C	2,5	$K_{1max} = 2,5$

Transportart	Korrekturfaktor		
	Vibration	Stoßbelastung	
Kfz-Marsch	1,35	1,08	$K_2 = 1,35 \times 1,08$
Eisenbahntransport	1,4	1,1	$K_3 = 1,4 \times 1,1$

Die Funktionseffektivität der FMS wird als Wahrscheinlichkeit P_{0w} definiert, mit der Flugzeuge mit einer bestimmten effektiven Reflexionsfläche ($S \geqslant S_0$) in Flughöhen $H_1 \leqslant H \leqslant H_2$ mindestens in der Entfernung R_0 geortet werden.

Die relevanten Systemzustände werden aus dem Zustandsdiagramm ermittelt, das für die sechs Sende-Empfang-Kanäle der Funkmeßstation für eine beliebige Reihenfolge ihres Ausfalles abzuleiten ist.

Dieses Diagramm ergibt sich entsprechend der in Abschnitt 4.2. dargelegten Methodik (siehe Abbildung). Dabei wird *vorerst* vorausgesetzt, daß jeder Sende-Empfang-Kanal (als Systemelement bezeichnet) entweder arbeitsfähig oder ausgefallen, also ein einfaches System ist.

Die erforderliche „Wichtung" der Systemzustände geschieht folgendermaßen:

1. Abschätzung des zahlenmäßigen Wertes der Kenngröße Wahrscheinlichkeit der ausfallfreien Arbeit P(t) jedes Sende-Empfang-Kanals (noch als einfaches System betrachtet);
2. Bewertung des Einflusses jedes Sende-Empfang-Kanals auf die Funktionseffektivität der zu entwickelnden Funkmeßstation.

Wird jeder Sende-Empfang-Kanal als einfaches System betrachtet, so ist seine Funktionsgüte G(t) nach Formel (37) gleich der Wahrscheinlichkeit seiner ausfallfreien Arbeit P(t). Der Wert P(t) ist folglich abzuschätzen, um die relevanten Systemzustände zu ermitteln.

Das erfordert folgende Arbeitsschritte:

a) Ableitung eines vereinfachten Blockschaltbildes jedes Sende-Empfang-Kanals;
b) Ermittlung (Vorgabe) des zahlenmäßigen Wertes der Ausfallraten der Systemelemente, und zwar für jeden Sende-Empfang-Kanal;
c) Ermittlung der *Wahrscheinlichkeit der ausfallfreien Arbeit* P(t) jedes Sende-Empfang-Kanals nach den bekannten „klassischen" Berechnungsmethoden.

Das Ergebnis dieser Arbeitsschritte sind die folgenden Werte der *Wahrscheinlichkeit der ausfallfreien Arbeit* P(t) zum Zeitpunkt t = 50 h (entspricht der maximalen Einsatzdauer im Einsatzzustand 3):

$P_{I}(t) = 0,99995, \quad P_{II}(t) = 0,9975, \quad P_{III}(t) = 0,999,$

$P_{IV}(t) = 0,9995, \quad P_{V}(t) = 0,96, \quad P_{VI}(t) = 0,9753,$

wobei die Indizes (I, II, . . ., VI) den jeweiligen Kanal bezeichnen.

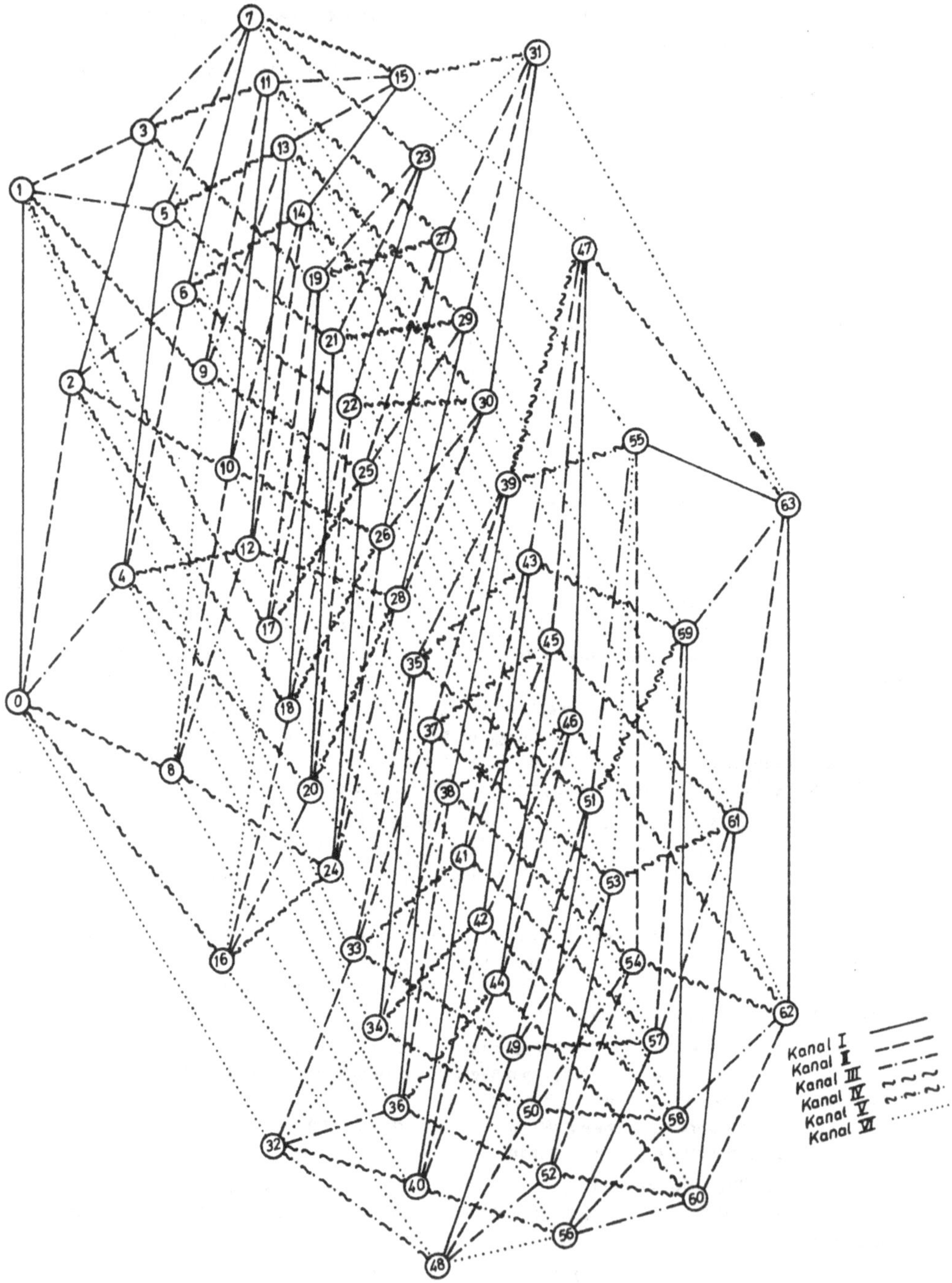
Kanal I
Kanal II
Kanal III
Kanal IV
Kanal V
Kanal VI

(Die Unterschiede zwischen den ermittelten Werten ergeben sich aus unterschiedlich gewählten Frequenzen und weiteren Leistungsparametern der Sende-Empfang-Kanäle.)

Diese Werte ermöglichen die Berechnung der Wahrscheinlichkeit, mit der sich die Funkmeßstation in einem beliebigen Systemzustand entsprechend dem abgeleiteten Zustandsdiagramm befindet. (Das Steuer-Kontroll-System, das System der Datenverarbeitung und -darstellung u. a. wurden zur Vereinfachung der Aufgabe hier nicht berücksichtigt.)

Die gemäß der Methodik nach Abschnitt 4.2. berechneten Werte sind in nachstehender Tabelle zusammengefaßt. Sie zeigt, daß es 10 relevante Systemzustände gibt, nämlich Nr. 1 bis 6, 8, 9, 10, 12 des Zustandsdiagramms, die entscheidenden Einfluß auf die Zuverlässigkeit und Funktionseffektivität und folglich auf die Ermittlung quantitativer Zuverlässigkeitsforderungen haben.

Ausgefallener S-E-Kanal	Systemzustand	P_ν	G_ν	$P_\nu G_\nu$
–	0	0,9325	1,0	0,9325
I	1	$4{,}66 \cdot 10^{-5}$	0,65	$3{,}03 \cdot 10^{-5}$
II	2	$233{,}7 \cdot 10^{-5}$	0,9	$210{,}3 \cdot 10^{-5}$
III	4	$93{,}3 \cdot 10^{-5}$	0,9	$84{,}0 \cdot 10^{-5}$
IV	8	$46{,}64 \cdot 10^{-5}$	0,85	$39{,}65 \cdot 10^{-5}$
I + II	3	$11 \cdot 10^{-8}$	0,45	$5{,}25 \cdot 10^{-8}$
I + III	5	$4{,}66 \cdot 10^{-8}$	0,6	$2{,}8 \cdot 10^{-8}$
I + IV	9	$2{,}33 \cdot 10^{-8}$	0,6	$1{,}39 \cdot 10^{-8}$
II + III	6	$233{,}9 \cdot 10^{-8}$	0,5	$116{,}9 \cdot 10^{-8}$
II + IV	10	$116{,}9 \cdot 10^{-8}$	0,65	$75{,}99 \cdot 10^{-8}$
III + IV	12	$46{,}69 \cdot 10^{-8}$	0,55	$25{,}68 \cdot 10^{-8}$

Ausgehend von der Aufgabenstellung und den bereits angestellten Untersuchungen wird festgelegt, daß die FMS als ausgefallen gilt bei

1. Auffassungsentfernungen $R \leqslant 0{,}8\ R_0$;
2. gleichzeitigem Ausfall von drei beliebigen Sende-Empfang-Kanälen, d. h. von jeweils drei partiellen Antennenrichtdiagrammen (vgl. schematische Darstellungen).

Danach wurden gemäß Abschnitt 5.3. geeignete und zweckmäßige Kenngrößen der Zuverlässigkeit und Funktionseffektivität ausgewählt, und zwar

1. die Kenngrößen Funktionsgüte G(t), alpha-prozentuale Funktionsdauer Θ_α und Verfügbarkeit $V_\alpha(t)$;
2. „klassische" Zuverlässigkeitskenngrößen in Ergänzung der unter 1. bezeichneten Kenngrößen;
(diese Kenngrößen werden hier der Kürze halber aus den weiteren Betrachtungen ausgeschlossen).

Der zahlenmäßige Wert der Funktionsgüte, der als quantitative Zuverlässigkeitsforderung vorzugeben ist, wird nach Formel (47) ermittelt. Dafür müssen die zahlenmäßigen Werte der Funktionsgüte der relevanten Systemzustände G_ν ebenfalls vorgegeben sein.

Von Expertengruppen wurden dazu entsprechende Untersuchungen unternommen, deren Ergebnisse in vorstehender Tabelle enthalten sind.

Der spezifische Einfluß der einzelnen Sende-Empfang-Kanäle auf die Funktionseffektivität der zu entwickelnden FMS war auf der Grundlage von Anforderungen an die Flugsicherheit sowie weiterer Bedingungen und Erfordernisse einzuschätzen. Zur Beurteilung der Funktionsgüte der relevanten Systemzustände wurde daher unter anderem die schematisierte Darstellung der Veränderungen des Antennenrichtdiagrammes der FMS bei Ausfall eines oder mehrerer Sende-Empfang-Kanäle genutzt (siehe nachfolgende Abbildung).

Nach diesen Beurteilungen und Abschätzungen errechnen sich die Produkte $P_\nu G_\nu$ der Systemzustände und folglich die Funktionsgüte des Systems zu $G = 0{,}9358$ zum Zeitpunkt $t = 50$ h.

Dieser Wert muß unter Berücksichtigung der voraussichtlichen Instandhaltungsstrategie weiter präzisiert werden. Dem dienen die entsprechenden Formeln aus Abschnitt 6.3. Für wiederherstellbare Systeme, die aus dem Bereitschaftszustand (Einsatzzustand 1) zum Einsatz gebracht werden und sowohl während des Bereitschaftszustandes als auch während des Einsatzes instandgesetzt werden können, gilt beispielsweise $G = V_{NB}P(t)$, mit V_{NB} als Nutzungsfaktor des Systems im Bereitschaftszustand, natürlich unter der vereinbarten Voraussetzung, daß die Sende-Empfang-Kanäle entweder arbeitsfähig oder ausgefallen sind.

Überschlagsrechnungen führten u. a. zu folgenden Ergebnissen:

V_{NB}	0,995	0,98	0,95
G	0,93	0,917	0,889

Diese Werte waren dann unter der Voraussetzung zu präzisieren, daß die Sende-Empfang-Kanäle nicht mehr als einfache, sondern als komplizierte technische Systeme zu betrachten sind, d. h., daß jeder Kanal mehrere Funktionsniveaus (verringerte Sendeleistung, geringere Empfangsempfindlichkeit) aufweisen kann.

Dazu war die dargelegte Methodik auf die Sende-Empfang-Kanäle anzuwenden: Auf der Grundlage vereinfachter Blockschaltbilder wurde ein Zustandsdiagramm abgeleitet, und die relevanten Systemzustände wurden ermittelt. Analog der oben dargelegten Vorgehensweise wurde für jedes Systemelement (Sender, Empfänger, Antennenumschalter usw.) der Einfluß auf die Funktionseffektivität des betrachteten Sende-Empfang-Kanals beurteilt und dessen Funktionsgüte ermittelt. Die Ausfallraten für die Systemelemente jedes Kanals sind vorzugeben und den Berechnungen zugrundezulegen. Diese Prozedur ist so lange zu wiederholen, bis die Realisierbarkeit der vorgegebenen Ausfallraten (aus wissenschaftlich-technischer und ökonomischer Sicht!) nachgewiesen wird. Die derart ermittelte Funktionsgüte des j-ten Sende-Empfang-Kanals muß offensichtlich mindestens gleich oder größer als jener zahlenmäßige Wert P(t) sein, der bisher für den j-ten Sende-Empfang-Kanal ermittelt wurde (unter der Annahme, daß die Sende-Empfang-Kanäle einfache Systeme sind). Auf dieser Grundlage wurde aus operationsanalytischer Sicht und unter Beachtung der Realisierungsbedingungen und -möglichkeiten eindeutig nachgewiesen, daß als Zuverlässigkeitsforderung vorzugeben ist: $G = 0{,}92$ für $t = 50$ h.

Trotz erheblich vereinfachter Darlegung zeigt dieses Beispiel jedoch, daß zur Begründung quantitativer Zuverlässigkeitsforderungen keine allgemeingültigen Algorithmen ableitbar sind. Es unterstreicht zugleich die Auffassung, daß die Festlegung der zahlenmäßigen Werte von Zuverlässigkeitskenngrößen verantwortungsvolle, kreative und exakte wissenschaftliche Arbeit erfordert.

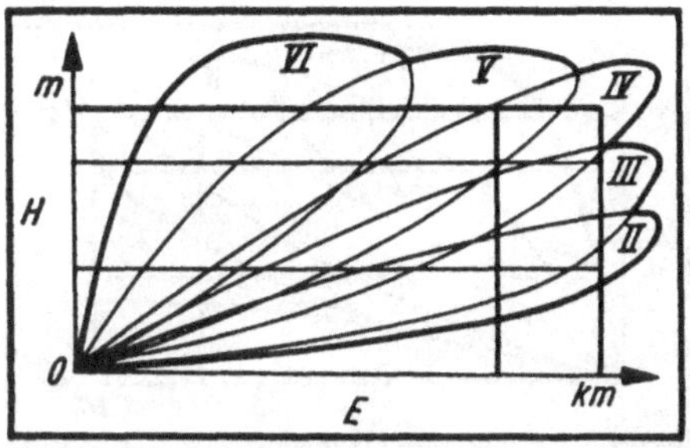
m
H
0
E
km
VI
V
IV
III
II

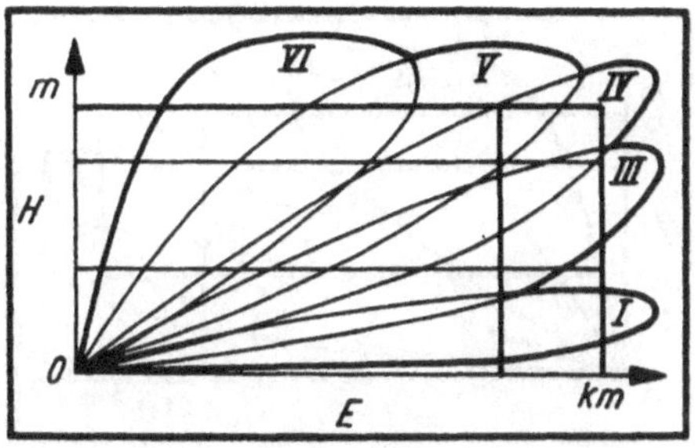
m
H
0
E
km
VI
V
IV
III
I

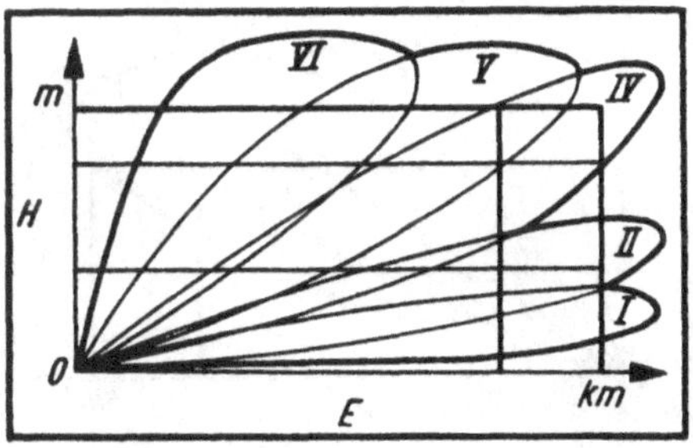
m
H
0
E
km
VI
V
IV
II
I

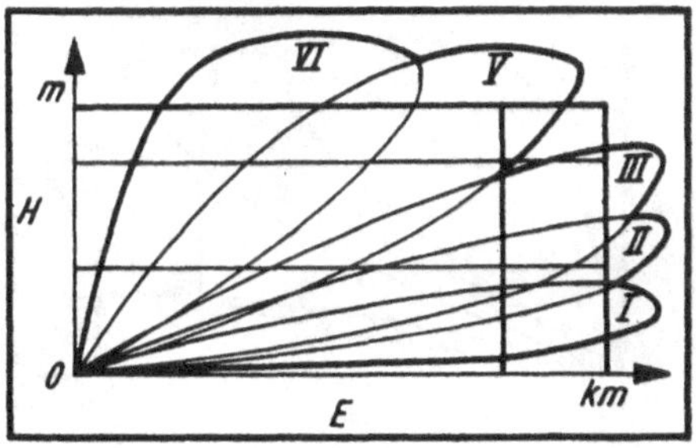
m
H
0
E
km
VI
V
III
II
I

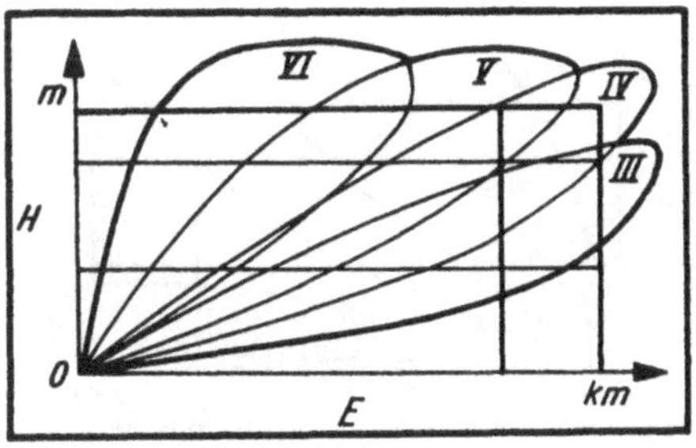
m
H
0
E
km
VI
V
IV
III

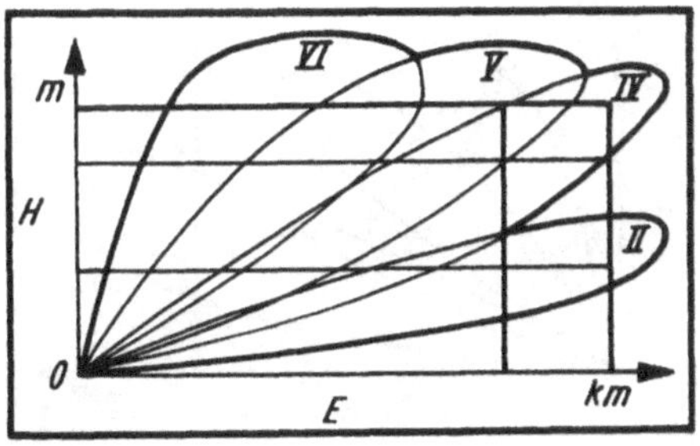
m
H
0
E
km
VI
V
IV
II

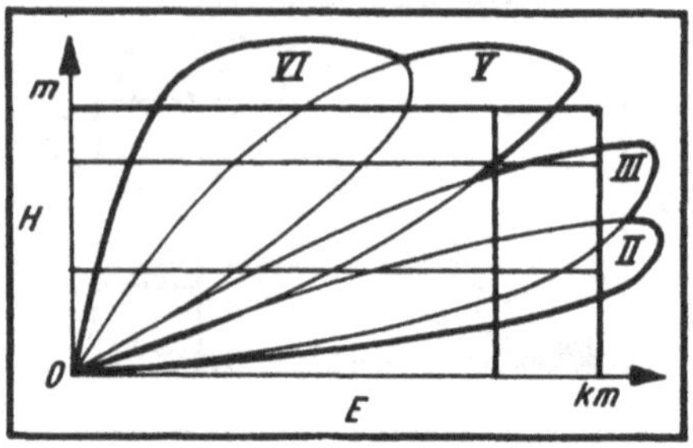
VI
V
III
II
m
H
0
E
km

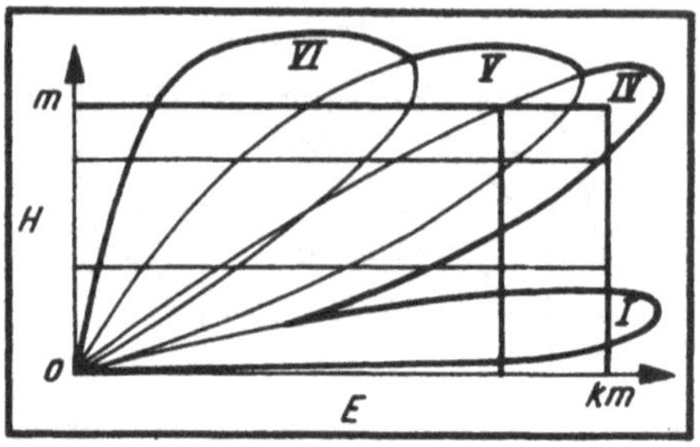
VI
V
IV
I
m
H
0
E
km

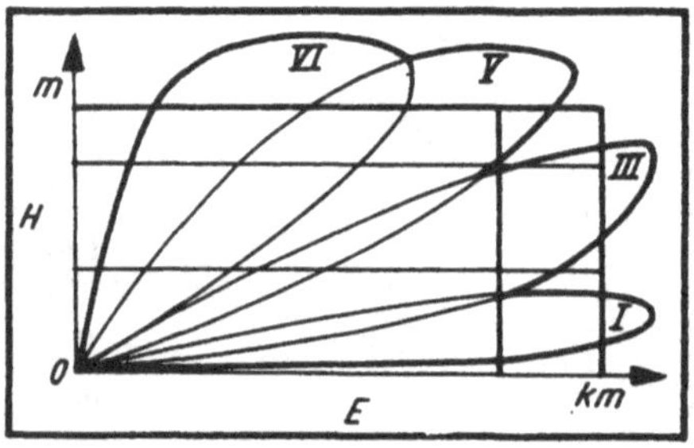
VI
V
III
I
m
H
0
E
km

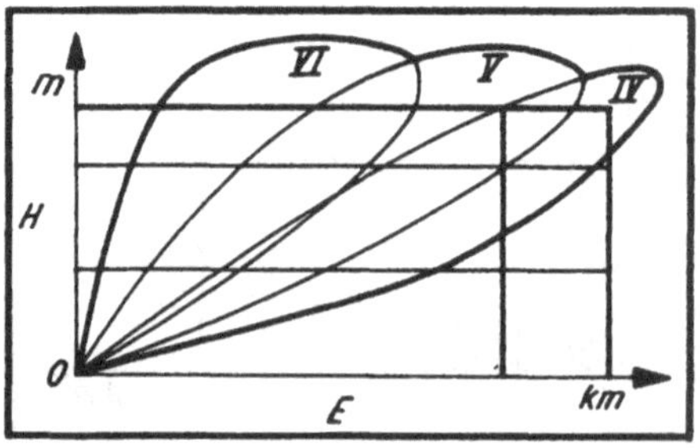
VI
V
IV
m
H
0
E
km

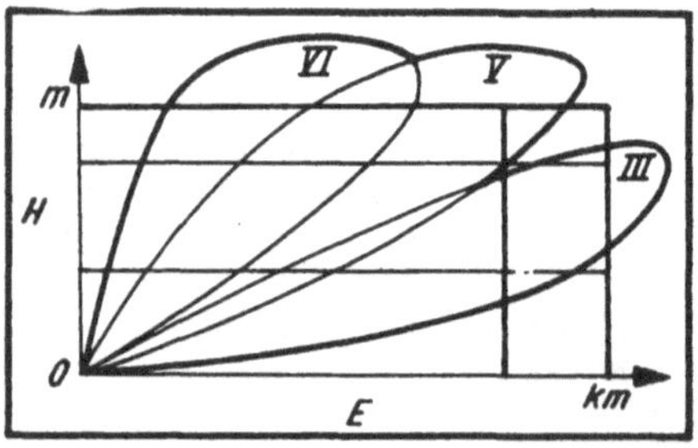
VI
V
III
m
H
0
E
km

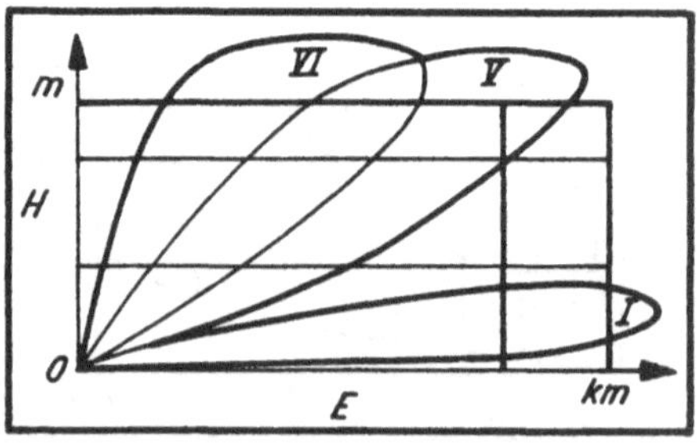
VI
V
I
m
H
0
E
km

6. Anhang

6.1. Zustandsmodelle und Formeln zur Berechnung der Zustandswahrscheinlichkeit

In den nachfolgend aufgeführten Zustandsmodellen sind die Systemzustände, in denen das System ausgefallen ist, durch schraffierte Knoten (Kreise) bezeichnet. Die nichtschraffierten Knoten des Zustandsdiagrammes stellen jeweils ein bestimmtes Niveau der Funktionsfähigkeit des betrachteten Systems dar.

Es bedeuten

$P_j(t)$ – Wahrscheinlichkeit, mit der sich das System zum Zeitpunkt t im j-ten Systemzustand befindet (Zustandswahrscheinlichkeit);

P_j – Wahrscheinlichkeit, mit der sich das System im j-ten Systemzustand befindet (stationärer Zustand);

$L\{P_j(t)\}$ – LAPLACE-Transformierte der Wahrscheinlichkeit.

6.1.1. Zustandsmodelle komplizierter technischer Systeme im nichtstationären Zustand

Zustandsmodell 1

System mit m Zuständen geht, beginnend mit Ausgangszustand, nacheinander in die möglichen Systemzustände bis zum Endzustand über:

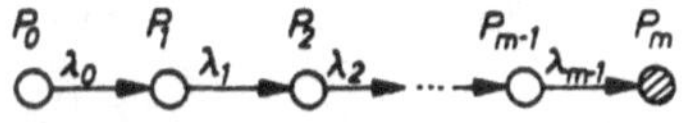

Nach [70] wird:

$$P_j(t) = \sum_{k=0}^{j} a_{j,k} e^{-\lambda_k t}; \quad a_{j,k} = \frac{\prod_{l=0}^{j-1} \lambda_l}{\prod_{\substack{l=0 \\ (l=k)}}^{j} (\lambda_l - \lambda_k)}. \quad (j = 1, 2, \ldots, m-1)$$

Zustandsmodell 2

Wie Zustandsmodell 1, jedoch Übergang des Systems direkt aus Ausgangszustand in Endzustand möglich:

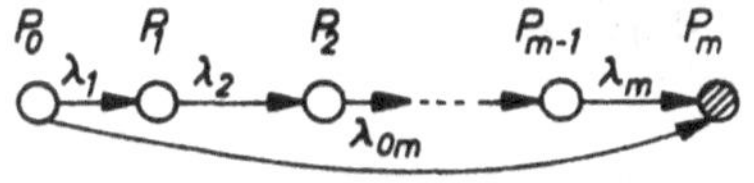

$$L\{P_j(t)\} = \frac{1}{s+\Lambda_0} \prod_{k=1}^{j} \frac{\lambda_k}{(s+\lambda_{k+1})} ;$$

$$L\{P_m(t)\} = \frac{\lambda_{0m}}{s(s+\Lambda_0)} + \frac{\lambda_m}{s(s+\Lambda_0)} \prod_{k=1}^{m} \frac{\lambda_k}{(s+\lambda_{k+1})} .$$

Speziell für m = 3 folgt:

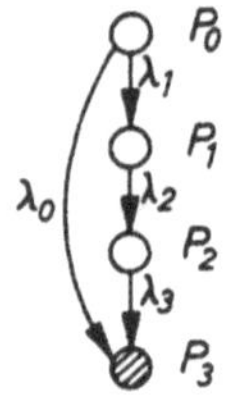

$$P_0(t) = e^{-\Lambda_0 t}; \qquad \Lambda_0 = \lambda_0 + \lambda_1$$

$$P_1(t) = \lambda_1 \frac{e^{-\Lambda_0 t} - e^{-\lambda_2 t}}{\lambda_2 - \Lambda_0} ,$$

$$P_2(t) = \lambda_1 \lambda_2 \frac{(\Lambda_0 - \lambda_2)\, e^{-\lambda_3 t} + (\lambda_3 - \Lambda_0)\, e^{-\lambda_2 t} + (\lambda_2 - \lambda_3)\, e^{-\Lambda_0 t}}{(\lambda_3 - \lambda_2)(\lambda_3 - \Lambda_0)(\Lambda_0 - \lambda_2)}$$

$$P_3(t) = \lambda_1 \lambda_2 \lambda_3 \left[\frac{1}{\Lambda_0 \lambda_2 \lambda_3} - \frac{e^{-\Lambda_0 t}}{\Lambda_0(\Lambda_0 - \lambda_2)(\Lambda_0 - \lambda_3)} - \frac{e^{-\lambda_2 t}}{\lambda_2(\lambda_2 - \Lambda_0)(\lambda_2 - \lambda_3)} - \frac{e^{-\lambda_3 t}}{\lambda_3(\lambda_3 - \Lambda_0)(\lambda_3 - \lambda_2)}\right].$$

Zustandsmodell 3

System mit m Systemzuständen geht aus Ausgangszustand nacheinander in die Systemzustände bis Endzustand über oder vom Ausgangszustand direkt in einen beliebigen Systemzustand (außer Endzustand), um dann über die nachfolgenden Systemzustände den Endzustand zu erreichen

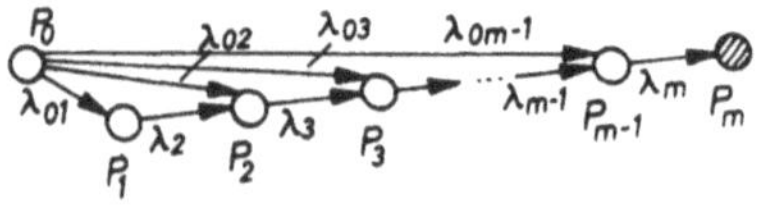

$$\Lambda_0 = \sum_{j=1}^{m-1} \lambda_{0j} ,$$

$$L\{P_j(t)\} = \frac{1}{(s+\Lambda_0)} \left[\lambda_{01} \frac{\prod_{k=i}^{j} \lambda_k}{\prod_{k=1}^{j} (s+\lambda_{k+1})} + \sum_{i=2}^{j} \frac{\lambda_{0i} \prod_{k=i+1}^{j} \lambda_k}{\prod_{k=i}^{j} (s+\lambda_{k+1})} \right]$$

$$L\{P_m(t)\} = \frac{\lambda_m}{(s+\Lambda_0)} \left[\lambda_{01} \frac{\prod_{k=i+1}^{m} \lambda_k}{\prod_{k=1}^{m} (s+\lambda_{k+1})} + \sum_{i=2}^{m} \lambda_{0i} \frac{\prod_{k=i+1}^{m}}{\prod_{k=1}^{m} (s+\lambda_{k+1})} \right]$$

Für m = 3 folgt speziell:

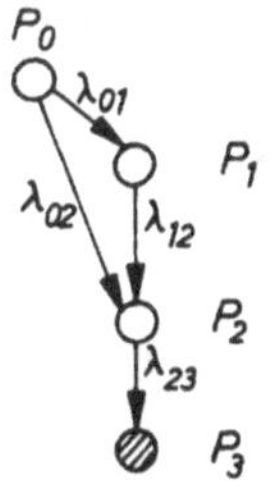

$$P_0(t) = e^{-\Lambda_0 t}; \qquad \Lambda_0 = \lambda_{01} + \lambda_{02}$$

$$P_1(t) = \lambda_{01} \frac{e^{-\lambda_{12}t} - e^{-\Lambda_0 t}}{\Lambda_0 - \lambda_{12}}$$

$$P_2(t) = \lambda_{01}\lambda_{12} \frac{(\lambda_{23} - \lambda_{12})\,e^{-\Lambda_0 t} + (\Lambda_0 - \lambda_{23})\,e^{-\lambda_{12}t} + (\lambda_{12} - \Lambda_0)\,e^{-\lambda_{23}t}}{(\Lambda_0 - \lambda_{12})\,(\Lambda_0 - \lambda_{23})\,(\lambda_{23} - \lambda_{12})}$$

$$+ \lambda_{02} \frac{e^{-\lambda_{23}t} - e^{-\Lambda_0 t}}{\Lambda_0 - \lambda_{23}}$$

$$P_3(t) = \lambda_{01}\lambda_{12}\lambda_{23} \left[\frac{1}{\Lambda_0\lambda_{12}\lambda_{23}} - \frac{e^{-\Lambda_0 t}}{\Lambda_0(\Lambda_0 - \lambda_{12})\,(\Lambda_0 - \lambda_{23})} - \frac{e^{-\lambda_{12}t}}{\lambda_{12}(\lambda_{12} - \Lambda_0)\,(\lambda_{12} - \lambda_{23})}\right.$$

$$\left. - \frac{e^{-\lambda_{23}t}}{\lambda_{23}(\lambda_{23} - \Lambda_0)\,(\lambda_{23} - \lambda_{12})}\right] + \lambda_{02}\lambda_{23}\left[\frac{1}{\Lambda_0\lambda_{23}} + \frac{\lambda_{23}e^{-\Lambda_0 t} - \Lambda_0 e^{-\lambda_{23}t}}{\Lambda_0\lambda_{23}(\Lambda_0 - \lambda_{23})}\right].$$

Zustandsmodell 4

Wie Zustandsmodell 3, jedoch Übergang des Systems direkt aus Ausgangszustand in Endzustand möglich:

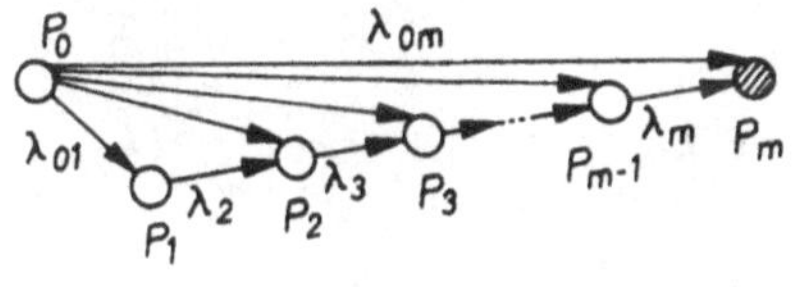

$$\Lambda_0 = \sum_{j=1}^{m} \lambda_{0j},$$

$$L\{P_j(t)\} = \frac{1}{(s + \Lambda_0)} \left[\lambda_{01} \prod_{k=1}^{j} \frac{\lambda_{k+1}}{(s + \lambda_{k+1})} + \sum_{i=2}^{j} \lambda_{0i} \frac{\prod_{k=i+1}^{j} \lambda_k}{\prod_{k=i}^{j} (s + \lambda_{k+1})} \right]$$

$$L\{P_m(t)\} = \frac{\lambda_{0m}}{s} L\{P_0(t)\} + \frac{\lambda_m}{s} L\{P_{m-1}(t)\}$$

Und für m = 3 folgt:

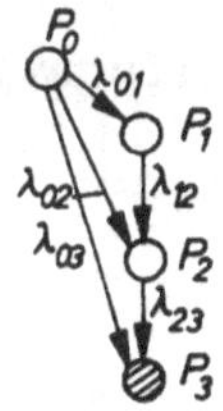

$P_0(t)$, $P_1(t)$, $P_2(t)$ } Gleiche Formelausdrücke wie bei Zustandsmodell 3, jedoch $\Lambda_0 = \lambda_{01} + \lambda_{02} + \lambda_{03}$.

$$P_3(t) = \lambda_{01}\lambda_{12}\lambda_{23}\left[\frac{1}{\Lambda_0\lambda_{12}\lambda_{23}} - \frac{e^{-\Lambda_0 t}}{\Lambda_0(\Lambda_0-\lambda_{12})(\Lambda_0-\lambda_{23})} - \frac{e^{-\lambda_{12}}}{\lambda_{12}(\lambda_{12}-\Lambda_0)(\lambda_{12}-\lambda_{23})}\right.$$

$$\left. - \frac{e^{-\lambda_{23}t}}{\lambda_{23}(\lambda_{23}-\Lambda_0)(\lambda_{23}-\lambda_{12})}\right] + \lambda_{02}\lambda_{23}\left[\frac{1}{\Lambda_0\lambda_{23}} + \frac{\lambda_{23}e^{-\Lambda_0 t} - \Lambda_0 e^{-\lambda_{23}t}}{\Lambda_0\lambda_{23}(\Lambda_0-\lambda_{23})}\right]$$

$$- \frac{\lambda_{03}}{\Lambda_0}(e^{-\Lambda_0 t} - 1).$$

Zustandsmodell 5

System mit m Systemzuständen geht aus Ausgangszustand nacheinander in die Systemzustände bis Endzustand oder von einem beliebigen Systemzustand (außer Ausgangszustand) in Endzustand über:

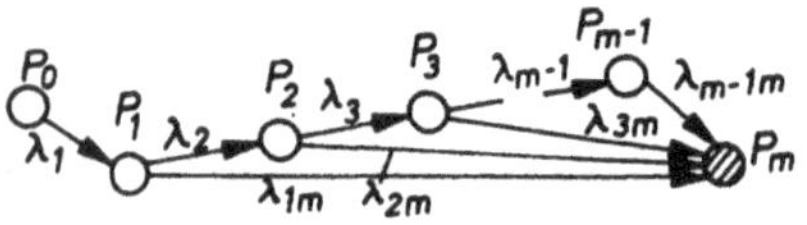

$$L\{P_j(t)\} = \frac{1}{s+\lambda_1}\prod_{k=1}^{j}\frac{\lambda_k}{(s+\lambda_{k+1}+\lambda_{km})},$$

$$L\{P_m(t)\} = \frac{1}{s}\sum_{k=1}^{m-1}\lambda_{km}L\{P_k(t)\}.$$

Für m = 3 ergibt sich:

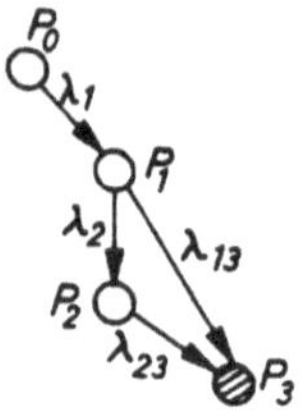

$$P_0(t) = e^{-\lambda_1 t}; \qquad \Lambda_1 = \lambda_2 + \lambda_{23}$$

$$P_1(t) = \lambda_1\frac{e^{-\lambda_1 t} - e^{-\Lambda_1 t}}{\Lambda_1 - \lambda_1},$$

$$P_2(t) = \lambda_1\lambda_2\frac{(\lambda_{23}-\lambda_1)e^{-\Lambda_1 t} + (\Lambda_1-\lambda_{23})e^{-\lambda_1 t} + (\lambda_1-\Lambda_1)e^{-\lambda_{23}t}}{(\Lambda_1-\lambda_1)(\Lambda_1-\lambda_{23})(\lambda_{23}-\lambda_1)}$$

$$P_3(t) = \lambda_1\lambda_2\lambda_{23}\left[\frac{1}{\Lambda_1\lambda_2\lambda_{23}} - \frac{e^{-\Lambda_1 t}}{\Lambda_1(\Lambda_1-\lambda_1)(\Lambda_1-\lambda_{23})} - \frac{e^{-\lambda_1 t}}{\lambda_1(\lambda_1-\Lambda_1)(\lambda_1-\lambda_{23})}\right.$$

$$\left. - \frac{e^{-\lambda_{23}t}}{\lambda_{23}(\lambda_{23}-\Lambda_1)(\lambda_{23}-\lambda_1)}\right] + \lambda_1\lambda_{13}\left[\frac{1}{\Lambda_1\lambda_1} + \frac{\lambda_1 e^{-\Lambda_1 t} - \Lambda_1 e^{-\lambda_1 t}}{\Lambda_1\lambda_1(\Lambda_1-\lambda_1)}\right].$$

Zustandsmodell 6

Wie Zustandsmodell 5, jedoch Übergang des Systems direkt aus Ausgangszustand in Endzustand möglich:

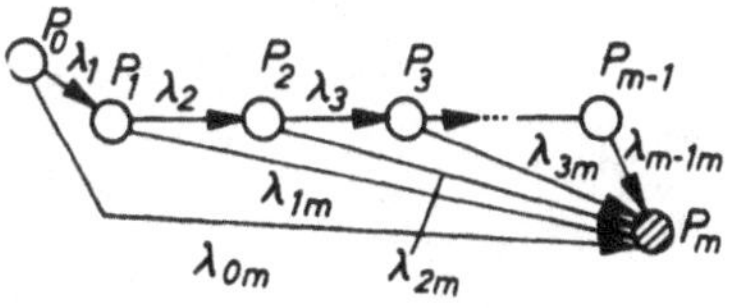

$$L\{P_j(t)\} = \frac{1}{s+\Lambda_0} \prod_{k=1}^{j} \frac{\lambda_k}{(s+\lambda_{km}+\lambda_{k+1})} ; \qquad \Lambda_0 = \lambda_1 + \lambda_{0m}$$

$$L\{P_m(t) = \frac{1}{s} \sum_{k=1}^{m-1} \lambda_{km} L\{P_k(t)\} + \frac{\lambda_{0m}}{s} L\{P_0(t)\}.$$

Für m = 3 folgt speziell:

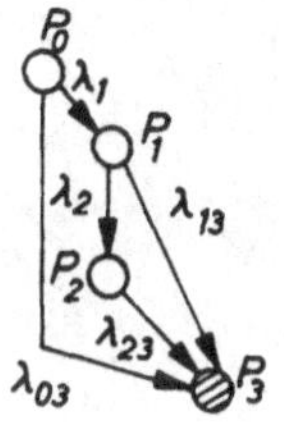

$$\left.\begin{array}{l} P_0(t) \\ P_1(t) \\ P_2(t) \end{array}\right\}$$ Gleiche Formelausdrücke wie bei Zustandsmodell 5, jedoch $\Lambda_0 = \lambda_1 + \lambda_{03}; \; \Lambda_1 = \lambda_2 + \lambda_{23}$.

$$P_3(t) = \lambda_1\lambda_2\lambda_{23}\left[\frac{1}{\Lambda_1\lambda_1\lambda_{23}} - \frac{e^{-\Lambda_1 t}}{\Lambda_1(\Lambda_1-\lambda_1)(\Lambda_1-\lambda_{23})}\right.$$

$$\left. - \frac{e^{-\lambda_1 t}}{\lambda_1(\lambda_1-\Lambda_1)(\lambda_1-\lambda_{23})} - \frac{e^{-\lambda_{23} t}}{\lambda_{23}(\lambda_{23}-\Lambda_1)(\lambda_{23}-\lambda_1)}\right] + \lambda_1\lambda_{13}\left[\frac{1}{\Lambda_1\lambda_1}\right.$$

$$\left. + \frac{\lambda_1 e^{-\Lambda_1 t} - \Lambda_1 e^{-\lambda_1 t}}{\Lambda_1\lambda_1(\Lambda_1-\lambda_1)}\right] - \frac{\lambda_{03}}{\Lambda_0}(e^{-\Lambda_0 t} - 1).$$

Zustandsmodell 7

System mit m Systemzuständen geht aus Ausgangszustand in beliebigen Systemzustand (außer Endzustand) über. Von den Systemzuständen wird Endzustand entweder direkt oder nacheinander über die folgenden Systemzustände erreicht:

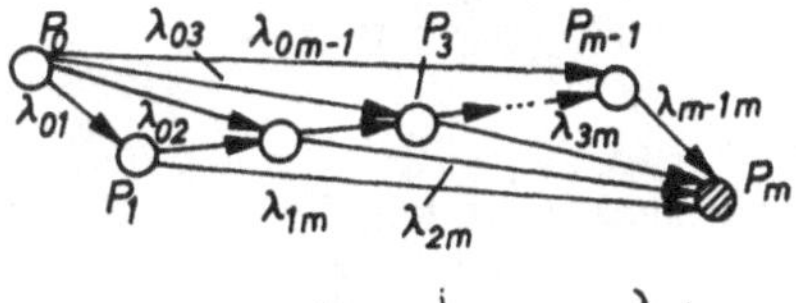

$$L\{P_j(t)\} = \frac{1}{s+\Lambda_0} \prod_{k=1}^{j} \frac{\lambda_{0k}}{(s+\lambda_{km}+\lambda_{k+1})} ; \qquad \Lambda_0 = \sum_{i=1}^{m-1} \lambda_{0i}$$

$$L\{P_m(t)\} = \frac{1}{s} \sum_{k=1}^{m-1} \lambda_{km} L\{P_k(t)\}.$$

Für m = 3 ergibt sich:

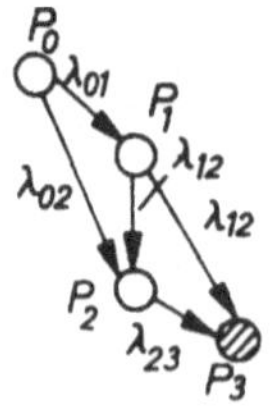

$$P_0(t) = e^{-\Lambda_0 t}; \quad \Lambda_0 = \lambda_{01} + \lambda_{02}$$

$$P_1(t) = \lambda_{01} \frac{e^{-\Lambda_1 t} - e^{-\Lambda_0 t}}{\Lambda_0 - \Lambda_1}; \quad \Lambda_1 = \lambda_{12} + \lambda_{23}$$

$$P_2(t) = \lambda_{01}\lambda_{12} \left[\frac{(\lambda_{23} - \Lambda_1) e^{-\Lambda_0 t} + (\Lambda_0 - \lambda_{23}) e^{-\Lambda_1 t} + (\Lambda_1 - \Lambda_0) e^{-\lambda_{23} t}}{(\Lambda_0 - \Lambda_1)(\Lambda_0 - \lambda_{23})(\lambda_{23} - \Lambda_1)}\right]$$

$$+ \lambda_{02} \frac{e^{-\lambda_{23} t} - e^{-\Lambda_0 t}}{\Lambda_0 - \lambda_{23}}$$

$$P_3(t) = \lambda_{01}\lambda_{12}\lambda_{23} \left[\frac{1}{\Lambda_0 \Lambda_1 \lambda_{23}} - \frac{e^{-\Lambda_0 t}}{\Lambda_0 (\Lambda_0 - \Lambda_1)(\Lambda_0 - \lambda_{23})} - \frac{e^{-\Lambda_1 t}}{\Lambda_1 (\Lambda_1 - \Lambda_0)(\Lambda_1 - \lambda_{23})}\right.$$

$$\left. - \frac{e^{-\lambda_{23} t}}{\lambda_{23}(\lambda_{23} - \Lambda_0)(\lambda_{23} - \Lambda_1)}\right] + \lambda_{01}\lambda_{13} \left[\frac{1}{\Lambda_0 \Lambda_1} + \frac{\Lambda_1 e^{-\Lambda_0 t} - \Lambda_0 e^{-\Lambda_1 t}}{\Lambda_0 \Lambda_1 (\Lambda_0 - \Lambda_1)}\right]$$

$$+ \lambda_{02}\lambda_{23} \left[\frac{1}{\Lambda_0 \lambda_{23}} + \frac{\lambda_{23} e^{-\Lambda_0 t} - \Lambda_0 e^{-\lambda_{23} t}}{\Lambda_0 \lambda_{23} (\Lambda_0 - \lambda_{23})}\right].$$

Zustandsmodell 8

Wie Zustandsmodell 7, jedoch auch direkter Übergang des Systems aus Ausgangszustand in Endzustand möglich:

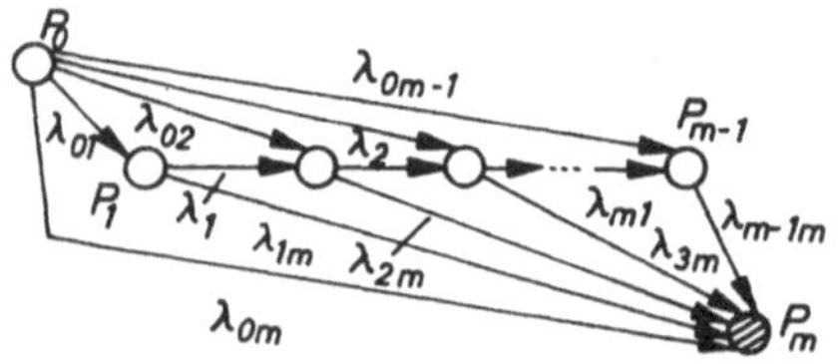

$$L\{P_j(t)\} = \frac{1}{s + \Lambda_0} \prod_{k=1}^{j} \frac{\lambda_{ok}}{(s + \lambda_{km} + \lambda_{k+1})}; \qquad \Lambda_0 = \sum_{i=1}^{m} \lambda_{0i}$$

$$L\{P_m(t)\} = \frac{\lambda_{0m}}{s(s + \Lambda_0)} + \frac{1}{s} \sum_{k=1}^{m-1} \lambda_{km} L\{P_k(t)\}.$$

Für m = 3 folgt:

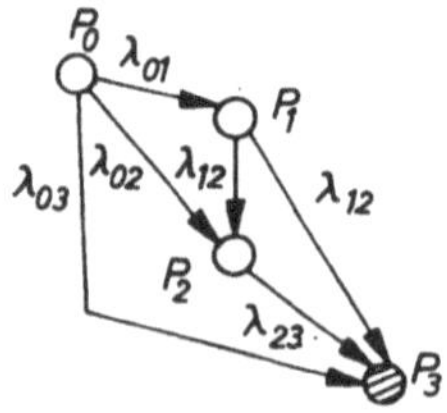

$P_0(t)$, $P_1(t)$, $P_2(t)$ } Gleiche Formelausdrücke wie bei Zustandsmodell 7, jedoch
$\Lambda_0 = \lambda_{01} + \lambda_{02} + \lambda_{03}$
$\Lambda_1 = \lambda_{12} + \lambda_{13}$

$$P_3(t) = \lambda_{01}\lambda_{12}\lambda_{23} \left[\frac{1}{\Lambda_0 \Lambda_1 \lambda_{23}} - \frac{e^{-\Lambda_0 t}}{\Lambda_0 (\Lambda_0 - \Lambda_1)(\Lambda_0 - \lambda_{23})}\right.$$

$$- \frac{e^{-\Lambda_1 t}}{\Lambda_1(\Lambda_1-\Lambda_0)(\Lambda_1-\lambda_{23})} - \frac{e^{-\lambda_{23} t}}{\lambda_{23}(\lambda_{23}-\Lambda_0)(\lambda_{23}-\Lambda_1)}] + \lambda_{01}\lambda_{13}[\frac{1}{\Lambda_0\Lambda_1}$$

$$+ \frac{\Lambda_1 e^{-\Lambda_0 t} - \Lambda_0 e^{-\Lambda_1 t}}{\Lambda_0\Lambda_1(\Lambda_0-\Lambda_1)}] + \lambda_{02}\lambda_{23}[\frac{1}{\Lambda_0\lambda_{23}} + \frac{\lambda_{23} e^{-\Lambda_0 t} - \Lambda_0 e^{-\lambda_{23} t}}{\Lambda_0\lambda_{23}(\Lambda_0-\lambda_{23})}]$$

$$- \frac{\lambda_{03}}{\Lambda_0}(e^{-\Lambda_0 t} - 1).$$

Zustandsmodell 9

System mit fächerförmig verzweigtem Zustandsdiagramm, analog dem nachfolgend für N = 4 Systemelemente dargestellten.

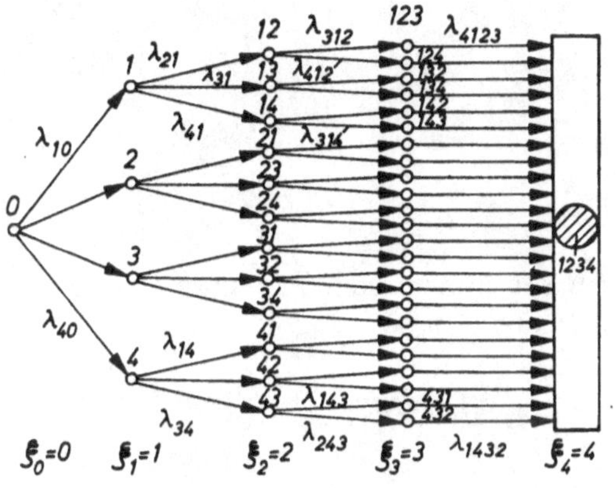

Charakteristisch für derartige Zustandsdiagramme ist:
Aus dem Ausgangszustand führen N Übergänge (N – Anzahl der Systemelemente) in die möglichen Systemzustände der 1. Zustandsebene ξ_1; von jedem dieser Systemzustände ist der Übergang in jeweils N – ξ_1 = 3 Systemzustände der 2. Zustandsebene ξ_2 möglich, die insgesamt N(N-1) Systemzustände hat, usw.

Die hier gewählte Bezeichnung der Systemzustände gibt zugleich unmittelbar über die bereits ausgefallenen Systemelemente Auskunft (beispielsweise bedeutet Systemzustand 143 den Ausfall des Systemelementes 1, dann nacheinander folgend der Systemelemente 4 und 3).

Die Bezeichnung der Übergangsraten ist λ_{ji} mit j – Nummer des betrachteten Elementes und i – Systemzustand, aus dem der Übergang erfolgt.

Die Wahrscheinlichkeit, mit der sich das betrachtete System im i-ten Systemzustand befindet, wird dann nach [70]

$$P_i(t) = \sum_{\substack{k=0 \\ (k \in L_i)}}^{i} a_{ik} e^{-\Lambda_k t}.$$

Die Koeffizienten a_{ik} stellen Produkte aus Quotienten der Art $\lambda_{j\delta}/(\Lambda_l - \Lambda_k)$ dar. Die Anzahl dieser Quotienten ist gleich der Anzahl der Zustandsebenen ξ_i, in der sich der betrachtete Systemzustand befindet. Der Zähler des Bruches enthält die Übergangsraten $\lambda_{j\delta}$ auf dem Pfad L_i vom Ausgangszustand bis zum betrachteten Systemzustand; der Index l im Nenner nimmt alle Nummern der Systemzustände an, die vom Pfad L_i durchlaufen werden, jedoch ist $l \neq k$.

Die Übergangsrate Λ_k entspricht der Summe aller Übergangsraten, die aus dem jeweils betrachteten k-ten Systemzustand herausführen.

Folglich ergibt sich für ein System mit N = 3 Systemelementen das nachfolgende Zustandsdiagramm:

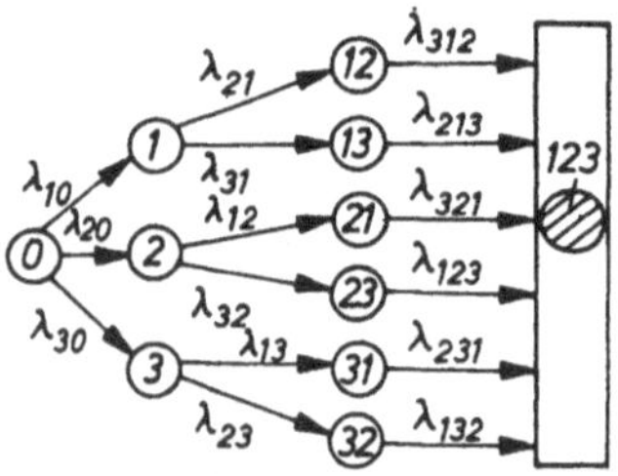

Die Wahrscheinlichkeit, mit der sich das System zum Zeitpunkt t im Zustand 31 befindet, wird nach oben genannter Formel

$$P_{31}(t) = a_{31,0}e^{-\Lambda_0 t} + a_{31,3}e^{-\Lambda_3 t} + a_{31,31}e^{-\Lambda_{31} t}$$

mit:

$$a_{31,0} = \frac{\lambda_{30}\lambda_{13}}{(\Lambda_3 - \Lambda_0)(\Lambda_{31} - \Lambda_0)}; \quad a_{31,3} = \frac{\lambda_{30}\lambda_{13}}{(\Lambda_0 - \Lambda_3)(\Lambda_{31} - \Lambda_3)};$$

$$a_{31,31} = \frac{\lambda_{30}\lambda_{13}}{(\Lambda_0 - \Lambda_{31})(\Lambda_3 - \Lambda_{31})};$$

$$\Lambda_0 = \lambda_{10} + \lambda_{20} + \lambda_{30}; \quad \Lambda_3 = \lambda_{13} + \lambda_{23}; \quad \Lambda_{31} = \lambda_{231}.$$

In der praktischen Arbeit haben sich *Dreieckstabellen* sehr bewährt, die nach dem oben genannten Verfahren aufgestellt werden können. Für N = 3 ergeben sich folgende Werte [70]:

i \ k	0	1	2	3	12	13	21	23	31	32
0	1									
1	$\frac{10}{2,0}$	$\frac{10}{0,2}$								
2	$\frac{20}{2,0}$	—	$\frac{20}{0,2}$							
3	$\frac{30}{3,0}$	—	—	$\frac{30}{0,3}$						
12	$\frac{10}{1,0}\cdot\frac{21}{12,0}$	$\frac{10}{0,1}\cdot\frac{21}{12,1}$	—	—	$\frac{10}{0,12}\cdot\frac{21}{1,12}$					
13	$\frac{10}{1,0}\cdot\frac{31}{13,0}$	$\frac{10}{0,1}\cdot\frac{31}{13,1}$	—	—	—	$\frac{10}{0,13}\cdot\frac{31}{1,13}$				
21	$\frac{20}{2,0}\cdot\frac{12}{21,0}$	—	$\frac{20}{0,2}\cdot\frac{12}{21,2}$	—	—	—	$\frac{20}{0,21}\cdot\frac{12}{2,21}$			
23	$\frac{20}{2,0}\cdot\frac{32}{23,0}$	—	$\frac{20}{0,2}\cdot\frac{32}{23,2}$	—	—	—	—	$\frac{20}{0,23}\cdot\frac{32}{2,23}$		
31	$\frac{30}{3,0}\cdot\frac{13}{31,0}$	—	—	$\frac{30}{0,3}\cdot\frac{13}{31,3}$	—	—	—	—	$\frac{30}{0,31}\cdot\frac{13}{3,31}$	
32	$\frac{30}{3,0}\cdot\frac{23}{32,0}$	—	—	$\frac{30}{0,3}\cdot\frac{23}{32,3}$	—	—	—	—	—	$\frac{30}{0,32}\cdot\frac{23}{3,32}$

Indizes der Übergangsraten des Koeffizienten

$a_{i,k}$ (N = 3)

Beispiele:

$$a_{2,2} = \frac{\lambda_{20}}{(\Lambda_0 - \Lambda_2)}$$

$$a_{31,3} = \frac{\lambda_{30}\,\lambda_{13}}{(\Lambda_0 - \Lambda_3)(\Lambda_{31} - \Lambda_3)}$$

Zustandsmodell 10

Systemverhalten wird durch netzförmiges Zustandsdiagramm – analog dem *Standarddiagramm* nach Abschnitt 2.2. – beschrieben.

Die Bezeichnung der Systemzustände und Übergangsraten erfolgt wie beim Zustandsmodell 9.

Für ein System mit N = 4 Systemelementen wird das nachstehende Zustandsdiagramm erhalten:

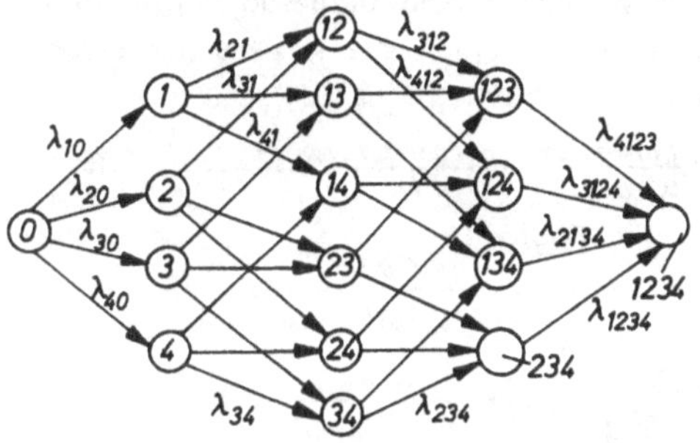

Die Wahrscheinlichkeit, mit der sich das System zum Zeitpunkt t im i-ten Systemzustand befindet, wird nach [70]

$$P_i(t) = \sum_{(\nu)} \sum_{(k)} b_{i,k,\nu} e^{-\Lambda_k t},$$

ν bedeutet Anzahl der Pfade vom Ausgangszustand (0-ten Zustand) zum betrachteten Systemzustand, die stets $\nu = \xi_j!$ ist, mit ξ_j der Nummer der Zustandsebene (j = 0, 1, 2, . . .), in der sich der betrachtete Systemzustand befindet.

Beispielsweise folgt für den Systemzustand 12, gemäß der für Zustandsmodell 9 dargelegten Methodik,

$$P_{12}(t) = b_{12,0,1}e^{-\Lambda_0 t} + b_{12,1,1}e^{-\Lambda_1 t} + b_{12,12,1}e^{-\Lambda_{12} t}$$

$$+ b_{12,0,2}e^{-\Lambda_0 t} + b_{12,2,2}e^{-\Lambda_2 t} + b_{12,12,2}e^{-\Lambda_{12} t}$$

mit

$$b_{12,0,1} = \frac{\lambda_{10}\lambda_{21}}{(\Lambda_1 - \Lambda_0)(\Lambda_{12} - \Lambda_0)}; \quad b_{12,0,2} = \frac{\lambda_{20}\lambda_{12}}{(\Lambda_2 - \Lambda_0)(\Lambda_{12} - \Lambda_0)};$$

$$b_{12,1,1} = \frac{\lambda_{10}\lambda_{21}}{(\Lambda_0 - \Lambda_1)(\Lambda_{12} - \Lambda_1)}; \quad b_{12,2,2} = \frac{\lambda_{20}\lambda_{12}}{(\Lambda_0 - \Lambda_2)(\Lambda_{12} - \Lambda_2)};$$

$$b_{12,12,1} = \frac{\lambda_{10}\lambda_{21}}{(\Lambda_0 - \Lambda_{12})(\Lambda_1 - \Lambda_{12})}; \quad b_{12,12,2} = \frac{\lambda_{20}\lambda_{12}}{(\Lambda_0 - \Lambda_{12})(\Lambda_2 - \Lambda_{12})};$$

$$\Lambda_0 = \lambda_{10} + \lambda_{20} + \lambda_{30} + \lambda_{40},$$

$$\Lambda_1 = \lambda_{21} + \lambda_{31} + \lambda_{41}; \qquad \Lambda_2 = \lambda_{12} + \lambda_{32} + \lambda_{42};$$

$$\Lambda_{12} = \lambda_{312} + \lambda_{412}.$$

Auch für diese *Standard-Zustandsdiagramme* haben sich *Dreieckstabellen* bewährt. Eine derartige Tabelle ist für N = 3 nachfolgend dargestellt. Zur Vereinfachung der Schreibweise wurden auch hier lediglich die Indizes der Übergangsraten genannt, d. h., anstatt $\lambda_{10}/(\Lambda_1 - \Lambda_0)$ steht 10/(1,0).

Indizes der Übergangsraten des Koeffizienten $b_{i,k,\nu}$: (N = 3)

0	1						
1	10/1,0	10/0,1					
2	20/2,0	—	20/0,2				
3	30/3,0	—	—	30/0,3			
12	10/1,0 · 21/12,0	10/0,1 · 21/12,1	—	—	10/0,12 · 21/1,12		
	20/2,0 · 12/12,0	—	20/0,2 · 12/12,2	—	20/0,12 · 12/2,12		
13	10/1,0 · 31/13,0	10/0,1 · 31/13,1	—	—	—	10/0,13 · 31/1,13	
	30/3,0 · 13/13,0	—	—	30/0,3 · 13/13,3	—	30/0,13 · 13/3,13	
23	20/2,0 · 32/23,0	—	20/0,2 · 32/23,2	—	—	—	20/0,23 · 32/2,23
	30/3,0 · 23/23,0	—	—	30/0,3 · 23/23,3	—	—	30/0,23 · 23/3,23
i / k	0	1	2	3	12	13	23

Beispiel:

$$b_{13,13,1} = \frac{\lambda_{10}\lambda_{31}}{(\Lambda_0 - \Lambda_{13})(\Lambda_1 - \Lambda_{13})}$$

$$b_{13,13,2} = \frac{\lambda_{30}\lambda_{13}}{(\Lambda_0 - \Lambda_{13})(\Lambda_3 - \Lambda_{13})}$$

6.1.2. Zustandsmodelle komplizierter technischer Systeme im stationären Zustand

Zustandsmodell 1

System geht nacheinander in die Systemzustände mit geringerer Funktionseffektivität (bei Ausfall bzw. Verringerung der Funktionseffektivität von Systemelementen mit der Ausfallrate λ_i) bzw. in den nachfolgenden Systemzustand mit höherer Funktionseffektivität (bei Instandsetzung mit der Erneuerungsrate μ_i) über.

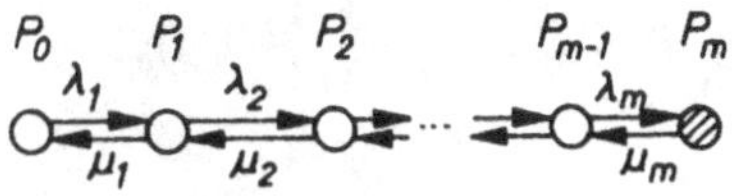

$$P_0 = \frac{1}{1 + \prod\limits_{k=1}^{m} \frac{\lambda_k}{\mu_k}} \; ; \quad P_i = \prod_{k=1}^{i} \frac{\lambda_k}{\mu_k} P_0 .$$

Das betrachtete Zustandsmodell und die Berechnungsformeln gelten auch dann, wenn sich die Übergangsraten λ_i und/oder μ_i entsprechen und jeweils durch den Faktor E_i (E_i ganzzahlig) unterscheiden. Beispielsweise wird bei gleichzeitiger Reparatur aller ausgefallenen Systemelemente bzw. gleichzeitiger Wiederherstellung des nachfolgend höheren Niveaus der Funktionsfähigkeit

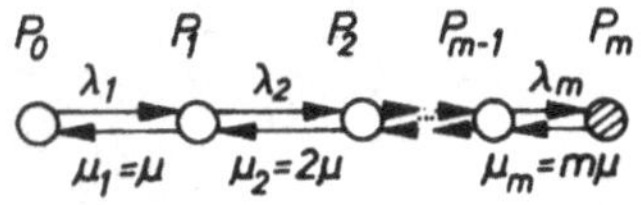

Zustandsmodell 2

System geht aus Ausgangszustand nacheinander in zwei Systemzustände mit geringerer Funktionseffektivität über. Wiederherstellung des Ausgangszustandes erfolgt nur aus Endzustand mit Erneuerungsrate μ.

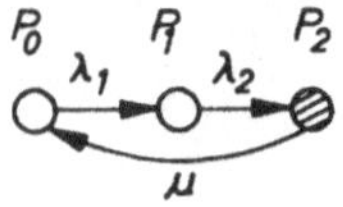

$$P_0 = \frac{1}{1 + \frac{\lambda_1}{\lambda_2} + \frac{\mu}{\lambda_1}} \; ; \quad P_1 = \frac{\lambda_1}{\lambda_2} P_0 ; \quad P_2 = \frac{\mu}{\lambda_1} P_0 .$$

Zustandsmodell 3

System geht aus Ausgangszustand nacheinander in zwei Systemzustände mit geringerer Funktionseffektivität über. Wiederherstellung des Ausgangszustandes erfolgt entweder aus Systemzustand P_1 mit der Erneuerungsrate μ_1 oder aus Systemzustand P_2 mit μ_2.

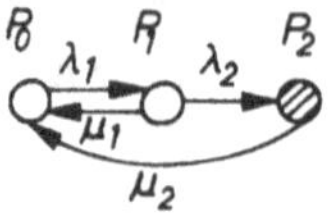

$$P_0 = \frac{1}{1 + \frac{\lambda_1}{\lambda_2 + \mu_1} + \frac{\lambda_1 \lambda_2}{\mu_2(\lambda_2 + \mu_1)}}; \quad P_1 = \frac{\lambda_1}{\lambda_2 + \mu_1} P_0; \quad P_2 = \frac{\lambda_1 \lambda_2}{\mu_2(\lambda_2 + \mu_1)} P_0.$$

Zustandsmodell 4

Wiederherstellung der nachfolgend höheren Niveaus des Systems erfolgt mit den Erneuerungsraten μ_1 bzw. μ_2. Wiederherstellung des Ausgangszustandes erfolgt auch direkt aus Systemzustand P_2 mittels der Erneuerungsrate μ_2.

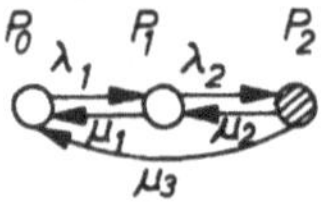

$$P_0 = \frac{1}{1 + \frac{\lambda_1 \lambda_2 + \lambda_1(\mu_2 + \mu_3)}{\lambda_2 \mu_3 + \mu_1(\mu_2 + \mu_3)}}; \quad P_1 = \frac{\lambda_1}{\mu_1 + \frac{\lambda_2 \mu_3}{\mu_2 + \mu_3}} P_0; \quad P_2 = \frac{\lambda_2}{\mu_2 + \mu_3} P_1.$$

Zustandsmodell 5

System geht aus Ausgangszustand in Systemzustand P_1 und dann entweder in Systemzustand P_2 oder in Systemzustand P_3 über. Wiederherstellung des Ausgangszustandes erfolgt aus P_2 bzw. P_3 mittels der Erneuerungsraten μ_2 bzw. μ_3.

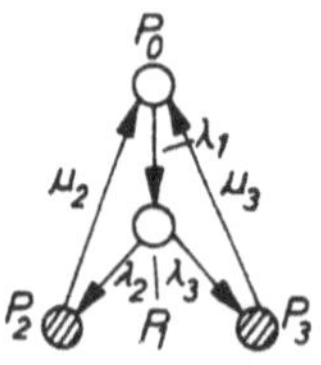

$$P_0 = \frac{1}{1 + \frac{\lambda_1}{\lambda_2 + \lambda_3} + \frac{\lambda_1 \lambda_2}{\mu_2(\lambda_2 + \lambda_3)} + \frac{\lambda_1 \lambda_3}{\mu_3(\lambda_2 + \lambda_3)}};$$

$$P_1 = \frac{\lambda_1}{\lambda_2 + \lambda_3} P_0;$$

$$P_2 = \frac{\lambda_1 \lambda_2}{\mu_2(\lambda_2 + \lambda_3)} P_0; \quad P_3 = \frac{\lambda_1 \lambda_3}{\mu_3(\lambda_2 + \lambda_3)} P_0.$$

Zustandsmodell 6

Wie Zustandsmodell 5, jedoch Wiederherstellung des Ausgangszustandes auch aus Systemzustand P_1 mit μ_1 möglich.

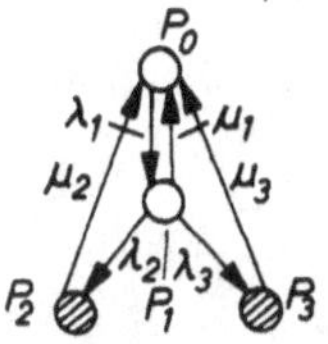

$$P_0 = \frac{1}{1 + \frac{\lambda_1}{\mu_1 + \lambda_2 + \lambda_3}\left(1 + \frac{\lambda_2}{\mu_2} + \frac{\lambda_3}{\mu_3}\right)};$$

$$P_1 = \frac{\lambda_1}{\mu_1 + \lambda_2 + \lambda_3} P_0;$$

$$P_2 = \frac{\lambda_2}{\mu_2} P_1; \quad P_3 = \frac{\lambda_3}{\mu_3} P_1.$$

Zustandsmodell 7

System geht aus Ausgangszustand über Systemzustand P_1 oder unmittelbar in die Systemzustände P_2 oder P_3 über. Wiederherstellung des Ausgangszustandes erfolgt mittels Erneuerungsrate μ_{20} bzw. μ_{30}.

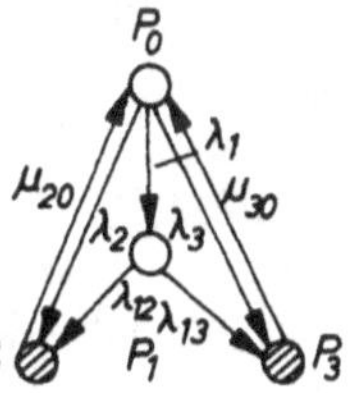

$$P_0 = \frac{1}{1 + \frac{1}{\lambda_{12} + \lambda_{13}}\left[\lambda_1\left(1 + \frac{\lambda_{12}}{\mu_{20}} + \frac{\lambda_{13}}{\mu_{30}}\right) + (\lambda_{12} + \lambda_{13})\left(\frac{\lambda_2}{\mu_{20}} + \frac{\lambda_3}{\mu_{30}}\right)\right]},$$

$$P_1 = \frac{\lambda_1}{\lambda_{12} + \lambda_{13}} P_0;$$

$$P_2 = \frac{\lambda_1 \lambda_{12} + \lambda_2(\lambda_{12} + \lambda_{13})}{\mu_{20}(\lambda_{12} + \lambda_{13})} P_0; \quad P_3 = \frac{\lambda_1 \lambda_{13} + \lambda_3(\lambda_{12} + \lambda_{13})}{\mu_{30}(\lambda_{12} + \lambda_{13})} P_0.$$

Zustandsmodell 8

System geht aus Ausgangszustand entweder in Systemzustand P_1 oder in Systemzustand P_2 über. Wiederherstellung des Ausgangszustandes mittels Erneuerungsrate μ_1 oder μ_2.

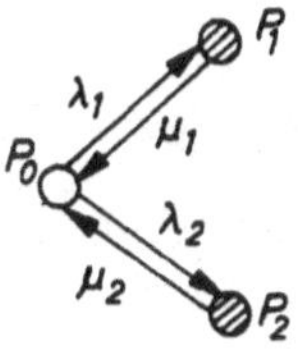

$$P_0 = \frac{1}{N} \mu_1 \mu_2;$$

$$P_i = \frac{\lambda_i}{\mu_i} P_0; \quad (i = 1, 2)$$

$$N = \mu_1 \mu_2 + \lambda_1 \mu_2 + \lambda_2 \mu_1.$$

Zustandsmodell 9

System geht aus Ausgangszustand in den i-ten Systemzustand über mit Ausfallrate λ_i. Wiederherstellung des Ausgangszustandes mittels Erneuerungsrate μ_i.

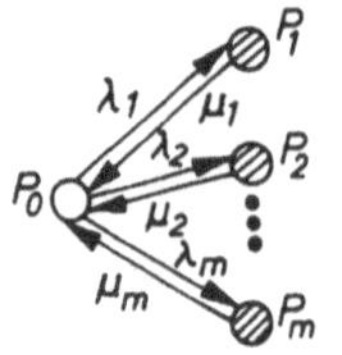

$$P_0 = \frac{1}{1 + \sum_{i=1}^{m} \frac{\lambda_i}{\mu_i}};$$

$$P_i = \frac{\lambda_i}{\mu_i} P_0 \qquad (i = 1, 2, \ldots, m).$$

Zustandsmodell 10

System geht aus Ausgangszustand mit Ausfallrate λ_1 in Systemzustand P_1 über. Danach erfolgt Übergang in Ausgangszustand mit Erneuerungsrate μ_1 oder in den i-ten Systemzustand mit λ_1 $(i = 2, 3, \ldots, m)$. Wiederherstellung des Ausgangszustandes erfolgt mit Erneuerungsrate μ_i und danach mit μ_1.

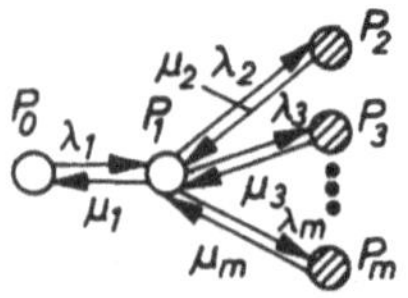

$$P_0 = \frac{1}{1 + \frac{\lambda_1}{\mu_1}\left(1 + \sum_{i=2}^{m} \frac{\lambda_i}{\mu_i}\right)};$$

$$P_1 = \frac{\lambda_1}{\mu_1} P_0; \quad P_i = \frac{\lambda_i}{\mu_i} P_1 \quad (i = 2, \ldots, m).$$

Zustandsmodell 11

System geht aus Ausgangszustand in Systemzustand P_1 über, darauf nach Wiederherstellung mit μ_1 entweder in Ausgangszustand oder mit λ_2 in Systemzustand P_2 usw.

Aus Systemzustand P_α erfolgt der Übergang in einen der Systemzustände P_i $(i = \alpha + 1, \alpha + 2, \ldots, m)$ oder bei Wiederherstellung mit der Erneuerungsrate μ_i in den Systemzustand P_{i-1}. Der Ausgangszustand des Systems wird aus den Systemzuständen P_i $(i = \alpha + 1, \alpha + 2, \ldots, m)$ nur über den Systemzustand P_α, danach $P_{\alpha-1}$ usw. erreicht.

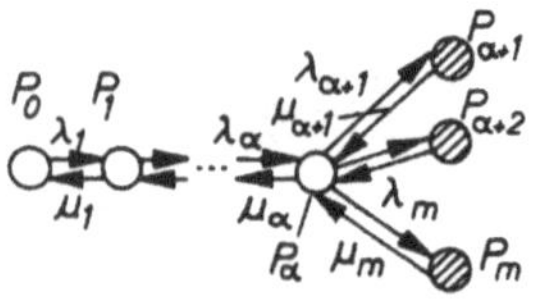

$$P_0 = \frac{1}{1 + \sum_{i=1}^{\alpha} \prod_{k=1}^{i} \frac{\lambda_k}{\mu_k} + \prod_{k=1}^{\alpha} \frac{\lambda_k}{\mu_k} \sum_{i=\alpha+1}^{m} \frac{\lambda_i}{\mu_i}};$$

$$P_i = \prod_{k=1}^{i} \frac{\lambda_k}{\mu_k} P_0 \quad (i = 1, 2, \ldots, \alpha);$$

$$P_{\alpha+i} = \frac{\lambda_{\alpha+i}}{\mu_{\alpha+i}} P_\alpha.$$

Zustandsmodell 12

System geht aus Ausgangszustand entweder in Systemzustand P_1 oder in Systemzustand $P_{\alpha+1}$ über. Darauf erfolgt Übergang in Ausgangszustand (bei Wiederherstellung mit Ausfallraten μ bzw. $\mu_{\alpha+1}$) oder in einen der nachfolgenden Systemzustände P_2 bzw. $P_{\alpha+1}$ usw.

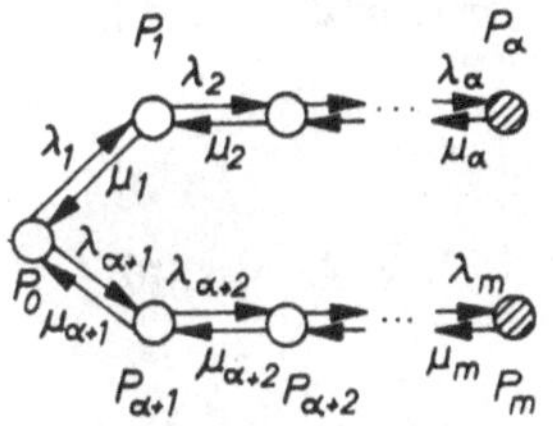

$$P_0 = \frac{1}{1 + \sum_{i=1}^{\alpha} \prod_{k=1}^{i} \frac{\lambda_k}{\mu_k} + \sum_{j=\alpha+1}^{\beta} \prod_{k=1}^{j} \frac{\lambda_k}{\mu_k}};$$

$$P_i = \prod_{k=1}^{i} \frac{\lambda_k}{\mu_k} P_0 \quad (i = 1, 2, \ldots, \alpha);$$

$$P_j = \prod_{k=1}^{j} \frac{\lambda_k}{\mu_k} P_0 \quad (j = \alpha+1, \alpha+2, \ldots, \nu).$$

Zustandsmodell 13

System geht aus Ausgangszustand in einen der Systemzustände $P_1, P_{\alpha+1}, \ldots, P_{\xi+1}$ über. Darauf wird entweder der Ausgangszustand mittels Erneuerungsrate $\mu_1, \mu_{\alpha+1}, \ldots, \mu_{\xi+1}$ wiederhergestellt, oder System geht in einen der nachfolgenden Systemzustände über, d. h. $P_2, P_{\alpha+2}, \ldots, P_{\xi+2}$, usw.

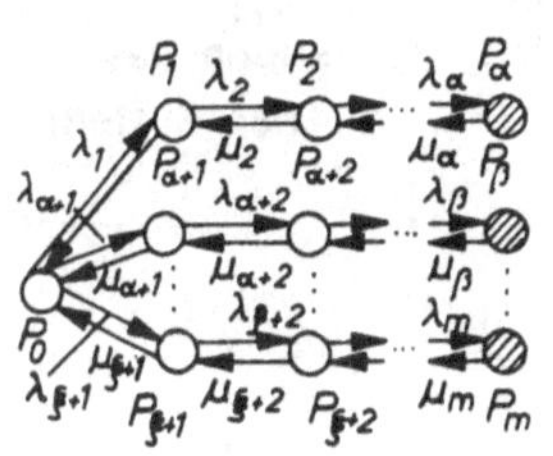

$$P_i = \prod_{k=1}^{i} \frac{\lambda_k}{\mu_k} P_0 \quad (i = 1, 2, \ldots, \alpha);$$

$$P_j = \prod_{k=1}^{j} \frac{\lambda_k}{\mu_k} P_0 \quad (j = \alpha+1, \alpha+2, \ldots, \beta);$$

$$\ldots$$

$$P_l = \prod_{k=1}^{l} \frac{\lambda_k}{\mu_k} P_0 \quad (l = \xi+1, \xi+2, \ldots, m);$$

$$P_0 = \frac{1}{1 + \sum_{i=1}^{\alpha} \prod_{k=1}^{i} \frac{\lambda_k}{\mu_k} + \sum_{j=\alpha+1}^{\beta} \prod_{k=1}^{j} \frac{\lambda_k}{\mu_k} + \ldots + \sum_{l=\xi+1}^{m} \prod_{k=1}^{l} \frac{\lambda_k}{\mu_k}}.$$

Zustandsmodell 14

System geht aus Ausgangszustand mit Ausfallrate λ_1 in den Systemzustand P_1 über, bei Wiederherstellung mit Erneuerungsrate μ_1 in den Ausgangszustand oder mit Ausfallrate λ_2 in den Systemzustand P_2 usw.

Aus Systemzustand P_α geht System entweder in einen der Systemzustände $P_j, \ldots, P_l$ über oder wird durch Wiederherstellung auf ein höheres Niveau der

Funktionsfähigkeit gebracht (mittels Erneuerungsraten μ_α, $\mu_{\alpha-1}$, ..., usw.). Die Wiederherstellung des Ausgangszustandes erfolgt in umgekehrter Reihenfolge, wie aus dem Zustandsdiagramm ersichtlich.

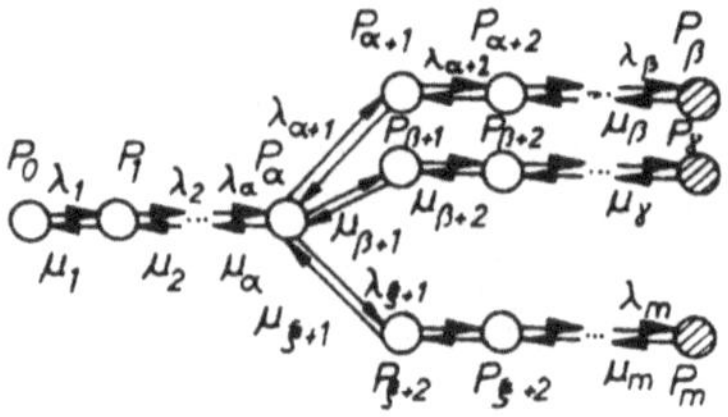

$$P_i = \prod_{k=1}^{i} \frac{\lambda_k}{\mu_k} P_0 \quad (i = 1, 2, \ldots, \alpha);$$

$$P_j = \prod_{k=1}^{j} \frac{\lambda_k}{\mu_k} P_\alpha \quad (j = \alpha+1, \alpha+2, \ldots, \beta);$$

...

$$P_l = \prod_{k=1}^{l} \frac{\lambda_k}{\mu_k} P_\alpha \quad (l = \xi+1, \xi+2, \ldots, m);$$

$$P_0 = \frac{1}{1 + \sum_{i=1}^{\alpha} \prod_{k=1}^{i} \frac{\lambda_k}{\mu_k} \left(1 + \sum_{j=\alpha+1}^{\beta} \prod_{k=1}^{j} \frac{\lambda_k}{\mu_k} + \sum_{r=\beta+1}^{\gamma} \prod_{k=1}^{r} \frac{\lambda_k}{\mu_k} + \ldots + \sum_{l=\xi+1}^{m} \prod_{k=1}^{l} \frac{\lambda_k}{\mu_k}\right)} .$$

Zustandsmodell 15

Systemübergang erfolgt aus Ausgangszustand in den Systemzustand P_α, danach in einen der nachfolgenden Systemzustände $P_{\alpha+1}$, P_β, P_γ oder bei Wiederherstellung zurück in Ausgangszustand.

System wird durch Wiederherstellung aus dem Systemzustand $P_{\alpha+1}$ in P_α überführt oder geht in Systemzustand $P_{\alpha+2}$ über usw. Wiederherstellung des Ausgangszustandes erfolgt aus den Systemzuständen $P_{\alpha+1}$, P_β, P_γ über Systemzustand P_α mit den entsprechenden Erneuerungsraten.

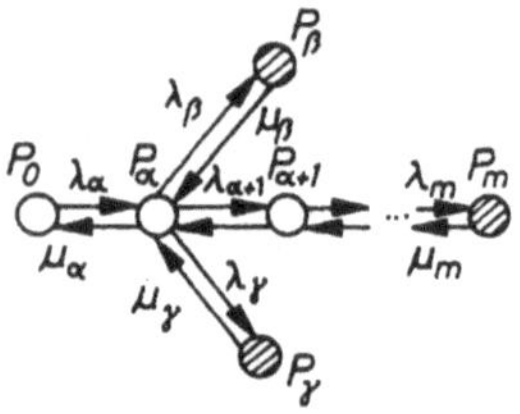

$$P_\alpha = \frac{\lambda_\alpha}{\mu_\alpha} P_0;$$

$$P_i = \prod_{k=1}^{i} \frac{\lambda_k}{\mu_k} P_\alpha \quad (i = \alpha+1, \alpha+2, \ldots, m);$$

$$P_\beta = \frac{\lambda_\beta}{\mu_\beta} P_\alpha; \quad P_\gamma = \frac{\lambda_\gamma}{\mu_\gamma} P_\alpha;$$

$$P_0 = \frac{1}{1 + \frac{\lambda_\alpha}{\mu_\alpha}\left(1 + \frac{\lambda_\beta}{\mu_\beta} + \frac{\lambda_\gamma}{\mu_\gamma} + \sum_{i=\alpha+1}^{m} \prod_{k=1}^{i} \frac{\lambda_k}{\mu_k}\right)} .$$

Zustandsmodell 16

System geht aus Ausgangszustand in Systemzustand P_1 mit Ausfallrate λ_1 über. Aus Systemzustand P_1 erfolgt der Übergang entweder in den Ausgangszustand (mittels Erneuerungsrate μ_1) oder in die Systemzustände P_2, $P_{\alpha+1}$, $P_{\beta+1}$ mit den Ausfallraten λ_2, $\lambda_{\alpha+1}$, $\lambda_{\beta+1}$. Darauf werden die Systemzustände mit höherem Niveau der Funktionsfähigkeit wiederhergestellt, oder das System nimmt einen der möglichen Systemzustände mit geringerer Funktionseffektivität ein, wie das im Zustandsdiagramm dargestellt ist.

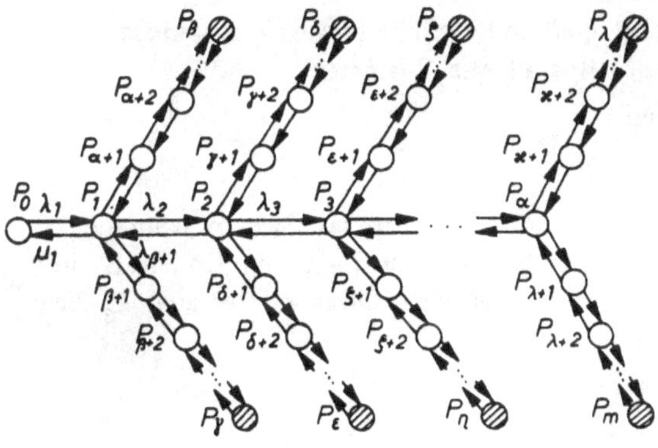

$$P_i = \prod_{k=1}^{i} \frac{\lambda_k}{\mu_k} P_0 \quad (i = 1, 2, \ldots, \alpha); \qquad P_j = \prod_{k=1}^{j} \frac{\lambda_k}{\mu_k} P_1 \quad (j = \alpha+1, \alpha+2, \ldots, \beta);$$

$$P_l = \prod_{k=1}^{l} \frac{\lambda_k}{\mu_k} P_2 \quad (l = \gamma+1, \gamma+2, \ldots, \delta) \ \ldots \ P_m = \prod_{k=1}^{m} \frac{\lambda_k}{\mu_k} P_\alpha \quad (m = \kappa+1, \kappa+2, \ldots, \lambda);$$

$$P_n = \prod_{k=1}^{n} \frac{\lambda_k}{\mu_k} P_\alpha \quad (n = \lambda+1, \lambda+2, \ldots, m);$$

$$P_0 = \frac{1}{1 + \sum_{i=1}^{\alpha} \prod_{k=1}^{i} \frac{\lambda_k}{\mu_k} + \frac{\lambda_1}{\mu_1} \left(\sum_{i=\alpha+1}^{\beta} \prod_{k=1}^{i} \frac{\lambda_k}{\mu_k} + \sum_{i=\beta+1}^{\gamma} \prod_{k=1}^{i} \frac{\lambda_k}{\mu_k} \right) + \ldots}$$

$$\frac{1}{+ \prod_{k=1}^{\alpha} \frac{\lambda_k}{\mu_k} \left(\sum_{i=\kappa+1}^{\lambda} \prod_{k=1}^{i} \frac{\lambda_k}{\mu_k} + \sum_{i=\lambda+1}^{m} \prod_{k=1}^{i} \frac{\lambda_k}{\mu_k} \right)}.$$

6.2. Formeln zur Berechnung der Funktionsgüte einfacher technischer Systeme mit definierbarer Funktionseffektivität

Ist für einfache technische Systeme die Kenngröße *Funktionseffektivität* und der prinzipielle Zusammenhang zwischen dem Ausfall von Systemelementen und der Funktionseffektivität definierbar, dann ist zur Beurteilung der Zuverlässigkeit die Kenngröße *Funktionsgüte* G(t) bzw. G(Δt) anwendbar.

In Abhängigkeit von der Einsatz- und Instandhaltungsstrategie sind dann die Formeln in den nachfolgenden tabellarischen Übersichten zur Berechnung der *Funktionsgüte* geeignet [4].

Darin bedeuten:

V – Verfügbarkeit des Systems;
V_B – Verfügbarkeit des Systems während des Bereitschaftszustandes;
V_N – technischer Nutzungsgrad;
V_{NB} – technischer Nutzungsgrad während des Bereitschaftszustandes;
$\bar{T}$ – mittlere Zeit bis zum 1. Ausfall des Systems;
Θ – mittlerer Ausfallabstand;
t_E – Einsatzdauer;
t_R – Reparaturdauer;
P_B; P_L – (mittlere) Wahrscheinlichkeit, mit der sich das System während des Bereitschaftszustandes (Index B) bzw. der Lagerung (Index L) im arbeitsfähigen Zustand befindet; für eine Bereitschaftsdauer t_B bzw. Lagerungsdauer t_L wird

$$P_B = \frac{1}{t_B} \int_0^{t_B} P(t)dt,$$

analog für P_L;

$P(t_E)$ – Wahrscheinlichkeit der ausfallfreien Arbeit des Systems während der Einsatzdauer

$$P_E(t_E) \approx P(t_E) + [1 - P(t_E)]\, P(t_R).$$

6.3. Formeln zur Berechnung der Funktionsgüte komplizierter technischer Systeme im Kurzzeitbetrieb[10]

Die nachfolgenden Relationen sind zur Berechnung der Funktionsgüte geeignet für

1. Einfache Systeme mit definierbarer Funktionseffektivität;
2. Systeme mit additiver Funktionseffektivität;

10 Entsprechend 4.2.2. sind die Formeln auch auf Systeme im Langzeitbetrieb anwendbar, wenn anstatt der Verfügbarkeit V(t) die Intervallverfügbarkeit V(Δt) verwendet wird.

	Wiederherstellbare Systeme			Nichtwiederherstellbare Systeme	
	Systemeinsatz nach Bereitschaftszustand		Systemeinsatz ohne Bereitschaftszustand	Systemeinsatz nach Bereitschaftszustand	Systemeinsatz ohne Bereitschaftszustand
	Reparatur nur im Bereitschaftszustand	Reparatur im Bereitschaftszustand oder während des Einsatzes	Reparatur sofort nach Ausfall		
Wartung nur im Bereitschaftszustand	$\frac{V_{NB}\Theta}{t_E}\left[1-P(t_E)\right]$	$V_{NB} \cdot V$	—	—	—
Wartung im Bereitschaftszustand und während Einsatz	$\frac{V_N\Theta}{t_E}\left[1-P(t_E)\right]$	$V_{NB} \cdot V_N$	V_N	—	—
ohne Wartung	$\frac{V_B\Theta}{t_E}\left[1-P(t_E)\right]$	$V_B \cdot V$	V	$\sim \frac{P_B \cdot T_1}{t_E}\left[1-P(t_E)\right]$	$\sim \frac{T_1}{t_E}\left[1-P(t_E)\right]$

1. Funktionsgüten von Systemen, deren Nutzeffekt Q während der Einsatzdauer t_E proportional der Gesamtzeit t_{ges} ist, in deren Verlauf sich das betrachtete System im arbeitsfähigen Zustand befindet, d. h. $Q = \emptyset\, t_{ges}$

	Wiederherstellbare Systeme				Nichtwiederherstellbare Systeme	
	Systemeinsatz nach Bereitschaftszustand		Systemeinsatz ohne Bereitschaftszustand		Systemeinsatz nach Bereitschaftszustand	Systemeinsatz ohne Bereitschaftszustand
	Reparatur im Bereitschaftszustand und/oder in Einsatzpausen	Reparatur während des Einsatzes	Reparatur in Einsatzpausen	Reparatur während des Einsatzes		
Wartung im Bereitschaftszustand oder in Einsatzpausen	$V_{NB}\ V_N\ P(t_E)$	$V_{NB} V_N P_E(t_E)$	—	—	—	—
Wartung in Einsatzpausen	—	—	$V_N \cdot P(t_E)$	$V_N\ P_E(t_E)$	—	—
ohne Wartung	$V_B\ VP(t_E)$	$V_B\ VP_E(t_E)$	$VP(t_E)$	$VP_E(t_E)$	$P_B\ P(t_E)$	$P(t_E)$

2. Funktionsgüten von Systemen, deren Nutzeffekt Q der Anzahl der Aufgaben U während der Dauer t_E proportional ist und die im Verlaufe der Nutzungsdauer t_N erfüllt werden, d. h. $Q = \Phi_0 U$

	Wiederherstellbare Systeme			Nichtwiederherstellbare Systeme	
	Systemeinsatz nach Bereitschaftszustand		Systemeinsatz ohne Bereitschaftszustand	Systemeinsatz nach Bereitschaftszustand	Systemeinsatz ohne Bereitschaftszustand
	Reparatur nur im Bereitschaftszustand	Reparatur während des Einsatzes (begrenzte T_R)	Reparatur während des Einsatzes (begrenzte T_R)		
Wartung nur im Bereitschaftszustand	$V_{NB} P(t_E)$	$V_{NB} P_E(t_E)$	—	—	—
ohne Wartung, jedoch Kontrolle vor Einsatz	—	—	—	$P_B \cdot P(t_E)$ oder $P_B P_0$ mit $t_E \to 0$	$P_L P(t_E)$ oder $P_L P_0$ mit $t_E \to 0$
ohne Wartung	$V_B P(t_E)$	$V_B P_E(t_E)$	$P_E(t_E)$	$P(t_E)$ oder P_0 mit $t_E \to 0$	$P(t_E)$ oder P mit $t_E \to 0$

3. Funktionsgüten von Systemen, deren Nutzeffekt Q entweder dem Nominalwert Q_0 während der Dauer $t \leqslant t_E$ entspricht oder gleich Null ist, d. h.

$$Q = \begin{cases} Q_0 & \text{für } t \leqslant t_E \\ 0 & \text{für } t \geqslant 0 \end{cases}$$

3. Systeme mit funktioneller Redundanz;
4. Systeme mit mehreren Arbeitsweisen;
5. Verzweigte Systeme.

Diese Beziehungen charakterisieren die Abhängigkeit der Funktionsgüte des betrachteten Systems von den Kenngrößen der Funktionseffektivität und Zuverlässigkeit der verschiedenen Systemzustände. Sie berücksichtigen nicht den Einfluß der Instandhaltungsstrategie.

1. Einfache Systeme mit definierbarer Funktionseffektivität

Entsprechend Abschnitt 3.3.2. reduziert sich die Bewertung der Funktionseffektivität dieser Systeme auf „klassische" Zuverlässigkeitskenngrößen. Im allgemeinen Fall wird die Funktionsgüte

$$G(t) = P(t).$$

In Abhängigkeit von der Einsatz- und Instandhaltungsstrategie wird jedoch die *Wahrscheinlichkeit der ausfallfreien Arbeit* $P(t)$ durch die *Verfügbarkeit* $V(t)$ oder durch den *technischen Nutzungskoeffizienten* V_N sowie durch Produkte dieser Kenngrößen ersetzt, wie aus Abschnitt 6.2. zu entnehmen ist.

Zu diesen Systemen gehören beispielsweise einfache Systeme mit struktureller Redundanz.

2. Systeme mit additiver Funktionseffektivität

Diese Systeme sind dadurch charakterisiert, daß jedes Subsystem (Systemelement) einen bestimmten Anteil am Gesamteffekt des Systems, d. h. an seiner Funktionseffektivität hat. Die „Teileffekte" der Subsysteme sind voneinander unabhängig.

Im allgemeinen erhöht hier eine größere Anzahl von Subsystemen die Funktionseffektivität.
Die *Funktionsgüte* solcher Systeme wird nach folgender Formel ermittelt:

$$G = \frac{\sum_{i=1}^{N} p_i \Phi_i}{\sum_{i=1}^{N} \Phi_i}.$$

Hier bedeuten
p_i — Wahrscheinlichkeit der ausfallfreien Arbeit des i-ten Subsystems;
Φ_i — Funktionseffektivität des i-ten Subsystems.

Beispiele für diese Klasse von Systemen sind mehrkanalige Systeme der Informationserfassung, -übertragung und -verarbeitung, automatisierte Produktionsanlagen zur gleichzeitigen Herstellung ein und desselben Erzeugnisses mittels mehrerer Automaten u. ä.

3. Systeme mit funktioneller Redundanz

Charakteristisch für diese Systeme sind Subsysteme (Systemelemente), die ein und dieselbe Aufgabe selbständig realisieren können.

Bereits ein einziges intaktes Subsystem erfüllt also bei seinem Einsatz die vom System zu lösende Aufgabe (Funktion). Folgende Einsatzmöglichkeiten sind möglich!

a) Das System besteht aus N Subsystemen. Jedes dieser Subsysteme kann die Aufgabe (Funktion) des Systems mit der Wahrscheinlichkeit Φ_{si} lösen. Dann wird die Funktionsgüte dieses Systems

$$G = \frac{1 - \prod_{i=1}^{N} (1 - p_i \Phi_{si})}{1 - \prod_{i=1}^{N} (1 - \Phi_{si})} .$$

Dabei bedeuten

p_i – Wahrscheinlichkeit der ausfallfreien Arbeit des i-ten Subsystems;

Φ_{si} – Wahrscheinlichkeit, mit der das i-te Subsystem die Aufgabe (Funktion) des Systems lösen kann.

b) Das System hat n ausführende Subsysteme (*Aktoren*), die eine n-fache Reservierung der Aufgaben (Funktionen) gewährleisten. Außerdem sind zusätzliche Subsysteme vorhanden, die nicht unmittelbar zur Erfüllung der Aufgaben (Funktionen) des Systems eingesetzt sind, sondern nur Einfluß auf die Wahrscheinlichkeit haben, mit der die Aktoren ihre Aufgaben erfüllen. In diesem Fall folgt:

$$G = \frac{\sum_{j=1}^{m} H(j) \left[1 - \prod_{i=1}^{n} (1 - \Phi_{ij})\right]}{1 - \prod_{i=1}^{n} (1 - \Phi_i)} .$$

Hier bedeuten

$H(j)$ – Wahrscheinlichkeit, mit der sich das System im j-ten Systemzustand befindet ($j = 1, 2, \ldots, m$);

Φ_{ij} – Wahrscheinlichkeit, mit der das i-te Subsystem die Aufgabe erfüllt, wenn sich das System im j-ten Systemzustand befindet;

Φ_i – Wahrscheinlichkeit, mit der das i-te Subsystem die Aufgabe erfüllt, wenn sich das System in dem Systemzustand befindet, der die maximale Funktionseffektivität gewährleistet;

$1 - \prod_{i=1}^{n} (1 - \Phi_{ij})$ – bedingte Wahrscheinlichkeit, daß das System bei n-facher Reservierung seine Aufgaben (Funktionen) erfüllt, wenn es sich im j-ten Systemzustand befindet.

Werden die *Aktoren* zur Aufgabenerfüllung nicht gleichzeitig eingesetzt, sondern in nacheinander folgenden Zeitabschnitten, so wird die Funktionsgüte

$$G = \frac{1 - \prod_{i=1}^{n} [1 - \sum_{j=1}^{m} H(j)\, \Phi_{ij}]}{1 - \prod_{i=1}^{n} (1 - \Phi_i)}$$

4. Systeme mit mehreren Arbeitsweisen

Charakteristisch für diese Systeme ist, daß sie ein und dieselbe Aufgabe auf unterschiedliche Art und Weise erfüllen können (jedoch mit unterschiedlicher Funktionseffektivität). Dazu werden die Subsysteme in verschiedenen Kombinationen eingesetzt, wobei die für den jeweiligen Systemzustand effektivste Kombination ausgewählt wird.

Das betrachtete System bestehe aus n Subsystemen, die auf M verschiedene Arten zur Lösung seiner Aufgaben eingesetzt werden können.

Zuerst werden jene Systemzustände ermittelt, mit denen die Aufgabe am besten (effektivsten) gelöst wird. Dafür sind die summarische Wahrscheinlichkeit dieser Zustände P(1) sowie die Funktionseffektivität des Systems Φ_1 festzustellen. (Diese Systemzustände werden aus den weiteren Überlegungen eleminiert.)

Darauf werden jene Systemzustände ermittelt, bei denen sich die Aufgabe auf die zweitbeste Art lösen läßt; die dazugehörige Wahrscheinlichkeit P(2) und die Funktionseffektivität Φ_2 werden bestimmt, usw.

Dann resultiert als Funktionsgüte des Systems

$$G = \frac{\sum_{j=1}^{M} H(j)\, \Phi_j}{\Phi_1},$$

mit

H(j) – Wahrscheinlichkeit derjenigen Systemzustände, in denen die Aufgabe nach der j-ten Art gelöst wird;

Φ_j – Funktionseffektivität des Systems bei der Aufgabenerfüllung nach der j-ten Art;

Φ_1 – Funktionseffektivität des Systems bei Lösung der Aufgabe auf die erste (effektivste) Art;

M – Anzahl der Arten zur Lösung der Aufgabe des Systems.

Die Abschätzung der Funktionsgüte des Systems vereinfacht sich in folgenden Fällen wesentlich:

a) In jeder Variante der Aufgabenlösung werden unterschiedliche Subsysteme verwendet, die unabhängig voneinander funktionieren. Die Wahrscheinlichkeit dafür, daß die Aufgabe auf die j-te Art erfüllt wird, lautet dann

$$H(j) = P(j) \prod_{k=1}^{j-1} Q(k).$$

Darin bedeuten

P(j) – Wahrscheinlichkeit der ausfallfreien Arbeit der Subsysteme, die zur Lösung der j-ten Aufgabe erforderlich sind;

Q(j) – Ausfallwahrscheinlichkeit der Subsysteme, die zur Lösung der Aufgabe nach der j-ten Art erforderlich sind.

Dann wird

$$G = \frac{\sum_{j=1}^{M} \Phi_j P(j) \prod_{k=1}^{j-1} Q(k)}{\Phi_1}.$$

b) Sind für die beste (effektivste) Art zur Lösung der Aufgabe alle Subsysteme erforderlich, für die zweitbeste nur ein Teil der Subsysteme usw., dann beträgt die Wahrscheinlichkeit dafür, daß die Aufgabe auf die j-te Art erfüllt wird,

$$H(j) = P(j) - P(j-1),$$

mit P(j-1) als Wahrscheinlichkeit der ausfallfreien Arbeit derjenigen Subsysteme, die die Lösung der Aufgabe nach der (j – 1)-ten Art gewährleisten.

Bei bekannter Funktionseffektivität des Systems für die möglichen Arten der Aufgabenerfüllung kann die Funktionsgüte nach folgender Formel abgeschätzt werden:

$$G = \frac{\sum_{j=1}^{M} \Phi_j [P(j) - P(j-1)]}{\Phi_1}.$$

Beispiele für Systeme mit mehreren Arbeitsweisen sind verscniedenartige Produktionsanlagen, Steuer- und Kontrollsysteme, Überwachungssysteme.

5. Verzweigte Systeme

Vertreter dieser Klasse sind funktionell derartig strukturiert, daß ein Steuerelement eine bestimmte Anzahl von Subsystemen als ausführende Elemente (Aktoren) steuert. Den Subsystemen können jeweils weitere nachgeordnet sein, wie das aus nachfolgender Abbildung ersichtlich ist.

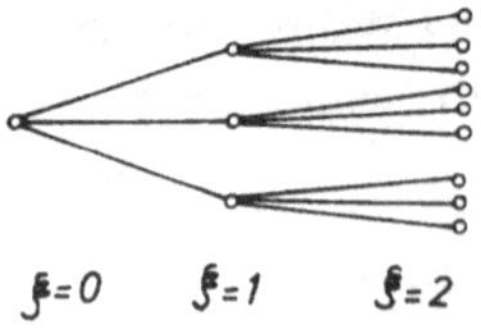

Der Ausfall jedes beliebigen Subsystems bewirkt den Ausfall aller „nachgeordneten" Elemente und verringert damit die Funktionseffektivität des Gesamtsystems. Dessen Funktionseffektivität ist durch die Anzahl der intakten Subsysteme (Aktoren) der letzten „Elementeebene" bestimmt. Es kann gezeigt werden [1; 4], daß die Funktionsgüte eines verzweigten Systems mit zwei Elementeebenen (System zweiter Ordnung) bei geringer Ausfallwahrscheinlichkeit der Systemelemente $q_i \ll 1/N_n$ näherungsweise abschätzbar ist, gemäß

$$G \approx 1 - \sum_{i=1}^{n} q_i \left(1 - \frac{1}{N_i}\right);$$

dabei bedeuten

$q_i = 1 - p_i$ – Ausfallwahrscheinlichkeit der Systemelemente;

N_i – Anzahl der Systemelemente der i-ten Elementeebene $N_i = \prod_{k=1}^{i} a_k$;

n – Anzahl der Elementeebenen.

Daraus ergeben sich für die nachfolgend dargestellten Strukturen zweiter Ordnung, bei Gleichheit der Ausfallwahrscheinlichkeiten, $q_0 = q_1 = q_2 = q$, die Funktionsgüten zu

$G \approx 1 - 1{,}5q$

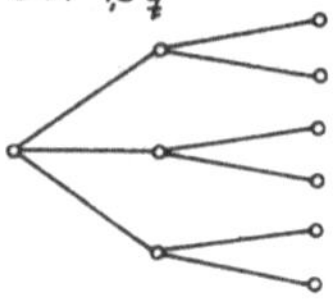

$G \approx 1 - 1{,}67q$

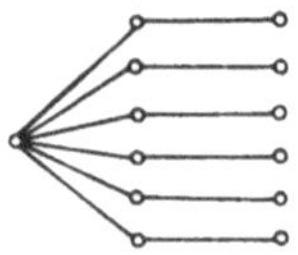

$G \approx 1 - 0{,}83q$

$G \approx 1 - 1{,}33q$

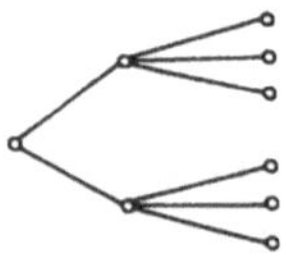

Beispiele für diese Klasse von Systemen sind Nachrichtensysteme, Systeme der Datenübertragung und -verarbeitung, Steuer- und Leitsysteme in Forschung und Produktion.

7. Einfluß der Operateure auf die Zuverlässigkeit und Funktionseffektivität

7.1. Grundsätzliches

Die reale Beurteilung der Zuverlässigkeit und Funktionseffektivität technischer Systeme ist ohne Berücksichtigung der Handlungen des Menschen nicht möglich, insbesondere in komplizierten technischen Systemen und in Mensch-Technik-Systemen.

Diese bestehen aus den bestimmenden Komponenten *Mensch* und *Technik,* die auf vielfältige Art und Weise, nach den unterschiedlichsten Algorithmen und mit verschiedenen Zielstellungen zusammenwirken. In jedem Fall beeinflußt aber der Mensch in beträchtlichem Maße die Zuverlässigkeit und Funktionseffektivität sowie die Effektivität der Nutzung und Instandhaltung.

Mensch-Technik-Systeme sind komplizierte (kybernetische) Systeme, die aus mindestens einem Operateur und mindestens einem technischen Objekt bestehen, mit dessen Hilfe der Operateur eine bestimmte Tätigkeit verrichtet. Charakteristisches Merkmal ist, daß der Mensch diese Systeme steuert und selbst als Systemelement betrachtet werden muß. Die Grundkomponenten der Mensch-Technik-Systeme sind die Operateure, die technischen Objekte und die erforderliche Software.

Unter Operateur wird hier und im weiteren ein Mensch verstanden, der mit Hilfe der Technik die gestellten Funktionen bzw. Aufgaben im betrachteten Mensch-Technik-System erfüllt. Die Funktionen der Operateure können sehr unterschiedlich sein, wobei meist vier charakteristische Tätigkeiten erkennbar sind (Tab. 3).

Die Funktionsweise von Mensch-Technik-Systemen wird durch eine Vielzahl Faktoren bestimmt, insbesondere durch die Funktionen bzw. Aufgaben und Handlungen der Operateure. Auch Mensch-Technik-Systeme können sich deshalb in verschiedenen Zuständen mit unterschiedlicher Funktionseffektivität (Leistungsfähigkeit) befinden, und zwar:

1. *Arbeitsfähigkeit (Einsatzbereitschaft) des Systems,* ein Zustand, in dem das System die vorgeschriebenen Funktionen (Aufgaben) erfüllt. Die Arbeitsfähigkeit wird stets durch die Komponenten Mensch-Technik-Software bestimmt (Abb. 24), und zwar durch:

a) die Arbeitsfähigkeit (Funktionsfähigkeit) der technischen Systemelemente.
b) die Arbeitsfähigkeit der Operateure. Das ist jener Zustand, in dem sich die Operateure in einer solchen körperlichen, psychischen und geistigen Verfassung befinden, die zur Erfüllung ihrer Aufgaben (Funktionen) im System erforderlich ist. Ist diese Arbeitsfähigkeit nicht gegeben, spricht man vom Ausfall des Operateurs. Das ist ein Ereignis, bei dem die normalen körperlichen

Tabelle 3
Charakteristische Tätigkeiten von Operateuren in Mensch-Technik-Systemen

Etappe der Tätigkeit der Operateure	Elemente der Tätigkeit der Operateure	Einflußfaktoren
Informations-aufnahme	Erkennen des Objektes bzw. der Situation Unterscheiden von wesentlichen Merkmalen und Details des Objektes bzw. der Situation	Kompliziertheitsgrad, Anzahl und Art sowie physikalisch-technische Merkmale der Signale, Struktur des Informations-feldes
Informations-verarbeitung	Vergleich der Merkmale (Parameter) des Objektes bzw. der Situation mit bekannten (vorgegebenen) Merkmalen Analyse und Verallgemeinerung der vorliegenden Informationen	Kodierungsart, Kompliziert-heitsgrad des Informations-modells, Dynamik der Informationsverarbeitung
Entscheidungs-findung	Auswahl erforderlicher und möglicher Handlungen in Reaktion auf die gegebene Situation Vergleich der vorgesehenen Handlungen mit vorgegebenen bzw. realisierbaren Hand-lungen endgültiges Festlegen der durchzuführenden Handlungen	Art der zu lösenden Auf-gabe, Anzahl und Kompliziertheitsgrad der zu überprüfenden logischen Bedingungen, Anzahl der Entscheidungsvarianten
Realisierung der Entschei-dungen	Ausführung der Entscheidung durch Einwirken auf die Bedienelemente des tech-nischen Systems Kontrolle der erreichten Effekte	Anzahl, Art, Gestaltung und Anordnung der Bedien-elemente, Gestaltung des Arbeitsplatzes, Umwelt-bedingungen

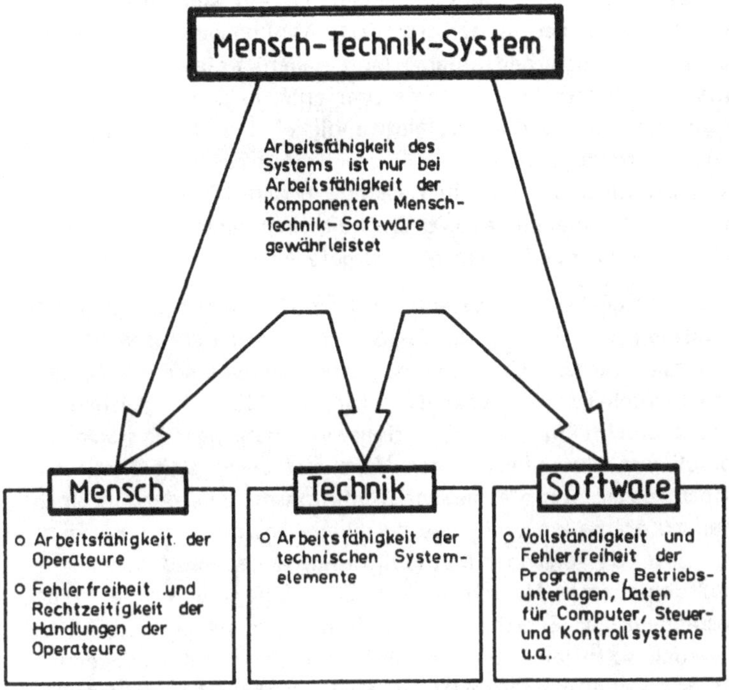

Abb. 24. Komponenten der Arbeitsfähigkeit eines Mensch-Technik-Systems

Funktionen so verändert sind, daß der Operateur seine Aufgaben im System nicht erfüllen kann. Ursachen dafür können sein: Erkrankung, Übermüdung, Überlastung, Verletzungen, starke emotionale Einwirkungen u. a.

c) Fehlerfreiheit und Rechtzeitigkeit der Handlungen der Operateure. Derart erfüllen die Operateure ihre festgelegten Aufgaben fehlerfrei und rechtzeitig.

d) Vollständigkeit und Fehlerfreiheit der Software, charakterisiert durch das Vorhandensein der erforderlichen und fehlerlos erarbeiteten Programme und Daten für den Betrieb von Computern, rechnergestützten Steuer- und Kontrolleinrichtungen und analoger Elemente des Systems.

2. *Teilweise Arbeitsfähigkeit des Systems,* d. h. ein Zustand, in dem die geforderten Funktionen (Aufgaben) des Systems erfüllt werden, jedoch nicht die maximal mögliche Funktionseffektivität (Leistungsfähigkeit) erreicht wird. Ursachen dafür sind insbesondere teilweise Arbeitsfähigkeit der technischen Komponenten, verringerte Arbeitsfähigkeit der Operateure, fehlerhafte und nicht rechtzeitige Handlungen der Operateure, Fehler der Software, Einfluß der Einsatzbedingungen, Störungen u. a. m.

3. *Teilweise Arbeitsunfähigkeit des Systems.* In diesem Zustand funktioniert das System zwar noch, seine Funktionen werden jedoch nur mit einer solchen Funktionseffektivität erfüllt, die kleiner als der geforderte Minimalwert ist. Üblicherweise werden diese Systeme als arbeitsunfähig (ausgefallen) bezeichnet. Je nach der konkreten Situation können diese Systeme aber auch in diesem Zustand eingesetzt werden, wenn dazu eine zwingende Notwendigkeit besteht und keine anderen Möglichkeiten vorhanden sind.

4. *Arbeitsunfähigkeit des Systems,* also ein Zustand, in dem die gestellten Funktionen des Systems infolge fehlender Arbeitsfähigkeit einer oder mehrerer Komponenten nicht erfüllbar sind, das System also ausgefallen ist.

Der Ausfall eines Mensch-Technik-Systems wird als ein solches Ereignis definiert, bei dessen Eintreten die Funktionen des Systems unter den gegebenen Bedingungen nicht erfüllt werden. Eine schematisierte Darstellung der möglichen Systemzustände von Mensch-Technik-Systemen ist in Abbildung 25 gegeben.

Die mathematische Beschreibung der Funktionsweise derartiger Systeme ist aufwendig und kompliziert. Unter bestimmten Voraussetzungen und Vereinfachungen ist sie jedoch lösbar, wenn es gelingt, Funktionsmodelle der einzelnen Systemkomponenten zu erarbeiten und diese zu einem Gesamtmodell zusammenzufassen. Dazu kann von folgender Methodik ausgegangen werden:

Für jede Systemkomponente (Mensch – Technik – Software) werden mathematische Funktionsmodelle zur Berechnung bzw. Simulation der Arbeitsfähigkeit aufgestellt. Diese werden so miteinander verknüpft, daß die Arbeitsfähigkeit (Wahrscheinlichkeit der ausfallfreien Arbeit) des Systems abgeschätzt werden kann. Dazu dient die Abhängigkeit

$$P_{MT}(t) = P_T(t)\, P_{M1}(t)\, P_{M2}(t)\, P_S, \qquad (61)$$

$P_{MT}(t)$ – Wahrscheinlichkeit der ausfallfreien Arbeit des Systems,
$P_{M1}(t)$ – Arbeitsfähigkeit der Operateure,
$P_{M2}(t)$ – Fehlerfreiheit und Rechtzeitigkeit der Handlungen der Operateure,
$P_T(t)$ – Arbeitsfähigkeit der Technik,
P_S – Vollzähligkeit und Fehlerfreiheit der Software.

Die *technische Komponente der Arbeitsfähigkeit* P_T kann ihrerseits auf eine oder mehrere Nutzungsphasen (beispielsweise Bereitschaft – unmittelbare Vorbereitung – Einsatzphase) bezogen sein. Je nach der zu lösenden Aufgabe kann diese *Wahrscheinlichkeit der ausfallfreien Arbeit* folgendermaßen ermittelt werden:

$$P_T(t) = P_T(t_B)\, P_T(t_V)\, P_T(t_E). \qquad (62)$$

B – Bereitschaftszustand, V – unmittelbare Vorbereitung zum Einsatz,
E – Einsatz.

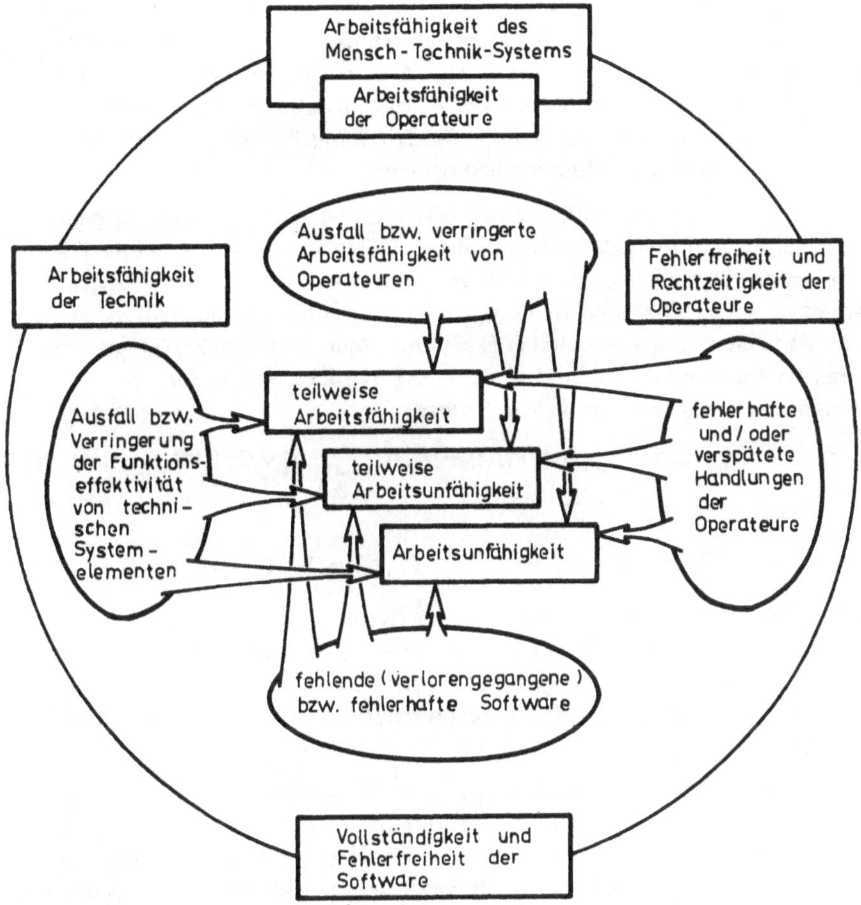

Abb. 25. Darstellung der Systemzustände eines Mensch-Technik-Systems

Sind die technischen Komponenten eines Mensch-Technik-Systems komplizierte technische Systeme, so sind die entsprechenden Zuverlässigkeitskenngrößen gemäß Kapitel 3 anzuwenden.

Die Funktionsgüte eines Mensch-Technik-Systems wird dabei, analog Formel (34), wie folgt bestimmt:

$$G_{MT}(t) = \frac{\Phi_{MT}(t)}{\Phi_{0MT}(t)} \tag{63}$$

mit

$G_{MT}(t)$ – Funktionsgüte des Mensch-Technik-Systems zum Zeitpunkt t,

$\Phi_{MT}(t)$ – Funktionseffektivität des realen Mensch-Technik-Systems zum Zeitpunkt t,

$\Phi_{0MT}(t)$ – Funktionseffektivität des Mensch-Technik-Systems mit intakten technischen Komponenten, optimaler Arbeitsfähigkeit der Operateure, Fehlerfreiheit und Rechtzeitigkeit der Handlungen der Operateure sowie vollständiger und fehlerfreier Software; Einsatz des Systems unter nominalen Nutzungsbedingungen.

Die praktische Anwendung dieser Kenngröße erfordert meist erhebliche personelle und zeitliche Aufwendungen, in einigen Fällen auch anspruchsvolle Forschungsarbeiten. Darüber gibt es gegenwärtig nur wenige Veröffentlichungen. Ein Ansatz in dieser Richtung ist beispielsweise in [113] enthalten. Danach wird zur Abschätzung der Arbeitsfähigkeit eines Mensch-Technik-Systems eine Kombination mit *klassischen* Zuverlässigkeitskenngrößen verwendet. Die *Wahrscheinlichkeit der ausfallfreien Arbeit* lautet:

$$P_{MT}(t) = [P_T(t) + Q_T(t)\,G_{MT_1}(t)]\,P_M(t) + [P_T(t)\,G_{MT_2}(t) + Q_T(t)\,G_{MT_3}(t)]\,Q_M(t).$$

Hier bedeuten:

$$Q_T(t) = 1 - P_T(t);\; P_M(t) = P_{M1}(t)\,P_{M2}(t);\; Q_M(t) = 1 - P_M(t)$$

$G_{MT_i}(t)$ – Funktionsgüte des Mensch-Technik-Systems bei
i = 1 – Arbeitsunfähigkeit technischer Systemelemente,
i = 2 – Arbeitsunfähigkeit von Operateuren,
i = 3 – Arbeitsunfähigkeit technischer Systemelemente und von Operateuren.

Trotz noch vorhandener theoretischer und praktischer Unklarheiten und der enormen Aufwendungen zur weiteren Erforschung solcher Zuverlässigkeitskenngrößen sind diese Arbeiten objektiv erforderlich, insbesondere dann, wenn es um Mensch-Technik-Systeme geht (Kraftwerke, automatisierte Fertigungsanlagen, Nachrichtensysteme u. a.), deren Ausfall sehr große gesellschaftliche Folgen haben kann.

7.2. Zuverlässigkeitsmodelle von Mensch-Technik-Systemen

Der Einfluß der Operateure auf die Zuverlässigkeit und Funktionseffektivität dieser Systeme zeigt sich insbesondere durch

a) ihre Bereitschaft (Motivierung) zur bewußten Durchführung der ihnen gestellten Funktionen (Aufgaben im System);
b) die rechtzeitige und fehlerfreie Arbeit bei der Vorbereitung, Bedienung und Instandhaltung des Systems;
c) die schnellstmögliche Beseitigung von Ausfällen der Technik sowie die Kompensation bzw. Korrektur von Bedienungs- und Wartungsfehlern;

d) unerwartete Ausfälle der Operateure während der Bedienung und Instandhaltung der Technik.

Infolgedessen können sich beträchtliche Abweichungen vom Nominalwert der Leistungsparameter des Systems bis zum Ausfall ergeben. Andererseits sind die Operateure in der Lage, Fehlhandlungen und Ausfälle zu kompensieren sowie durch fehlerfreies, rechtzeitiges und zielstrebiges Handeln die zuverlässige Funktion des Systems aufrechtzuerhalten, in einigen Fällen die Funktionseffektivität und Zuverlässigkeit sogar zu erhöhen.

Die Berücksichtigung des Einflusses der Operateure auf die Zuverlässigkeit und Funktionseffektivität von Mensch-Technik-Systemen ist eine sehr komplizierte Aufgabe. Sie hängt vor allem von der physischen und psychischen Verfassung des Menschen und von den vielfältigen, quantitativ und qualitativ sehr unterschiedlichen Aufgaben (Funktionen) der Operateure in Mensch-Technik-Systemen ab. In diesem Zusammenhang sind viele Problemstellungen gegenwärtig noch nicht genügend erforscht. Trotzdem erweist sich in der Praxis als objektiv erforderlich, daß die Abschätzung der Zuverlässigkeit dieser Systeme stets mit der quantitativen Berücksichtigung des Einflusses der Operateure verbunden wird. Die Kenngrößen zur Bewertung dieses Einflusses enthält Abschnitt 7.3. Sie bieten trotz der genannten Einschränkungen die reale Möglichkeit zu entsprechenden Abschätzungen. Die Vorbereitung solcher Berechnungen erfordert es, ein oder mehrere Zuverlässigkeitsmodelle aufzustellen. Dafür können folgende Arbeitsschritte empfohlen werden:

1. Systemanalytische Untersuchungen analog Abschnitt 5.2.;
2. Auswahl der Zuverlässigkeitskenngrößen, die zur Charakterisierung der Zuverlässigkeit und Funktionseffektivität des betrachteten Systems notwendig sind;
3. Aufstellen eines oder mehrerer Zuverlässigkeitsmodelle der zum Mensch-Technik-System gehörenden *Technik* einschließlich der Software-Komponente;
4. Charakterisierung des Einflusses der *Operateure*. Die Handlungen der Operateure zur Bedienung und Instandhaltung sind eindeutig zu beschreiben, und ihr Einfluß auf die Zuverlässigkeit und Funktionseffektivität des Systems ist so genau wie möglich abzuschätzen. Auf Grund des meist hohen Schwierigkeitsgrades ist diese Aufgabe mit Hilfe von Expertengruppen zu lösen;
5. Auswahl bzw. Präzisierung der Zuverlässigkeitskenngrößen, die speziell zur Berücksichtigung des Einflusses der Operateure erforderlich sind, gemäß Abschnitt 7.3.;
6. Aufstellen von Zuverlässigkeitsmodellen, die den Einfluß der Operateure auf die Zuverlässigkeit und Funktionseffektivität des Mensch-Technik-Systems widerspiegeln.

Zur Erledigung der Position 6 erweist es sich als vorteilhaft, die nachfolgend genannten vereinfachten Modelle zugrunde zu legen [71, 113, 115]:

1. Zuverlässigkeitsmodelle von Mensch-Technik-Systemen, bei denen weder Fehler der Operateure noch Ausfälle der Technik kompensierbar sind

Die Rolle der Operateure reduziert sich vorwiegend auf die fehlerfreie und rechtzeitige Bedienung des Systems. Die Funktionsfähigkeit dieses Mensch-Technik-Systems wird also durch die ausfallfreie Arbeit der Technik sowie die fehlerfreien und rechtzeitigen Handlungen der Operateure bei der Bedienung der Technik bestimmt.

Das vereinfachte Zuverlässigkeitsmodell ist wie folgt darstellbar:

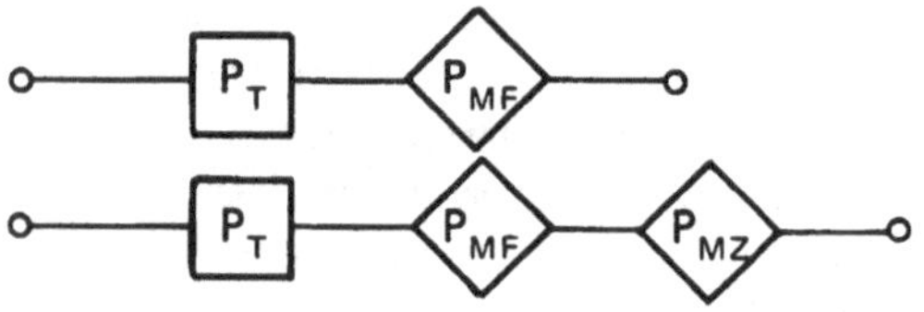

$$P_{MT}(\Delta t) = P_T(\Delta t)\,P_{MF}(\Delta t)$$

$$P_{MT}(\Delta t) = P_T(\Delta t)\,P_{MF}(\Delta t)\,P_{MZ}(\Delta t)$$

$P_{MT}(\Delta t)$ – Wahrscheinlichkeit der ausfallfreien Arbeit des Systems im Zeitabschnitt Δt,

$P_T(\Delta t)$ – Wahrscheinlichkeit der ausfallfreien Arbeit der technischen Komponente des Systems,

$P_{MF}(\Delta t)$ – Wahrscheinlichkeit der fehlerfreien Arbeit des Operateurs,

$P_{MZ}(\Delta t)$ – Wahrscheinlichkeit der rechtzeitigen Arbeit des Operateurs.

2. Zuverlässigkeitsmodelle von Mensch-Technik-Systemen mit Kompensation (Korrektur) der Fehler der Operateure

In diesem Fall wird davon ausgegangen, daß der Operateur Fehlhandlungen zugelassen hat, er die von ihm begangenen Fehler jedoch korrigieren, d. h. durch entsprechende Handlungen kompensieren kann. Voraussetzung ist, daß die Korrektur rechtzeitig fehlerfrei und in einem begrenzten Zeitintervall erfolgt. Wird außerdem vorausgesetzt, daß die Wahrscheinlichkeit des gleichzeitigen Eintretens von zwei oder mehreren Fehlern vernachlässigbar ist, so folgt ein vereinfachtes Zuverlässigkeitsmodell der Form:

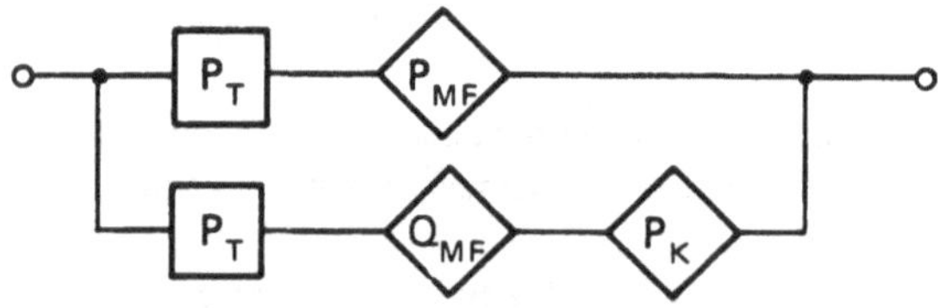

Unter diesen Voraussetzungen wird das System entweder fehlerfrei bedient

(oberer Zweig), oder mit der Wahrscheinlichkeit $Q_{MF} = 1 - P_{MF}(\Delta t)$ wurde ein Fehler des Operateurs begangen, der mit der Wahrscheinlichkeit P_K in der geforderten Zeit kompensiert wird (unterer Zweig). Die Wahrscheinlichkeit der ausfallfreien Arbeit des Systems im Zeitabschnitt Δt lautet dann:

$$P_{MT}(\Delta t) = P_T(\Delta t) P_{MF}(\Delta t) + P_T(\Delta t) Q_{MF}(\Delta t) P_K .$$

3. Zuverlässigkeitsmodell von Mensch-Technik-Systemen mit Korrektur der Folgen von Ausfällen der Technik

In diesen Systemen können zeitweilige, sich selbst behebende Ausfälle der Technik (rechnergestützte Systemelemente) mit der Wahrscheinlichkeit $P_{TK}(\Delta t)$ eintreten, die durch die Handlungen der Operateure kompensiert werden. Bei fehlerfreien und rechtzeitigen Handlungen der Operateure erfüllt ein derartiges System seine Funktionen gemäß der Zweckbestimmung ohne Ausfälle der Technik und durch Fehlhandlungen (oberer Zweig); aber auch bei kurzzeitigen Ausfällen einzelner technischer Komponenten, sofern sie durch das bewußte Handeln der Operateure mit der Wahrscheinlichkeit P_K rechtzeitig kompensiert werden können. Das vereinfachte Zuverlässigkeitsmodell hat dann folgende Gestalt:

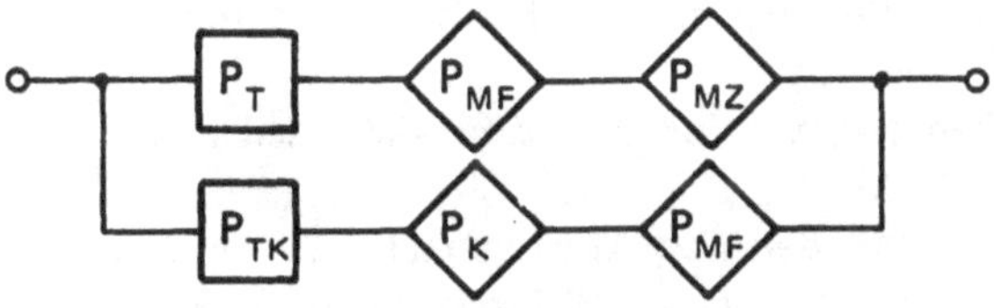

$$P_{MT}(\Delta t) = P_T(\Delta t) P_{MF}(\Delta t) P_{MZ}(\Delta t) + P_{TK}(\Delta t) P_K P_{MF}(\Delta t)$$

mit

$P_{TK}(\Delta t)$ – Wahrscheinlichkeit, mit der im Zeitintervall Δt zeitweilige, sich selbst behebende Ausfälle der Technik eintreten können,

P_K – Wahrscheinlichkeit, mit der zeitweilige, sich selbst behebende Ausfälle durch die Handlungen der Operateure kompensiert werden.

Bei Ausfall des Systems im Zeitintervall Δt und unter der Voraussetzung, daß durch Reserveelemente und andere technisch-organisatorische Voraussetzungen eine Erneuerung (Austausch) des ausgefallenen Elementes in einer bestimmten Zeit gewährleistet wird, erhält man das folgende Zuverlässigkeitsmodell:

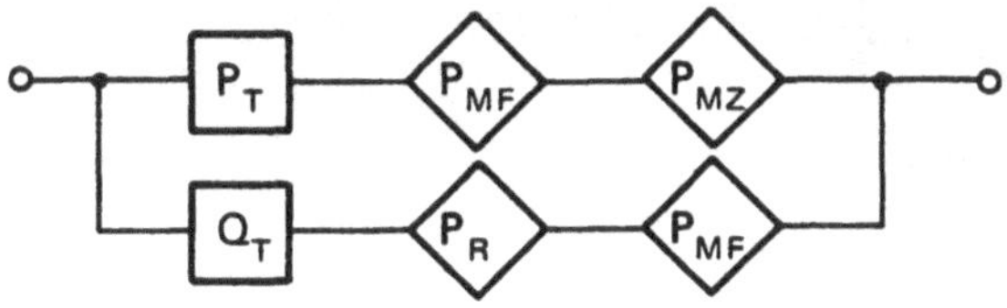

$$P_{MT}(\Delta t) = P_T(\Delta t) P_{MF}(\Delta t) P_{MZ}(\Delta t) + Q_T(\Delta t) P_R P_{MF}(\Delta t)$$

mit

$Q_T(\Delta t)$ – Ausfallwahrscheinlichkeit der Technik im Zeitintervall Δt,
P_R – Wahrscheinlichkeit, mit der ein Systemausfall in einer (für jedes konkrete System festzulegenden) geforderten Zeit beseitigt wird.

4. Zuverlässigkeitsmodelle von Mensch-Technik-Systemen, bei denen sowohl Ausfälle der Technik als auch Fehler der Operateure kompensierbar sind

In diesen Systemen kann die Zuverlässigkeit und Funktionseffektivität sowohl durch fehlerfreie, aber nicht rechtzeitige Handlungen der Operateure als auch durch Ausfälle der Technik verringert werden. Dennoch ist es möglich, bei Ausfällen oder Fehlhandlungen der Operateure die geforderte Funktionsfähigkeit und Funktionseffektivität durch zielgerichtete und rechtzeitige Tätigkeit der Operateure zu erhalten bzw. wieder herzustellen. Im allgemeinen ergeben sich dabei folgende Systemzustände:

a) die technischen Systemelemente funktionieren ausfallfrei, die Operateure handeln fehlerfrei und rechtzeitig;
b) die technischen Systemelemente funktionieren ausfallfrei, die Operateure handeln fehlerhaft, kompensieren die eingetretenen Fehler jedoch rechtzeitig;
c) technische Systemelemente fallen aus, die Operateure handeln fehlerfrei und rechtzeitig und reparieren das System;
d) technische Systemelemente fallen mit der Wahrscheinlichkeit P_{TK} im Zeitabschnitt Δt kurzzeitig aus und werden mit der Wahrscheinlichkeit P_K durch die Operateure kompensiert.

Wird außerdem davon ausgegangen, daß das System seine Aufgaben nicht erfüllt, wenn

a) bei Ausfällen die Reparatur nicht in einer bestimmten Zeit beendet oder wenn sie fehlerhaft ausgeführt wird;
b) bei kurzzeitigen, sich selbst behebenden Ausfällen, durch Fehlhandlungen der Operateure keine Kompensation erreicht und diese Umstände nicht im Zuverlässigkeitsmodell dargestellt werden, dann resultiert das folgende vereinfachte Modell:

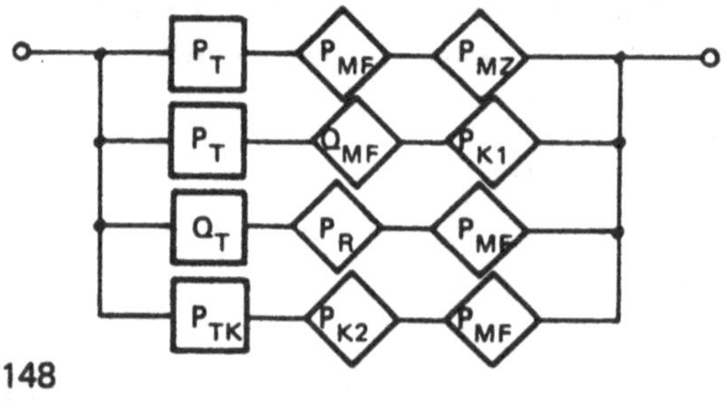

In diesem Fall wird

$$P_{MT}(\Delta t) = P_T(\Delta t)[P_{MF}(\Delta t)P_{MZ}(\Delta t) + Q_{MF}(\Delta t)P_{K1}]$$

$$+ Q_T(\Delta t)P_R P_{MF}(\Delta t) + P_{TK}(\Delta t)P_{K2}P_{MF}(\Delta t).$$

In einzelnen Fällen besteht die Notwendigkeit, die Verfügbarkeit des Operateurs $V_M(t)$ zu einem bestimmten Zeitpunkt (beispielsweise zum Zeitpunkt des Ausfalls einer technischen Komponente) und die Wahrscheinlichkeit P_{MA}, mit der physisch bzw. psychisch bedingte Ausfälle der Operateure eintreten können, zu berücksichtigen. Die betreffenden Zuverlässigkeitsmodelle und analytischen Ausdrücke sind dann dementsprechend zu ergänzen. Dazu sind die entsprechenden Komponenten mit der Wahrscheinlichkeit $V_M(t)$ bzw. P_{MA} zu multiplizieren.

Die Aufstellung von Zuverlässigkeitsmodellen von Mensch-Technik-Systemen erfordert also die sorgfältige Arbeit von Spezialisten verschiedener Bereiche und Wissenschaftsdisziplinen. Sie ist häufig recht aufwendig. Die Qualifizierung dieser Zuverlässigkeitsmodelle erfordert weiterführende Untersuchungen.

7.3. Zuverlässigkeitskenngrößen der Operateure

Gegenwärtig setzt sich immer mehr die Erkenntnis durch, daß die Beurteilung der Zuverlässigkeit von Operateuren ebenfalls mit Hilfe spezieller Zuverlässigkeitskenngrößen möglich ist. Dabei wird davon ausgegangen, daß die Einschätzung der Funktionseffektivität und Zuverlässigkeit eines beliebigen Mensch-Technik-Systems grundsätzlich die ausfallfreie, fehlerfreie und rechtzeitige Tätigkeit (Handlungen) der Operateure berücksichtigen muß. Diese Feststellung trifft auch auf beliebige technische Objekte zu, die unmittelbar oder mittelbar durch Operateure genutzt werden. Der Einsatz dieser Technik erfolgt entweder auf unerwartete (plötzliche) Anforderung aus der Einsatzpause oder aus dem Bereitschaftszustand. Beispiele dafür sind im Militärwesen, im Bereich der medizinischen Sicherstellung (Reanimations- und Überwachungssysteme), im Nachrichten- und Transportwesen und in anderen gesellschaftlichen Sphären zu finden.

Die Zuverlässigkeit eines Operateurs wird als die Fähigkeit des Menschen definiert, gestellte Aufgaben bzw. Funktionen im Zusammenwirken mit der Technik im Verlaufe einer bestimmten Zeit, mit der geforderten Qualität rechtzeitig, fehlerfrei und ununterbrochen durchzuführen. Sie ist mit Hilfe der folgenden Zuverlässigkeitskenngrößen abzuschätzen [106, 113, 114]:

a) „Fehlerquote des Operateurs";
b) „Wahrscheinlichkeit der fehlerfreien Arbeit des Operateurs";
c) „Wahrscheinlichkeit der rechtzeitigen Handlungen des Operateurs";
d) „Verfügbarkeit des Operateurs";
e) „Wahrscheinlichkeit der Fehlerkorrektur durch den Operateur".

Zur Charakterisierung der fehlerfreien Arbeit des Operateurs dienen die Kenngrößen „Fehlerquote" und „Wahrscheinlichkeit der fehlerfreien Arbeit".

Die *Fehlerquote* Λ_M des Operateurs wird als das Verhältnis seiner fehlerhaften Handlungen, die er bei der Durchführung einer bestimmten i-ten Aufgabe begeht, zur Gesamtzahl der geforderten Handlungen des i-ten Typs und der dafür erforderlichen Zeit definiert. Es ist also

$$\Lambda_{Mi} = \frac{n_{Mi}}{N_i T_i} \tag{64}$$

mit

Λ_{Mi} – Fehlerquote des Operateurs bei der Durchführung von Aufgaben (Funktionen) des i-ten Typs,

N_i – Gesamtzahl der durchgeführten Aufgaben des i-ten Typs,

n_{Mi} – Anzahl der fehlerhaften Handlungen (Fehler), die vom Operateur während der Durchführung von Aufgaben (Funktionen) des i-ten Typs zugelassen wurden,

T_i – mittlere Zeit, die zur Erfüllung der Aufgaben (Funktionen) des i-ten Typs erforderlich sind.

Die Kenngröße „Fehlerquote" ist das Ergebnis praktischer Überprüfungen (Experimente), die unter realen Nutzungsbedingungen bei möglichst großer Anzahl von Prüfungen durchzuführen sind.

Die Kenngröße „Wahrscheinlichkeit der fehlerfreien Arbeit" wird definiert als die Wahrscheinlichkeit dafür, daß im Verlaufe der Zeit Δt bei der Durchführung von festgelegten Aufgaben durch den Operateur keine Fehler zugelassen werden. Unter der Voraussetzung einer Exponentialverteilung wird diese Wahrscheinlichkeit für eine Handlung des i-ten Typs im Zeitintervall Δt

$$P_{MF}(\Delta t) = \exp(-\Lambda_{Mi}\Delta t). \tag{65}$$

Hat der Operateur mehrere unterschiedliche Handlungen auszuführen, wobei Handlungen des gleichen Typs wiederholt vorkommen können, so ist die Kenngröße „Wahrscheinlichkeit der fehlerfreien Arbeit" wie folgt zu berechnen:

$$P_{MF}(\Delta t) = \prod_{i=1}^{m} P_{MF_i}^{\nu_i} = \exp\left[-\sum_{i=1}^{m} \nu_i \Lambda_{Mi} \Delta t\right] \tag{66}$$

mit

ν_i – Anzahl der Handlungen des i-ten Typs (i = 1, 2, . . ., m).

Statistisch wird diese Zuverlässigkeitskenngröße durch das Verhältnis der fehlerfrei ausgeführten Handlungen des Operateurs zur Gesamtzahl der durchzuführenden Handlungen bestimmt. Für den i-ten Typ wird demzufolge

$$\hat{P}_{MF_i} = \frac{N_i - n_i}{N_i}. \tag{67}$$

Eine Vorstellung vom zahlenmäßigen Wert dieser Kenngröße vermittelt Tabelle 4. Darin sind für verschiedene technische Steuereinrichtungen die mittlere Zeit τ zur Durchführung bestimmter Handlungen, die dazugehörige mittlere quadratische Abweichung σ und die Wahrscheinlichkeit der fehlerfreien Arbeit P_i (i = 1, 2, 3) angeführt. Diese Angaben, die für maximale Arbeitsgeschwindigkeiten des Operateurs ermittelt wurden, können als Orientierungswerte sowohl bei der Entwicklung als auch bei der Analyse von Mensch-Technik-Systemen dienen.

Tabelle 4 [106]

Aufgaben des Operateurs	Charakteristik	Steuereinrichtung einfache	mittlerer Kompliziertheitsgrad	hoher Kompliziertheitsgrad
Suchen, Erkennen und Verstehen (Dekodieren) der Information	Anzahl der Anzeigegeräte	1 ... 7	5 ... 15	10 ... 30
	τ [s]	0,6 ... 3,5	2,5 ... 7,0	5,0 ... 15,0
	σ [s]	0,2 ... 1,2	0,8 ... 2,3	1,7 ... 5,0
	P_1	0,995	0,99	0,95
Entschlußfassung (Entscheidungsfindung)	Anzahl der logischen Bedingungen	1 ... 2	3 ... 4	5 ...
	τ [s]	4,5 ... 6,5	5,5 ... 20,0	15,0 ... 30,0
	σ [s]	1,5 ... 2,15	1,7 ... 7,0	5,0 ... 10,0
	P_2	0,995	0,995	0,9
Entschluß-ausführung	Anzahl der Steuerorgane	1 ... 10	7 ... 20	15 ... 60
	τ [s]	1,5 ... 4,0	3,0 ... 7,0	5,0 ... 10,0
	σ [s]	0,53 ... 1,3	1,0 ... 2,3	1,7 ... 3,3
	P_3	0,995	0,97	0,92

In der Praxis bestehen zwischen den verschiedenen Typen von Handlungen der Operateure unmittelbare oder mittelbare Zusammenhänge, wie zeitliche Abhängigkeiten, Reihenfolgen der Bedienungsabläufe usw. Zur Berücksichtigung dieses Einflusses wird in [106] vorgeschlagen, die Kenngröße *Wahrscheinlichkeit der fehlerfreien Arbeit* nach folgender Formel zu ermitteln:

$$P_{MF_i} = AK_0^2 + BK_0 + C, \tag{68}$$

mit

$$K_0 = \frac{T_{M_i\,max}}{T_{M_i}},$$

$T_{M_{i\,max}}$ – Zeit zur Durchführung der i-ten Handlung mit maximal möglicher Geschwindigkeit,

T_{M_i} – Zeit zur Durchführung der i-ten Handlung, die dem Operateur real zur Verfügung steht,

A, B, C, – Koeffizienten, gemäß Tabelle 5.

Offensichtlich ist auch hier für verschiedenartige Handlungen des Operateurs (i = 1, 2, ..., m) die Wahrscheinlichkeit der fehlerfreien Arbeit

$$P_{MF} = \prod_{i=1}^{m} P_{MF_i}. \tag{69}$$

Das Konfidenzintervall der Kenngröße P_{MF} wird nach der Abhängigkeit

$$\sum_{k=N_i-n_i}^{N_i} \binom{N_i}{k} \hat{P}^k_{MF} (1 - \hat{P}_{MF})^{N_i-l} = 1 - \alpha$$

auf die bekannte Art und Weise erhalten.

Tabelle 5 [106]

Tätigkeit	Wahrscheinlichkeit P bei $k_m = 1$	A	B	C
Ablesen der Anzeige von elektromechanischen Meßgeräten	0,997	– 0,75	0,093	0,988
Ablesen der Anzeige von elektromechanischen Meßgeräten mit Zifferanzeige	0,995	– 0,006	0,003	0,999
Ablesen der Anzeige von Zifferanzeigeröhren (Dekatrone)	0,987	– 0,025	0,013	0,997
Ablesen der Anzeige von einem Zeigermeßgerät	0,957 – 0,994	0,081 – 0,105	0,043 – 0,056	0,995 – 0,993
Ablesen der Anzeige von einem Zifferindikator	0,971	– 0,054	0,029	0,996
Ablesen einer auf der Skala der Meßgeräte fixierten Zone	0,998	– 0,004	0,002	0,998
Ablesen einer projizierten Anzeige	0,999	– 0,002	0,001	0,998
Bedienung von Kippschaltern	0,941	– 0,111	0,059	0,992
Bedienung von Drucktasten	0,929	– 0,133	0,071	0,991
Bedienung von Sperrkontakten	0,939	– 0,115	0,061	0,992
Bedienung einer Tastatur	0,909	– 0,171	0,091	0,988

Die Zuverlässigkeitskenngröße *Verfügbarkeit des Operateurs* V_M wird statistisch definiert als

$$V_M = 1 - \frac{T_{Mo}}{T_M} = \frac{T_M - T_{Mo}}{T_M} \qquad (70)$$

mit

T_{Mo} – Zeit, während der sich der Operateur aus verschiedenen Gründen nicht am Arbeitsplatz befindet und demzufolge eine eintreffende Information nicht aufnehmen kann,

T_M – Gesamtarbeitszeit des Operateurs.

Die Verfügbarkeit des Operateurs hat offensichtlich großen Einfluß auf die Verfügbarkeit technischer Objekte. Bei der Berechnung der Zuverlässigkeit technischer Systeme, speziell von Mensch-Technik-Systemen, wird diese Feststellung eindeutig sichtbar.

Die Zuverlässigkeitskenngröße *Wahrscheinlichkeit der Fehlerkorrektur durch den Operateur* P_K charakterisiert die Wahrscheinlichkeit, mit der ein eingetretener Bedienfehler angezeigt, erkannt und durch den Operateur beseitigt wird. Diese Kenngröße wird demzufolge als Produkt folgender Wahrscheinlichkeiten berechnet:

$$P_K = P_A P_E P_W, \qquad (71)$$

wobei bedeuten:

P_A – Wahrscheinlichkeit dafür, daß der Fehler durch ein entsprechendes Signal der Kontrolleinrichtung des Objektes angezeigt wird;

P_E – Wahrscheinlichkeit dafür, daß der Operateur das Signal der Kontrolleinrichtung, d. h. die Anzeige eines Fehlers, erkannt hat;

P_W – Wahrscheinlichkeit dafür, daß die fehlerhafte Handlung des Operateurs durch Wiederholung des entsprechenden Bedienungsvorganges korrigiert wird.

An dieser Formel ist eindeutig zu erkennen, daß die Ableitung der Zuverlässigkeitskenngröße *Wahrscheinlichkeit der Fehlerkorrektur* eine große Anzahl von Untersuchungen beansprucht, um die erforderlichen Wahrscheinlichkeitskennwerte P_A, P_E und P_W empirisch bzw. analytisch zu ermitteln.

Die Zuverlässigkeitskenngröße *Wahrscheinlichkeit der rechtzeitigen Handlung des Operateurs* P_{MZ} ist die Wahrscheinlichkeit dafür, daß eine erforderliche Handlung durch den Operateur im Verlaufe einer Zeit τ durchgeführt wird, die kleiner als eine zulässige Zeit ist. Diese Kenngröße wird

$$P_{MZ} = P\{\tau < t_{max}\} = \int_0^{t_{max}} f(\tau)\, d\tau \qquad (72)$$

mit

$f(\tau)$ – Verteilungsfunktion der Zeit τ, die die Durchführung der betrachteten Handlung durch den Operateur erfordert,

t_{max} – maximal zulässige Zeit zur Durchführung der Handlung.

Bei der Beurteilung der Zuverlässigkeit technischer Systeme berücksichtigt die Kenngröße P_{MZ} den Umstand, daß der verzögerte Einsatz eines Systems gleiche Folgen haben kann wie ein zugelassener Bedienungsfehler.

7.4. Berechnung der Zuverlässigkeit von Mensch-Technik-Systemen

Die Berechnung der Zuverlässigkeit dieser Systeme wird grundsätzlich nach den Verfahren und Methoden vorbereitet, wie das ausführlich in Kapitel 5 und Abschnitt 7.2. dargelegt ist.

Da die Grundlagen zur Berechnung des Einflusses, den Operateure auf die Zuverlässigkeit und Funktionsgüte von Mensch-Technik-Systemen haben, erst in den Anfängen ihrer Ausarbeitung stecken, entspricht das gegenwärtig vorhandene Instrumentarium zur Berechnung der Zuverlässigkeit und Funktionsgüte dieser Systeme noch nicht den realen Erfordernissen. Die nachfolgenden Beispiele zeigen lediglich Wege auf, die begangen werden können und selbstverständlich weiterer Vervollständigung bedürfen. Trotz dieser Einschränkung entsprechen die damit erhaltenen Ergebnisse bedeutend besser der Realität als Berechnungen ohne Berücksichtigung des Einflusses der Operateure. Eine wertvolle Hilfe dabei bilden die Angaben sowie Methoden zur Ermittlung der Zuverlässigkeitskenngrößen von Operateuren, die in [106] gegeben sind.

Beispiel 18

Gegeben:

Einfaches nichtwiederherstellbares technisches System, das während seines Einsatzes von einem Operateur bedient wird. Dieser hat die Kontroll- und Steuergeräte ständig zu beobachten, die relevanten Informationen zu erkennen, einen Entschluß zur Bedienung des Gerätes zu fassen und diesen zu realisieren. Das Kontroll- und Steuergerät hat mittleren Kompliziertheitsgrad, die Zuverlässigkeitskenngrößen *Wahrscheinlichkeit der fehlerfreien Arbeit des Operateurs* und *Wahrscheinlichkeit der rechtzeitigen Handlungen des Operateurs* haben die Werte $P_{MF}(t) = 0{,}96$, $P_{MZ}(t) = 0{,}98$.

Vorausgesetzt wird, daß das Auswechseln der Operateure nach einer bestimmten Arbeitszeit ohne Einfluß auf die Funktionsfähigkeit des Systems ist. Die Systemausfälle sind mit der Ausfallrate $\lambda = 10^{-4}\ h^{-1}$ exponential verteilt.

Gesucht:

Wahrscheinlichkeit der ausfallfreien Arbeit des Systems im Verlaufe von $t = 96$ h unter Berücksichtigung des Einflusses der fehlerfreien und rechtzeitigen Arbeit des Operateurs.

Lösung:

Die Wahrscheinlichkeit der ausfallfreien Arbeit dieses Systems ohne Berücksichtigung des Operateurs beträgt:

$$P(t) = \exp(-\lambda t) = \exp(-96 \cdot 10^{-4}) = 0{,}9904.$$

Unter Berücksichtigung der fehlerfreien und rechtzeitigen Arbeit des Operateurs wird die Wahrscheinlichkeit der ausfallfreien Arbeit des Systems

$$P_{MT}(t) = P_T(t)\,P_{MF}(t)\,P_{MZ}(t)$$
$$= 0{,}9904 \cdot 0{,}96 \cdot 0{,}98 = 0{,}9318$$

mit

$P_T(t)$ – Wahrscheinlichkeit der ausfallfreien Arbeit des Systems ohne Berücksichtigung des Operateurs,

$P_{MF}(t)$ – Wahrscheinlichkeit der fehlerfreien Arbeit des Operateurs,

$P_{MZ}(t)$ – Wahrscheinlichkeit der rechtzeitigen Arbeit des Operateurs.

Beispiel 19

Gegeben:

Rechnergestütztes Steuer- und Kontrollgerät, im Dauerbetrieb, das jeweils von einem Operateur bedient wird. Nach einer bestimmten Arbeitszeit lösen sich die Operateure untereinander ab, ohne nachteilige Auswirkungen auf die Zuverlässigkeit und Funktionsgüte des Systems.

Im betrachteten Gerät können kurzzeitige Ausfälle in der Informationsübertragung, -verarbeitung und -darstellung mit einer Wahrscheinlichkeit $P_{TK} = 0{,}02$ eintreten. Die Wahrscheinlichkeit dafür, daß der Operateur die Auswirkungen dieser Ausfälle durch seine Kenntnisse und Erfahrungen so kompensiert, daß das Steuer- und Kontrollgerät seine Funktionen gemäß Zweckbestimmung erfüllt, sei $P_{K1} = 0{,}95$. Untersuchungen ergaben für die fehlerfreie sowie rechtzeitige Tätigkeit des Operateurs folgende Kennwerte: Wahrscheinlichkeit der fehlerfreien Arbeit des Operateurs – $P_{MF}(t) = 0{,}985$; Wahrscheinlichkeit der rechtzeitigen Handlungen des Operateurs – $P_{MZ}(t) = 0{,}99$; Fehlhandlungen des Operateurs werden von ihm mit einer Wahrscheinlichkeit von $P_{K2} = 0{,}92$ kompensiert. Ausfälle des Systems und des Operateurs werden negiert. Der zahlenmäßige Wert der Dauerverfügbarkeit des Systems beträgt $V_T = 0{,}94$.

Gesucht:

Dauerverfügbarkeit des Systems unter Berücksichtigung der Handlungen der Operateure.

Lösung:

Das betrachtete Mensch-Technik-System kann sich in folgenden Zuständen befinden:

a) Technik funktioniert ausfallfrei, der Operateur bedient das System fehlerfrei und rechtzeitig;

b) Technik funktioniert ausfallfrei, der Operateur hat Bedienungsfehler begangen, diesen jedoch rechtzeitig kompensiert;

c) Technik hat kurzzeitigen, sich selbst behebenden Ausfall, der Operateur kann die Auswirkungen dieses Kurzzeitausfalls kompensieren;

d) Technik hat kurzzeitigen Ausfall, der Operateur begeht Handlungsfehler, kann aber deren Auswirkungen durch seine Handlungen kompensieren.

Daraus ergibt sich als vereinfachtes Zuverlässigkeitsmodell

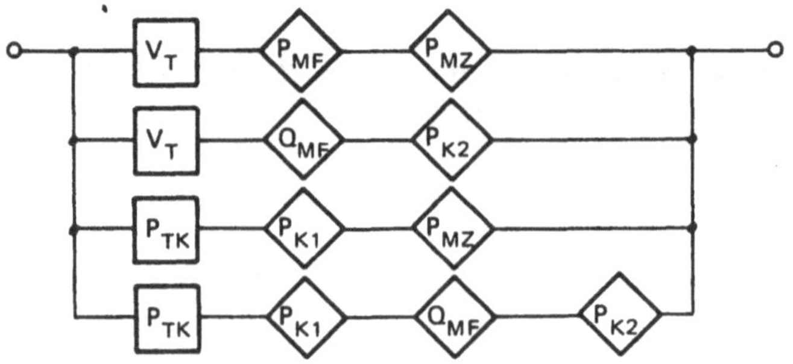

und die Berechnungsformel

$$V_{MT} = V_T\,(P_{MF}P_{MZ} + Q_{MF}P_{K2}) + P_{TK}(P_{K1}P_{MZ} + P_{K1}Q_{MF}P_{K2})$$
$$= 0{,}94(0{,}985\cdot 0{,}99 + 0{,}015\cdot 0{,}92) + 0{,}02(0{,}95\cdot 0{,}99 + 0{,}95\cdot 0{,}015\cdot 0{,}92)$$
$$= 0{,}9486.$$

Hier bewirkt also die Tätigkeit der Operateure zur Kompensation der möglichen Fehler, daß die Verfügbarkeit von $V_T = 0{,}94$ auf $V_{MT} \approx 0{,}95$ leicht ansteigt.

Beispiel 20

Gegeben:
System zur Kontrolle der Schiffahrt im Hafen nach Beispiel 15 (S. 84).
Das Bedienungspersonal hat unmittelbaren Einfluß auf die Verfügbarkeit der Funkmeßstationen (FMS), der Nachrichtenverbindungen (Na) und der Leitzentrale (Fst). Dieser Einfluß kann mit Hilfe der ermittelten zahlenmäßigen Werte der Zuverlässigkeitskenngrößen eingeschätzt werden. Wahrscheinlichkeit der fehlerfreien Arbeit der Operateure $P_{MF} = 0{,}985$; Wahrscheinlichkeit der rechtzeitigen Handlungen der Operateure $P_{MZ} = 0{,}98$.

Die zahlenmäßigen Werte der Verfügbarkeit der technischen Systemelemente (stationäre Werte) betragen: $V_{FMS} = 0{,}95$, $V_{Na} = 0{,}96$, $V_{Fst} = 0{,}98$.

Wird davon ausgegangen, daß kurzzeitige, sich selbst behebende Ausfälle sowohl in der Funkmeßstation als auch im Nachrichtensystem und in der Leitzentrale eintreten können, und zwar mit der Wahrscheinlichkeit für die Funkmeßstation $P_{TK1} = 0{,}01$, für das Nachrichtensystem $P_{TK2} = 0{,}01$, für die Leitzentrale $P_{TK3} = 0{,}015$, dann sind die Wahrscheinlichkeiten, daß diese kurzzeitigen Ausfälle durch die Operateure kompensiert werden: $P_{K1} = 0{,}98$; $P_{K2} = 0{,}84$; $P_{K3} = 0{,}92$.

Lassen die Operateure selbst Fehler bei der Bedienung zu, so werden diese Fehlhandlungen mit der Wahrscheinlichkeit $P_{K4} = 0{,}985$ (für fehlerhafte Handlungen) und $P_{K5} = 0{,}82$ (für nicht rechtzeitige Handlungen) kompensiert.

Gesucht:
Funktionsgüte des Systems unter Berücksichtigung der Handlungen der Operateure.

Lösung:
Aus der Aufgabenstellung ergeben sich folgende Systemzustände für die Bedienungswahrscheinlichkeit des Subsystems 1, d. h. für G_1:

a) Funkmeßstation, Nachrichtensystem und Führungsstelle funktionieren ausfallfrei, die Operateure arbeiten fehlerfrei und rechtzeitig;

b) kurzzeitiger Ausfall der Funkmeßstation, Korrektur durch Operateur, Nachrichtensystem und Führungsstelle arbeiten ausfallfrei, ihre Bedienung erfolgt fehlerfrei und rechtzeitig;
c) Funkmeßstation und Führungsstelle arbeiten ausfallfrei, kurzzeitiger Ausfall des Nachrichtensystems mit nachfolgender Korrektur durch den Operateur, Gesamtsystem wird fehlerfrei und rechtzeitig bedient;
d) Funkmeßstation und Nachrichtensystem arbeiten ausfallfrei und werden fehlerfrei und rechtzeitig bedient, zeitweiliger Ausfall der Führungsstelle, der durch Handlungen der Operateure kompensiert wird;
e) Funkmeßstation, Nachrichtensystem und Führungsstelle arbeiten ausfallfrei, es werden Bedienungsfehler zugelassen, die jedoch kompensiert werden, die Handlungen der Operateure werden rechtzeitig ausgeführt;
f) Funkmeßstation, Nachrichtensystem und Führungsstelle arbeiten ausfallfrei, die technischen Komponenten werden fehlerfrei bedient, jedoch nicht rechtzeitig. Die verspäteten Handlungen des Operateurs werden kompensiert. Damit ergibt sich das nachfolgende Zuverlässigkeitsmodell

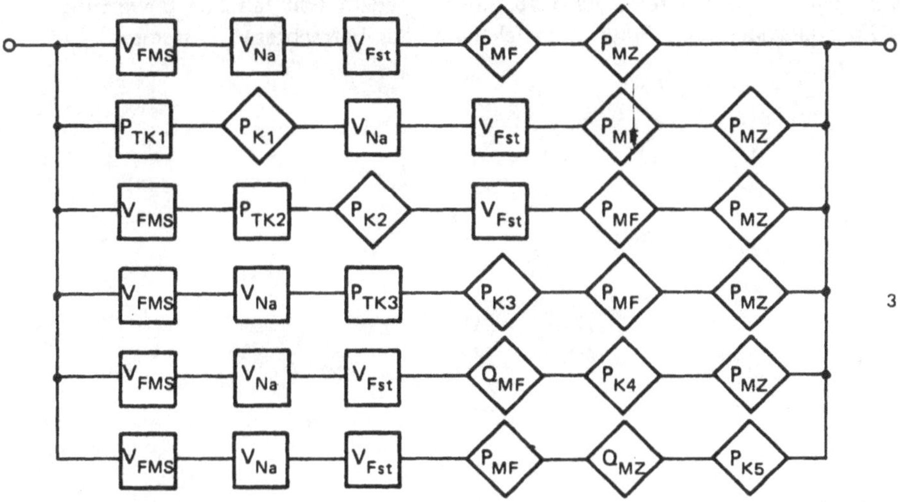

3

Die Bedienungswahrscheinlichkeit für das Subsystem 1 wird damit

$$
\begin{aligned}
G_{MT_1} &= V_{FMS}V_{Na}V_{Fst}P_{MF}P_{MZ} + P_{TK_1}P_{K_1}V_{Na}V_{Fst}P_{MF}P_{MZ} \\
&\quad + V_{FMS}P_{TK2}P_{K2}V_{Fst}P_{MF}P_{MZ} + V_{FMS}V_{Na}P_{TK3}P_{K3}P_{MF}P_{MZ} \\
&\quad + V_{FMS}V_{Na}V_{Fst}Q_{MF}P_{K4}P_{MZ} + V_{FMS}V_{Na}V_{Fst}P_{MF}Q_{MZ}P_{K5} \\
&= 0{,}95\cdot 0{,}96\cdot 0{,}98\cdot 0{,}985\cdot 0{,}98 + 0{,}01\cdot 0{,}9\cdot 0{,}96\cdot 0{,}98\cdot 0{,}985\cdot 0{,}98 \\
&\quad + 0{,}95\cdot 0{,}01\cdot 0{,}84\cdot 0{,}98\cdot 0{,}985\cdot 0{,}98 + 0{,}95\cdot 0{,}96\cdot 0{,}015\cdot 0{,}92\cdot 0{,}985\cdot 0{,}98 \\
&\quad + 0{,}95\cdot 0{,}96\cdot 0{,}98\,(0{,}015\cdot 0{,}985\cdot 0{,}98 + 0{,}985\cdot 0{,}02\cdot 0{,}82) \\
&= 0{,}9179.
\end{aligned}
$$

Ohne Berücksichtigung des Einflusses der Operateure resultiert:

$$G_1 = V_{FMS}V_{Na}V_{Fst} = 0{,}95\cdot 0{,}96\cdot 0{,}98 = 0{,}8937.$$

Analog werden die Bedienungswahrscheinlichkeiten G_{MT_2}, G_{MT_3} und G_{MT_4} ermittelt, und danach wird die Funktionsgüte des Systems berechnet.

Trotz aller Vereinfachungen zeigt auch dieses Beispiel die Notwendigkeit, aber auch die Möglichkeit zur Berücksichtigung des Einflusses der Operateure bei der Berechnung der Zuverlässigkeit und Funktionsgüte von Mensch-Technik-Systemen.

Leider stehen auch nicht immer die nötigen Ausgangsangaben für die Zuverlässigkeitskenngrößen, die der Charakterisierung des Einflusses der Operateure dienen, zur Verfügung. Die komplexe Abschätzung der Zuverlässigkeit und Funktionseffektivität von Mensch-Technik-Systemen unter besonderer Berücksichtigung des Einflusses der Operateure ist, ungeachtet der genannten Schwierigkeiten, zwingend erforderlich. Die Berechnung lediglich der technischen Zuverlässigkeitskomponente dieser Systeme führt zu einer in jedem Fall falschen Bewertung der Zuverlässigkeit und Funktionseffektivität des betrachteten Systems.

8. Abbildungsverzeichnis

9. Literaturverzeichnis

[1] Kożlov, B. A., Ušakov, I. A., herausgegeben und ergänzt von K. Reinschke, Handbuch zur Berechnung der Zuverlässigkeit. Akademie-Verlag, Berlin 1978

[2] Barlow, R. E., Proschan, F., Statistische Theorie der Zuverlässigkeit. Akademie-Verlag, Berlin 1981

[3] Vasilev, B. V., Prognosirovanije nadežnosti i effektivnosti dinamičeskich sistem. In: O nadežnosti složnych techničeskich sistem. Izd. Sovetskoe Radio, Moskva 1966

[4] Rakov, W. I., Effektivnost sudovych radioelektronnych sistem. Izd. Sudostroenie, Leningrad 1974

[5] Ušakov, I. A., Metody issledovanija effektivnosti funkcionirovanija techničeskich sistem. Izd. Znanie, Moskva 1976

[6] Ušakov, I. A., Ocenka effektivnosti složnych sistem. Sborn. Nadežnost radioelektronnoj apparatury. Izd. Sovetskoe Radio, Moskva 1960

[7] Alven, W. H. von, Zuverlässigkeitstechnik. Prentice-Hall, Inc. Englewood Cliffs, New York 1964

[8] Goldman, A. S., Slattery, T. B., Wartbarkeit: ein Hauptelement der Systemeffektivität. John Wiley & Sons. Inc., New York 1964

[9] Welker, Everett L., System Effectiveness Reliability Handbook. McGraw-Hill Book Comp., New York 1966

[10] Gnedenko, B. V., Bolšije sistemy. Izd. Nauka, Moskva 1971

[11] Tšervonij, A. A. i. dr., Metody opredelenija i kontrolja nadežnosti bolšich sistem. Izd. Energija, Moskva 1976

[12] Goode, H. H., Machol, R. E., System Engineering. McGraw-Hill Book Comp., New York 1957

[13] Gosudarstvennyj Komitet standartov soveta ministrov SSSR, Metodika vybora pokasatelej dlja ocenki nadežnosti složnych techničeskich sistem. Vsesojuzn. naučno-issledovat. institut standardizacy, Moskva 1970

[14] DDR-Standard „Zuverlässigkeit in der Technik". TGL 26096, Berlin 1978

[15] Dsirkal, E. V., Zadanije i proverka trebovanij nadežnosti sloznych izdelij. Izd. Radio i Svjas, Moskva 1981

[16] Dsirkal, E. V., Vybor i ocenka pokasatelej nadežnosti složnych izdelij. Izd. Znanie, Moskva 1974

[17] König, D., Stoyan, D., Methoden der Bedienungstheorie. Akademie-Verlag, Berlin 1976

[18] Brodi, S. M., Pogosjan, I. A., Vložennye stochastičeskie processy v teorii massovogo obsluživanija. Izd. Naukova dumka, Kiev 1973

[19] Gnedenko, B. V., Kovalenko, I. N., Einführung in die Bedienungstheorie. Akademie-Verlag, Berlin 1974

[20] Benes, V. E., General Stochastic Processes in the Theory of Queues. Addison-Wesley Publ. Comp., New York 1963

[21] Lahres, H., Einführung in die diskreten Markov-Prozesse und ihre Anwendungen. B. G. Teubner Verlagsgesellschaft, Leipzig 1964

[22] Föllinger, O., Laplace- und Fourier-Transformation. AEG-Telefunken-Firmenverlag, Berlin – Frankfurt/Main 1982

[23] Störmer, H., Semi-Markoff-Prozesse mit endlich vielen Zuständen. Springer-Verlag, Berlin – Heidelberg – New York 1970

[24] Tichonov, B. I., Mironov, M. A., Markovskie processy. Izd. Sovetskoe Radio, Moskva 1977

[25] Pyke, R., Markov Renewal Prozesses: Definitions and Preliminary Properties. Ann. Math. Stat. **32** (1961), p. 1231–1242

[26] Barlow, R. E., Proschan, F., Mathematical Theory of Reliability. John Wiley & Sons. Inc., New York 1967

[27] Störmer, H., Mathematische Theorie der Zuverlässigkeit. Akademie-Verlag, Berlin 1970

[28] Kovalenko, I. N., Nekotorye analitičeskie metody v teorii massovogo obsluživanija. In: Kibernetiku – na službu kommunisma, T. 2. Izd. Energija, Moskva 1964

[29] Doetsch, G., Handbuch der Laplace-Transformation. Birkhäuser Verlag, Basel – Stuttgart 1951/1956

[30] Bronstein, I. N., Semendjajew, K. A., Taschenbuch der Mathematik, 21. Auflage. Gemeinschaftsausgabe Verlag Nauka, Moskau, B. G. Teubner Verlagsgesellschaft, Leipzig 1983

[31] Philippow, E., Taschenbuch Elektrotechnik, Bd. I., VEB Verlag Technik, Berlin 1963

[32] Vasilev, B. V., Prognozirovanije nadežnosti i effektivnosti radioelektronnych ustroistv. Izd. Sovetskoe Radio, Moskva 1970

[33] Reliability Handbook, Bd. 1–3. McGraw-Hill Book Comp., New York 1966

[34] Gnedenko, B. V., Beljaev, J. K., Solovev, A. D., Mathematische Methoden der Zuverlässigkeitstheorie, Bde. 1–2. Akademie-Verlag, Berlin 1968

[35] Preuß, H., Zuverlässigkeit elektronischer Einrichtungen. VEB Verlag Technik, Berlin 1976

[36] Berdičevski, B. E., Voprosy obespečenija nadežnosti radioelektronnoj apparatury pri razrabotke. Izd. Sovetskoe Radio, Moskva 1977

[37] Dombrowski, E., Normen und verwandte Unterlagen auf dem Zuverlässigkeitsgebiet. Techn. Zuverlässigkeit **8** (1966)

[38] Komitet standartov, mer i izmeritelnych priborov pri Sovete Ministrov SSSR: MO 3–69, Metodika vybora nomenklatury normiruemych pokasatelej nadežnosti složnych techničeskich ustroistv. Izd. standartov, Moskva 1970

[39] Fokin, J. G., Nadežnost pri ekspluatacii techničeskich sredstv. Voennoe Izd., Moskva 1970

[40] Rjabinin, I. A., Čerkesov, G. N., Logiko – verojatnostnye metody issledovanija nadežnosti strukturno – složnych sistem. Izd. Radio i Svjaz, Moskva 1981

[41] Kredencer, B. P., Rešenie zadač nadežnosti i ekspluatacii na universalnych ESVM. Izd. Sovetskoe Radio, Moskva 1967

[42] Kettle, J. D., Least-Cost Allocations of Reliability Investment. Operation Research **10** (1962) 2

[43] Quade, E. S. (Edit.), Analysis for Military Decisions. The RAND Corporation, Santa Monica, Calif., RAND McNally & Comp. – Chicago; North Holland Publishing Comp., Amsterdam. Russ.: Izd. Sovetskoe Radio, Moskva 1969

[44] Neledva, V. A., Šišonok, N. A., Optimizacija nadežnosti elementov složnych sistem s učetom ekonomičeskich faktorov. V: Osnovnye voprosy teorii i praktiki nadežnosti. Izd. Sovetskoe Radio, Moskva 1971

[45] Vasilev, B. V., Kožlov, B. A., Tkačenko, L. G., Nadežnost i effektivnost radioelektronnych ustroistv. Izd. Sovetskoe Radio, Moskva 1964

[46] Solovev, A. D., Asimptotičeskoe povedenie bolšich otklonenij v processe gibeli i razmnoženija, V: Kibernetiky na službu kommunismu, T. 2. Izd. Energija, Moskva 1964

[47] Lau, H. T., Reliability, Maintainability and Cost Effectiveness: a Bibliographical Note. Microelectronics and Reliability **23** (1983) 1, p. 21–41

[48] Kapur, K. C., Lamberson, L. R., Reliability in Engineering Design. John Wiley & Sons., New York 1979

[49] Bitter, P. u. a., Technische Zuverlässigkeit, Problematik – Mathematische Grundlagen – Untersuchungsmethoden – Anwendungen. Springer-Verlag, Berlin – Heidelberg – New York 1977

[50] Köchel, P., Zuverlässigkeit technischer Systeme. VEB Fachbuchverlag, Leipzig 1982

[51] Roseman, H., Zuverlässigkeit und Verfügbarkeit technischer Anlagen und Geräte. Springer-Verlag, Berlin – Heidelberg – New York 1981

[52] Schneeweiss, W., Zuverlässigkeits-Systemtheorie. Datakontex-Verlag, Köln 1980

[53] Höfle-Isphording, U., Zuverlässigkeitsrechnung. Springer-Verlag, Berlin – Heidelberg – New York 1978

[54] Nikolaizik, J. (Red.), VEM-Handbuch, Zuverlässigkeit von Automatisierungs- und Elektroenergieanlagen. VEB Verlag Technik, Berlin 1981

[55] Reinschke, K., Zuverlässigkeit von Systemen, Bde. 1 und 2. VEB Verlag Technik, Berlin 1973

[56] Gaede, K.-W., Zuverlässigkeit – Mathematische Modelle. Carl Hauser Verlag, München – Wien 1977

[57] Polovko, A. M. (Red.), Sbornik zadač po teorii nadežnosti. Izd. Sovetskoe Radio, Moskva 1972

[58] Družinin, G. V. i. dr., Teorija nadežnosti radioelektronnych sistem v primerach i zadačach. Izd. Energija, Moskva 1976

[59] Bries, G., Graphentheorie, Mathematik für Ingenieure, Band 21/2. B. G. Teubner Verlagsgesellschaft, Leipzig 1976

[60] Sachs, H., Einführung in die Theorie der endlichen Graphen, Teile I und II. B. G. Teubner Verlagsgesellschaft, Leipzig 1970 und 1972

[61] Kovalenko, I. N., Issledovanije po analyzu nadežnosti složnych sistem. Izd. Naukova Dumka, Kiev 1976

[62] Domanickij, S. M., Postrojenije nadežnych logičeskich ustroistv. Izd. Energija, Moskva 1971

[63] Dedkov, V. K., Severcev, N. A., Osnovnye voprosy ekspluaticii složnych sistem. Izd. Vysšaja škola, Moskva 1976

[64] Müller, H. (Hrsg.), Wahrscheinlichkeitsrechnung und mathematische Statistik, Lexikon. Akademie-Verlag, Berlin 1970

[65] Fischer, K., Zuverlässigkeits- und Instandhaltungstheorie, transpress. VEB Verlag für Verkehrswesen, Berlin 1984

[66] Silvestrov, D. S., Polumarkovskie prozessy s diskretnym množestvom sostojanij. Izd. Sovetskoe Radio, Moskva 1980

[67] Demjančuk, V. S., Brodi, S. M., Nadežnost obslučivaemych radioelektronnych sistem. Izd. Visča škola, Kiev 1976

[68] Schneeweiss, W., Zuverlässigkeitstheorie. Springer-Verlag, Berlin – Heidelberg – New York 1973

[69] Fodor, G., Laplace-Transforms in Engineering. Akademiai Kiado, Budapest 1965

[70] Poslavskij, O. F., Novye napravlenija teorii i praktiki reservirovanija. Izd. Znanie, Moskva 1974

[71] Družinin, G. W., Nadežnost avtomatizirovannych sistem. Izd. Energija, Moskva 1977

[72] Sherif, Y. S., Kheir, N. A., Weapon Systems Analysis, Part I; System Effectiveness. Microelectronics and Reliability **22** (1982) 3, p. 531–569

[73] Heinze, K., Die Zustandsanalyse, ein neues Verfahren für die Zuverlässigkeitsanalyse von Systemen, Technische Zuverlässigkeit in Einzeldarstellungen, H. 8. Herausgeber: A. Etzrodt. R. Oldenburg-Verlag, München und Wien 1966

[74] Tillmann, F. A., Lie, C. H., Hwang, C. L., Analysis of Pseudo-Reliability of a Combat Tank System and its Optimal Design. IEEE Transactions on Reliability **R-25** (1976) 4, p. 239–242

[75] Yamashiro, M., A Repairable Multistate System with Several Degraded States and Common-Cause Failures. Microelectronics and Reliability **22** (1982) 3, p. 615–619

[76] Handbook of System Effectiveness Models, Research Institute Triangle, Systems Effectiveness Division. San Diega, California 1972

[77] Hayward, P., The Measurement of Combat Effectiveness. Operations Research **16** (1968) 2, p. 314–321

[78] Hudson, J. C., Kapur, K. C., Reliability Theory for Multistate Systems with Multistate Components. Microelectronics and Reliability **22** (1982) 1, p. 1–9

[79] Barlow, R. E., Wu, A. S., Coherent Systems with Multi-state Components. Mathematics of Operations Research **3** (1978) 4, p. 275–281

[80] Birnbaum, Z. W., Esary, J. D., Saunders, S. C., Multi-Component Systems and Structures and their Reliability. Technometrics **3** (1961) 1, p. 55–77

[81] Murchland, J. D., Fundamental Concepts and Relations for Reliability Analysis of Multi-State Systems. In: Reliability and Fault Tree Analysis, Theoretic and Applied Aspects of System Reliability and Safety Assessment. SIAM, Philadelphia 1975

[82] El-Neweihi, E., Proschan, F., Sethuraman, J., Multi-State Coherent Systems. Journ. Appl. Prob. **15** (1978), p. 675–688

[83] Čumakov, N. M., Serebjanyj, E. I., Ocenka effektivnosti složnych techničeskich ustroistv. Izd. Sovetskoe Radio, Moskva 1980

[84] Müller, K.-H., Zur Zuverlässigkeit komplizierter technischer Systeme. Informationen aus Wissenschaft und Technik: Aus der Arbeit von Plenum und Klassen der Akademie der Wissenschaften der DDR **5** (1980) 6

[85] Singh, C., Billinton, R., System Reliability Modelling and Evaluation. Hutchinson, London 1977

[86] Schneeweiss, W., Zufallsprozesse in dynamischen Systemen. Springer-Verlag, Berlin – Heidelberg – New York 1974

[87] Luckij, V. A., Rasčet nadežnosti i effektivnosti radioelektronnoj apparatury. Izd. Naukova Dumka, Kiev 1966

[88] Turkeltaub, R. M., Ocenka nadežnosti i effektivnosti radioelektronnoj apparatury. Izd. Sovetskoe Radio, Moskva 1965

[89] Varžapetjan, A. G., Techničeskaja effektivnost i nadežnost sudovych sistem upravlenija. Izd. Sudostrojenie, Leningrad 1969

[90] Nežmetdinov, T. K., Effektivnost složnych radioelektronnych sistem. Izd. Kazanskogo Universiteta, Kazan 1971

[91] Zvetkov, A. G., Prinzipy količestvennoj ocenki effektivnosti radioelektronnych sredstv. Izd. Sovetskoe Radio, Moskva 1971

[92] Ušakov, I. A., Konenkov, J. K., Ocenka effektivnosti funkcionalnoj složnoj vetvjasčesja sistemy s učetom nadežnosti. In: Kibernetiky – na zlužbu Kommunisma. Izd. Energija, Moskva 1964

[93] Jurlov, F. F., Techniko – ekonomičeskaja effektivnost složnych radioelektronnych sistem. Izd. Sovetskoe Radio, Moskva 1980

[94] Behmann, F. F., Improved Cost Effectiveness for New Sattellite Systems. Microelectronics and Reliability **22** (1982) 2, p. 169–177

[95] Gosudarstvennyj Standart SSSR, GOST 27.002-83. Nadežnost v technike; terminy i opredelenija. Izd. Standartov, Moskva 1983

[96] Gosudarstvennyj Standard SSSR, GOST 27.003-83. Nadežnost v technike; vybor i normirovanije pokasatelej nadežnosti. Izd. Standartov, Moskva 1984

[97] Barsilovič, E. J., Kaštanov, V. A., Nekotorye matematičeskie voprosy teorii obsluživanija složnych sistem. Izd. Sovetskoe Radio, Moskva 1971

[98] Beichelt, F., Effektive Planung prophylaktischer Maßnahmen in der Instandhaltung. VEB Verlag Technik, Berlin 1979

[99] Kolegaev, R. N., Ekonomičeskaja ocenka kačestva i optimizacija sistemy remonta mašin. Izd. Mašinostroenie, Moskva 1980

[100] Kuzmin, F. I., Zadači obespečenija nadežnosti techničeskich sistem. Izd. Radio i Svjaz, Moskva 1982

[101] Beichelt, F., Prophylaktische Erneuerung von Systemen. Akademie-Verlag, Berlin 1976

[102] Beichelt, F., Optimale Instandhaltung. VEB Verlag Technik, Berlin 1974

[103] Goel, L. R., Jalswal, N. K., Gupta, R., A Multi-state System with two Repair Distributions. Microelectronics and Reliability **23** (1983) 2, p. 337–341

[104] Dhillon, B. S., J. Natesan, Reliability and Availability Analysis of Systems Operating in Multiple Environments. Microelectronics and Reliability **23** (1983) 5, p. 883–899

[105] Ivanov-Muromskij, K. A., Lukjanova, O. N., Černomorez, V. A. i. dr., Psichofiziologija operatora v sistemax čelovek – mašina. Izd. Naukova Dumka, Kiev 1980

[106] Lomov, B. F. (Red.), Spravočnik po inženernoj psichologii. Izd. Mašinostroenie, Moskva 1982

[107] Härtler, G., Statistische Methoden für die Zuverlässigkeitsanalyse. VEB Verlag Technik, Berlin 1983

[108] Xizhi, Huang, The Generic Method of the Multistate Fault Tree Analysis. Microelectronics and Reliability **24** (1984) 4, p. 617–623

[109] Červonyj, A. A., Lukjasčenko, V. I., Kotin, L. V., Nadežnost složnych sistem. Izd. Mašinostroenie, Moskva 1976

[110] Kovalenko, I. N., Analiz redkich sobytij pri ocenko effektivnosti i nadežnosti sistem. Izd. Sovetskoe Radio, Moskva 1980

[111] Wunsch, G., Systemanalyse, Bde. 1 und 2. VEB Verlag Technik, Berlin 1970

[112] Strobel, H., Experimentelle Systemanalyse. Akademie-Verlag, Berlin 1975

Ergänzungen zum Literaturverzeichnis

[113] Druzinin, G. W., Prozessy techničeskogo obsluzivanija avtomatisirovannych sistem. Izd. „Energija", Moskva 1973

[114] Pod. red. Aleksandrov, A. I., Ekspluatacija radiotechničeskich kompleksov Izd. Sovetskoe Radio, Moskva 1976

[115] Alekseenko, A. J., Aderchin, I. W., Ekspluatacija radiotechničeskich sistem, Voenizdat, Moskva 1980

10. Personenregister

Die in eckigen Klammern gedruckten Zahlen verweisen auf die entsprechenden Stellen im Literaturverzeichnis.

Ergänzungen zum Personenregister

11. Sachregister

12. Zusammenfassung

Die Gewährleistung einer hohen Zuverlässigkeit und Funktionseffektivität technischer Geräte, Anlagen und Systeme hat außerordentliche Bedeutung erlangt. Das betrifft insbesondere komplizierte technische Systeme, wie sie in Wissenschaft und Industrie, im Nachrichten- und Transportwesen, in den Streitkräften und anderen Bereichen weit verbreitet sind.

Komplizierte technische Systeme werden bei Ausfall oder verringerter Leistungsfähigkeit ihrer Systemelemente durch verschiedene Niveaus der Funktionsfähigkeit und folglich nicht nur durch zwei, sondern mehrere Systemzustände charakterisiert. Zur Beurteilung der Zuverlässigkeit dieser Systeme sind deshalb die herkömmlichen Mittel und Methoden der „klassischen" Zuverlässigkeitstheorie nicht oder nur bedingt geeignet, so daß neue Begriffe, Kenngrößen, Berechnungs- und Prüfmethoden erforderlich sind.

Ausgehend vom international erreichten Erkenntnisstand werden die prinzipiellen Möglichkeiten zur Funktionsbeschreibung komplizierter technischer Systeme und speziell zur Beurteilung ihrer Zuverlässigkeit dargelegt. Der Zusammenhang zwischen Zuverlässigkeit und Funktionseffektivität solcher Systeme wird untersucht und nachgewiesen, daß die Funktionsgüte (relative Funktionseffektivität) und weitere spezielle Kenngrößen neue Möglichkeiten zur Charakterisierung der Zuverlässigkeit eröffnen.

Relevante Methoden zur Berechnung der Zuverlässigkeit werden in komprimierter Form erläutert und an Beispielen demonstriert. Ausgewählte Berechnungsformeln und Algorithmen werden bereitgestellt, die bei der Analyse und Synthese nützlich sein können. Schließlich wird eine Methodik zur Begründung quantitativer Zuverlässigkeitsforderungen vorgeschlagen, die, unter besonderer Berücksichtigung der eingeführten Zuverlässigkeitskenngrößen, die Ableitung technisch-ökonomischer Aufgabenstellungen und Pflichtenheftforderungen zur Entwicklung neuer komplizierter technischer Systeme qualifizieren soll.

12. Summary

It is of extraordinary importance to realize a high degree of reliability and operational effectiveness of technical instruments, plants and systems with special regard to complex technical systems which are wide-spread in science and industry, in communication and transport, in the armed forces and other fields.

In case of failure or reduced effectiveness of their system elements, complex technical systems are determined by differing levels of their operational effectiveness and, consequently, by not only two but several states of the system. Therefore, conventional means and methods of the „classical" reliability theory are not or only to a limited extent suitable for rating the reliability of those systems which necessitates new terms, indices and new evaluation and testing methods.

Proceeding from the internationally obtained level of knowledge principal possibilities of describing the operation of complex technical systems, and assessing their reliability in particular, are set forth. The relation between reliability and operational effectiveness is examined and it is demonstrated that operational quality (relative operational effectiveness) and other special indices open up new possibilities for characterizing the reliability.

In a condensed form relevant methods of evaluation the reliability level are put forward and demonstrated by examples. Selected evaluation formulae and algorithms are presented, which can be useful for the analysis and synthesis. Eventually, methods for establishing quantitative requirements are proposed that are to qualify the definition of technical and economical tasks in order to develop new complex technical systems taking into special account the reliability indices which have been introduced.

BEITRÄGE ZUR FORSCHUNGSTECHNOLOGIE

Lieferbare Bände

Band 10 *Peter Liewers*
Rauschdiagnostik
1985. XIV, 231 Seiten — 105 Abbildungen — 5 Tabellen — 14,5 × 21,5 cm — 32,— M
Bestell-Nr. 763 389 2 (2167/10)

Band 11 *Reinald Hillebrand u. a.*
Bildinterpretation in der Hochauflösungs-Elektronenmikroskopie
Numerische und optische Verfahren zur Interpretation elektronenmikroskopischer Hochauflösungsabbildungen kristalliner Objekte
1984. XIV, 126 Seiten — 53 Abbildungen, davon 35 auf 22 Kunstdrucktafeln — 4 Tabellen — 14,5 × 21,5 cm — 22,— M
Bestell-Nr. 763 432 6 (2167/11)

Band 13 *Hans-Dieter Bauer*
Analytische Transmissionselektronenmikroskopie
1986. XII, 60 Seiten — 36 Abbildungen, davon 15 auf Kunstdrucktafeln — 1 Frontispiz — 7 Tabellen — 14,5 × 21,5 cm — 12,— M
Bestell-Nr. 763 572 4 (2167/13)

Band 15 *Autorenkollektiv unter Leitung von Heinz Bartsch*
Elektronenmikroskopische Querschnittsabbildung von Interfaces und Heterostrukturen in Halbleitern
1987. X, 84 Seiten — 47 Abbildungen — 14,5 × 21,5 cm — 12,— M
Bestell-Nr. 763 670 0 (2167/15)

Band 16 *Otti Margraf*
Quantitative Analyse hierarchischer Strukturen
1987. XIV, 146 Seiten — 31 Abbildungen, davon 7 als Beilage — 11 Tabellen — 14,5 × 21,5 cm — 20,— M
Bestell-Nr. 763 725 2 (2167/16)

Band 17 *Franz-H. Lange*
Meßstochastik und Störsicherheit
Ein Beitrag zur Methodik der Informationstechnik
1988. X, 263 Seiten — 99 Abbildungen — 14,5 × 21,5 cm — 38,— M
Bestell-Nr. 763 825 5 (2167/17)